Farming

GAOZHI GAOZHUAN
XUMU SHOUYI LEI ZHUANYE
XILIE JIAOCAI

高职高专
畜牧兽医类专业
系列教材

（第2版）

饲料质量检测技术

SILIAO ZHILIANG JIANCE JISHU

主　编　姜光丽

副主编　刘贵莲　林永会

重庆大学出版社

内 容 提 要

《饲料质量检测技术》是一本校企合作开发的教材,重点吸收了企业一线技术骨干担任编写工作,同时征求了行业众多企业的意见,使教材更有针对性和实用性。以岗位应用能力为主线,涉及饲料质量检测技术基础知识、饲料样品的采集、制备与保存、饲料原料的现场检测、饲料中常规成分分析、矿物元素检测、饲料中维生素与氨基酸的测定、配合饲料加工质量的检测、饲料中有毒有害物质的检测、饲料中酶活力的测定这 10 个项目,涵盖饲料高级化验员职业标准要求掌握的主要内容,以工作任务为载体完成相关专业技能的学习和训练。与其他同类教材相比,在本书中增加了饲料分析基础知识,增加了工作任务背景介绍,注意事项或关键点分析,将适度的理论融合穿插在每个工作任务中,突出了以能力为本位的指导思想,有效弥补了高职学生分析化学基础普遍较弱的情况。

图书在版编目(CIP)数据

饲料质量检测技术／姜光丽主编. --2 版.--重庆:
重庆大学出版社,2018.7(2024.8 重印)
高职高专畜牧兽医类专业系列教材
ISBN 978-7-5624-7435-7

Ⅰ.①饲…　Ⅱ.①姜…　Ⅲ.①饲料—质量检验—高等
职业教育—教材　Ⅳ.①S816.17

中国版本图书馆 CIP 数据核字(2018)第 153038 号

高职高专畜牧兽医类专业系列教材
饲料质量检测技术
（第 2 版）
主　编　姜光丽
副主编　刘贵莲　林永会
策划编辑:梁　涛
责任编辑:文　鹏　刘　真　　版式设计:屈腾龙
责任校对:秦巴达　　责任印制:赵　晟
*
重庆大学出版社出版发行
出版人:陈晓阳
社址:重庆市沙坪坝区大学城西路 21 号
邮编:401331
电话:(023) 88617190　88617185(中小学)
传真:(023) 88617186　88617166
网址:http://www.cqup.com.cn
邮箱:fxk@ cqup.com.cn (营销中心)
全国新华书店经销
POD:重庆新生代彩印技术有限公司
*
开本:787mm×1092mm　1/16　印张:15.75　字数:393 千
2018 年 7 月第 2 版　　2024 年 8 月第 3 次印刷
印数:5 001—5 500
ISBN 978-7-5624-7435-7　定价:36.00 元

GAOZHI GAOZHUAN
XUMU SHOUYILEI ZHUANYE XILIE JIAOCAI
高职高专畜牧兽医类专业系列教材

Preface
序

　　高等职业教育是我国近年高等教育发展的重点。随着我国经济建设的快速发展,对技能型人才的需求日益增大。社会主义新农村建设为农村高等职业教育开辟了新的发展阶段。培养新型的高质量的应用型技能人才,也是高等教育的重要任务。

　　畜牧兽医不仅在农村经济发展中具有重要地位,而且畜禽疾病与人类安全也有密切关系。因此,对新型畜牧兽医人才的培养已迫在眉睫。高等职业教育的目标是培养应用型技能人才。本套教材是根据这一特定目标,坚持理论与实践结合,突出实用性的原则,组织了一批有实践经验的中青年学者编写。我相信,这套教材对推动畜牧兽医高等职业教育的发展,推动我国现代化养殖业的发展将起到很好的作用,特为之序。

中国工程院院士

2007 年 1 月于重庆

GAOZHI GAOZHUAN
XUMU SHOUYILEI ZHUANYE XILIE JIAOCAI
高职高专畜牧兽医类专业系列教材

Preface
第2版编者序

随着我国畜牧兽医职业教育的迅速发展,有关院校对具有畜牧兽医职业教育特色教材的需求也日益迫切,根据国发〔2005〕35号《国务院关于大力发展职业教育的决定》和教育部《普通高等学校高职高专教育指导性专业目录专业简介》,重庆大学出版社针对畜牧兽医类专业的发展与相关教材的现状,在2006年3月召集了全国开设畜牧兽医类专业精品专业的高职院校教师以及行业专家,组成这套"高职高专畜牧兽医类专业系列教材"编委会,经各方努力,这套"以人才市场需求为导向,以技能培养为核心,以职业教育人才培养必需知识体系为要素,统一规范并符合我国畜牧兽医行业发展需要"的高职高专畜牧兽医类专业系列教材得以顺利出版。

几年的使用已充分证实了它的必要性和社会效益。2010年4月重庆大学出版社再次组织教材编委会,增加了参编单位及人员,使教材编委会的组成更加全面和具有新气息,参编院校的教师以及行业专家针对这套"高职高专畜牧兽医类专业系列教材"在使用中存在的问题以及近几年我国畜牧兽医业快速发展的需要进行了充分的研讨,并对教材编写的架构设计进行统一,明确了统稿、总纂及审阅。通过这次研讨与交流,教材编写的教师将这几年的一些好的经验以及最新的技术融入到了这套再版教材中。可以说,本套教材内容新颖,思路创新,实用性强,是目前国内畜牧兽医领域不可多得的实用性实训教材。本套教材既可作为高职高专院校畜牧兽医类专业的综合实训教材,也可作为相关企事业单位人员的实务操作培训教材和参考书、工具书。本套再版教材的主要特点有:

第一,结构清晰,内容充实。本教材在内容体系上较以往同类教材有所调整,在学习内容的设置、选择上力求内容丰富、技术新颖。同时,能够充分激发学生的学习兴趣,加深他们的理解力,强调对学生动手能力的培养。

第二,案例选择与实训引导并用。本书尽可能地采用最新的案例,同时针对目前我国畜牧兽医业存在的实际问题,使学生对畜牧兽医业生产中的实际问题有明确和深刻的理解和认识。

第三,实训内容规范,注重其实践操作性。本套教材主要在模板和样例的选择中,注意集系统性、工具性于一体,具有"拿来即用""改了能用""易于套用"等特点,大大提高了实训的可操作性,使读者耳目一新,同时也能给业界人士一些启迪。

值这套教材的再版之际,感谢本套教材全体编写老师的辛勤劳作,同时,也感谢重庆大学出版社的专家、编辑及工作人员为本书的顺利出版所付出的努力!

高职高专畜牧兽医类专业系列教材编委会
2010年10月

GAOZHI GAOZHUAN
XUMU SHOUYILEI ZHUANYE XILIE JIAOCAI
高职高专畜牧兽医类专业系列教材

Preface
第2版前言

　　《饲料质量检测技术》是饲料与动物营养、畜牧兽医及相关专业的核心课程，是一门理论与实践紧密结合的课程。本书在编写过程中，努力适应新形势下高职教育的发展方向，突出"以就业为导向"的职教理念，采用校企共建方式，一方面借助企业师资，提高教学针对性和实用性，同时充分利用企业现有技术、管理理念和资源优势，加强企业在课程建设中的话语权，引入企业岗位培训要求和方法，突出技能培养；另一方面，在设计思路上，结合众多饲料和养殖企业实际，参照饲料化验员职业标准及职业技能鉴定要求，基于生产岗位需要选取理论和实践内容，同时尽可能反映我国新版《饲料和饲料添加剂管理条例》对食品、农产品的质量安全和饲料、饲料添加剂的质量安全提出的更高要求。

　　本书在内容编排上，以岗位应用能力为主线，以项目为平台，涵盖饲料高级化验员职业标准要求掌握的主要内容，以工作任务为载体完成相关专业技能的学习和训练。由于"饲料质量检测技术"是一门应用性、综合性较强的课程，学习对象必须具备一定的动物营养与饲料、分析化学知识基础，而本书的主要使用对象是高等职业院校畜牧兽医、动物营养及相关专业学生，他们在高中阶段化学基础普遍偏低，同时由于众多学校出于工学结合人才培养的需要，校内理论课时大幅删减，分析化学等基础课程更是首当其冲。因此与其他同类教材相比，在本书中增加了饲料分析基础知识，增加了工作任务背景介绍，注意事项或关键点分析，帮助学生更准确把握检测对象特点和工作性质，将适度的理论融合穿插在每个工作任务中，既突出了以能力为本位的指导思想，又帮助学生适应饲料分析检测学习工作的要求，并满足学生职业发展的需要。本书编写了较为详细的复习思考题，帮助学生课后复习和自学。

　　在使用本书开展教学活动的过程中，可充分利用校内实验室和校外生产实训基地，依照"教、学、做"合一的要求，采用课堂讲授法、专题讨论法、文献与论文法、自主学习法、双向互动法、基本技能训练、实验实习等多种方法交替应用，校企合作，工学结合，在实践中提高学生的动手能力和专业应用能力，培养学生的自主学习能力和创新能力。

　　本书可以作为高等职业院校畜牧兽医、饲料与动物营养及相关专业教材，也可以作为企业化验员培训读本及化验员岗位的参考工具读本、化验员职业资格考试复习资料，面向饲料企业化验员、饲料质量管理、规模化养殖企业养殖技术及管理等岗位，以适应当前饲料企业及现代养殖业对饲料安全及质量管理的要求。

　　本书编写团队重点吸收了多年从事饲料检测与质量管理，具有丰富理论与实践经验的企业一线技术骨干，同时征求了行业众多企业的意见，使本书更有针对性和实用性。他们分别是:华西希望四川特驱集团中心化验室主任刘贵莲、中心化验室技术员兼集团化验员培训导师卢倩云、中心化验室仪器分析技术员余东;四川隆生集团化验室主任林永会。成都农业科技职业学院姜光丽、杨霞、郭蓉参与了编写工作。全书分为 10 个项目,项目 1、2、6由刘贵莲、卢倩云编写;项目 3 由杨霞编写;项目 4 由卢倩云、姜光丽编写;项目 5、8 由林永会编写;项目 7 由姜光丽、余东编写;项目 9 由林永会、余东编写;项目 10 由卢倩云、郭蓉编写。全书由姜光丽担任主编并负责全书统稿,刘贵莲、林永会担任副主编。四川旺达集团总裁余大军先生担任顾问,对本书的编写工作给予了全程指导,提出了具有建设性的意见和建议。行业许多专家、同行对本书的建设也给予了大力指导与支持,同时本书在编写过程中参阅了大量的书籍文献,在此编者对他们一并表示感谢!

由于编者水平有限,对高职高专教育的指导思想也还处于不断学习和领会之中,加之时间仓促,书中难免存在不足之处,敬请广大读者和同行专家多提宝贵意见。

编　者

2018 年 4 月

GAOZHI GAOZHUAN
XUMU SHOUYILEI ZHUANYE XILIE JIAOCAI
高职高专畜牧兽医类专业系列教材

Directory
目录

项目1
饲料质量检测概述

项目导读：作为一名检测人员首先必须对检验对象有一定的了解,通过本项目学习,认识饲料的相关知识和饲料质量安全检测的重要性,进而掌握饲料检测的流程和基本方法,同时还对饲料行业的发展有一定的了解,知道饲料行业检测技术的发展方向,有助于学生在工作岗位上进一步提高检测水平和技能。

任务1 饲料质量与饲料质量安全

1.1.1 饲料的质量

饲料作为动物的食料,是养殖动物赖以生存的基础,影响着动物产品的质量及人类的健康,其成本占畜牧业总成本的 70% 左右,在动物生产中占有极其重要的地位。按照 ISO 9001 的定义,饲料质量一般指饲料加工优劣的程度,即饲料生产过程中,由于原料的差异、加工均匀性差异等很多因素使产品的成分含量有所不同,每批饲料产品成分都有其固有的特定指标,这种固有的特定指标满足产品标准要求的程度可以体现出该批饲料产品的质量,并且以此为依据来评定饲料的好与坏。饲料产品的质量就是饲料产品的固有特性满足顾客要求的程度,质量的广义性要求饲料产品的质量不仅应满足动物的营养要求,也应当满足对人和动物的安全性、动物产品口感和动物产品可利用比例等要求。饲料产品的质量要求是动态的,顾客的需求不断变化,对饲料产品质量的要求也会发生变化。初期,人们关注饲料产品质量的饲料报酬率、料重比、料蛋比等,现在人们越来越重视饲料及动物产品的安全性、口感及可利用部分的比例。饲料产品的质量还具有相对性,由于地域不同、经济与技术发展水平不同,动物饲养习惯不同,对饲料产品的性能要求也不同,因此企业应根据市场需求的不同,为不同市场提供适当的产品。

对饲料产品的质量评价通常从营养质量、工艺质量、饲料安全质量、情感质量等几个方面进行。营养质量和工艺质量是动物发挥最佳生产性能的保证,饲料安全质量是饲料最基本最重要的条件,情感质量是人类对畜产品更高的追求。

影响饲料质量的因素很多,一般来讲,主要包括：

①原料质量:占配合饲料质量影响因素的 90% 。任何一种低品质谷物或其他原料均会导致生产出的配合饲料品质下降。劣质饲料原料不可能生产出优质的饲料,所以,选择优

质饲料原料是保证生产优质饲料的关键环节。2011年新版《饲料及饲料添加剂管理条例》对原料采购与管理作了相应规定,实施原料供应商评价制度,建立合格供应商名录;与供应商签订原料采购合同,合同中至少应对原料的质量、安全卫生指标及验收方法作出明确的约定;建立饲料原料质量标准和原料接收标准,制订原料的采购与验收程序;原料采购应查验供应商随货提供的产品质量检验报告,未提供产品质量检验报告的由企业自行检验或委托检验;企业每季度至少要抽取5种原料,进行1次安全卫生项目的检验。建立饲料原料留样观察制度等,以便从源头上控制饲料的质量,最大限度地降低原料因素对饲料质量的影响。

②自然变异:饲料原料的质量因产地、年份、采样、品种、土壤肥力、收割时成熟程度不同而变异。自然变异平均系数为 ±10%,一般变异正常范围为 10%~15%,如普通玉米(8%)和新玉米(10%)蛋白质含量不同等。但作为蛋白质补充饲料的大豆粕养分含量变异较小,来自同一产地的一种原料会出现变异,来源于不同省、地区,特别是南方大部分原料都是外地购进的,自然变异比较大。

农产品和饲料加工的工艺、技术、机械不同生产出的产品会有所差异。例如:机械化(饲料和原料)加工设备所生产出的产品质量不同于非机械化的;高标准、低标准的碾米机所生产的米糠质量不同;机榨或浸提的豆粕对营养成分的含量有不同的影响;在大豆加工过程中,热处理温度过高、过低都会影响豆粕的质量,也就是说不同温度加工处理的大豆饼粕营养价值不同;混合机生产性能不一致,也会导致饲料混合不均匀。

掺假也是影响饲料质量的重要因素,它不仅改变饲料原料的化学成分,而且降低其营养价值,从而使饲料质量达不到标准要求。目前,鱼粉、玉米蛋白粉、豆粕、氨基酸和维生素添加剂掺假现象严重。

1.1.2　饲料质量安全

随着饲料工业化生产的发展,饲料产量越来越大,现代畜牧业与50年前相比,已将猪的日增重提高了160%,而饲料消耗降低了25%,肉鸡8周龄的体重增加了550%,饲料消耗降低了50%。如此巨大的进步与良种选育、饲养管理水平的提高有关,同时也与饲料营养品质的提高分不开。尽管饲料行业获得了如此长足的进步,但由于不规范使用饲料添加剂、药物以及一些有毒有害物质存在于饲料原料中等,造成了对动物和人的健康和生命的严重危害。从20世纪60年代起,一系列恶性事件的发生,如英格兰10万火鸡的黄曲霉毒素中毒死亡、英国的疯牛病、比利时的二噁英、许多国家发生的儿童性早熟以及中国近年发生的瘦肉精、三聚氰胺事件,都是通过饲料及其原料的问题引发的,让人们深切地感到饲料安全、食品安全和生态环境安全是密不可分的,提高饲料质量绝不能不考虑其卫生与安全方面的属性。饲料原料中固有的、次生的或外来污染的许多有机的、无机的或生物的有毒有害物质,或是作为添加剂超量、超范围使用或滥用等,不仅会造成动物的急性中毒,更表现为对动物食欲、健康、正常生长等产生长期的慢性负面影响,其对动物生产的效果、效益和资源的利用方面造成的影响和损失,常常比急性中毒来得更大、更严重。同时这些物质还会在动物体内残留、蓄积,通过食物链对人类健康和生存环境造成威胁。因此,当今人类越来越关注饲料的安全性及其引发的动物性食品安全性和动物性食品的风味。饲料产品不仅应在产品数量的应用质量方面满足畜牧业要求,而且应满足饲料安全性及其对动物产品风味的需求。安全性是饲料产品质量要求的一部分,而且是对饲料产品质量最基本最重要的要求。

饲料质量安全通常是指饲料产品中不含有对饲养动物健康造成实际危害的有毒、有害物质或因素,并且不会在养殖产品中残留、蓄积和转移;饲料产品以及养殖产品,不会危害人体健康或对人类的生存环境产生负面影响,饲料产品的质量安全问题有以下几点特殊性:①隐蔽性。由于检测手段等的限制,人们无法对制造饲料的所有原料进行质量安全评估,由此可能会导致部分有毒、有害因素借由饲料进入食物链。②长期性。饲料产品中的不安全因素是长期存在的,不可能短期消除,部分有毒有害物质会在动物体或人体内蓄积,造成长期的影响,同时还会排出动物体外,对环境造成影响。③复杂性。造成饲料安全问题的原因很多,这就决定了饲料安全问题的复杂性,同时伴随着已有问题的解决,新的问题还在不断涌现出来。

饲料质量安全管理是一个系统、复杂的过程。饲料企业只有经过充分的不懈努力,不断改进才能达到饲料管理的最终目标及最大化前提下的饲料产品质量的无缺陷。饲料行业的质量安全管理包括以下4个方面:①建立和宣传饲料法律法规和规章制度;②建立饲料标准化体系、饲料安全标准;③建立饲料质量检测体系和安全性检测技术;④监督管理和指导饲料企业。

1.1.3　饲料工业标准化

所谓标准化,是以具有重复生产特征的事物为对象,以实现最佳经济效益为目标,有组织地制订、修订和贯彻各种标准的整个活动过程。饲料工业标准化主要包括原料标准、产品标准、饲料加工机械标准、检测方法标准、通用技术要求标准和管理标准等几个方面。

1)标准的等级

我国饲料工业标准分为四级,即国家标准、行业标准、地方标准和企业标准。

(1)国家标准

国家标准是指在全国范围内统一的技术要求,由国务院标准化行政主管部门制定,如《饲料标签》(GB 10648—2000)和《饲料卫生标准》(GB 13078—2001)等。

(2)行业标准

在没有国家标准的情况下,需要在某个行业范围内统一的技术要求,由国务院有关行政主管部门制定,并报国务院标准化行政主管部门备案,如农业部颁发的《饲料中三聚氰胺的测定》(NY/T 1372—2007)等。

(3)地方标准

在没有国家标准和行业标准的情况下,需要在省、自治区和直辖市范围内统一的工业产品安全、卫生要求,并报国务院标准化行政主管部门或国务院有关行政主管部门或本省、自治区和直辖市的标准化行政主管部门备案。

(4)企业标准

企业依据已有国家标准或行业标准,制定的严于国家标准或行业标准的标准,或在没

有国家标准、行业标准或地方标准的情况下,企业制定的标准,主要包括产品标准和检测方法标准,仅适用于企业内部。

标准级别高低不是标准技术水平高低的分级,但反映了标准之间的主从关系。即有上级标准,不再制定下级标准。当公布了国家标准时,相应的行业标准、地方标准即行废止。

2)标准的性质

国家标准或行业标准按其性质又可分为强制性标准(GB)、推荐性标准(GB/T)和指导性技术文件(GB/Z)。强制性标准是指保障人体健康,人身、财产安全的标准和法律、行政法规规定强制执行的标准,如《饲料标签》和《饲料卫生标准》,这些标准一般为国家标准。推荐性标准一般为行业标准和非强制性国家标准,如饲料原料标准、检测方法标准等,例如,农业行业强制性标准、推荐性标准代号分别为 NY、NY/T;水产行业推荐性标准代号为SN/T。地方标准只有在本地区为强制性标准或推荐性标准。

3)标准的执行

国家标准、行业标准、地方标准中的强制性标准,企业必须严格执行,不符合强制标准的产品,禁止出厂和销售。企业生产的产品,必须按标准严格组织生产,按标准严格进行检验,并且经检验合格的产品,由质量检测部门签发合格证书后方可出厂销售。

任务2 饲料质量检测的任务和内容

1.2.1 饲料质量检测的任务

饲料质量检测就是利用物理、化学或生物学手段对饲料原料或饲料产品的生产、加工、储存、运输、销售及其使用过程进行卫生监督和分析检测,其结果不仅是评定饲料质量、制定政策和标准的科学基础,同时也是解决贸易纠纷和行政监督的重要依据,还是企业产品在市场流通前的一道必需的关卡。影响饲料质量的因素有很多,例如原料质量、饲料配方、添加剂的使用、加工工艺、操作人员素质和工作态度、贮存运输条件等,而这些因素总是处于动态变化中,因此饲料分析与质量检测工作也是分布在饲料质量安全管理工作的各个关键环节中的,从饲料原料的质量管理到饲料生产过程的质量控制以及饲料中有毒有害物质的监控等各个环节都涵盖了各式各样的饲料分析工作。所以,饲料生产的每个关键环节的质量保证、质量控制和最终产品的质量监督都必须伴随、依赖分析检测,分析检测技术水平的高低决定着饲料质量控制效果。但由于检测技术发展的诸多限制,各个国家和地区在饲料分析检验方面具备的能力差异较大。发达国家十分重视饲料法规的制定和实施,并且建立了完整的饲料质量监督管理体系,对饲料产品的研制、生产、销售和使用等诸多环节实行有效监督的同时,十分重视饲料质量安全检测技术的研究,能够及时制订相应的分析策略,为饲料安全有效监督提供技术支持。我国在借鉴国外先进技术基础上,在原有的检测水平上技术逐步提高,尤其是对饲料安全的检测和评价技术近年来取得了长足的进步。

　　饲料质量检验的方法多而繁杂,同一物质往往有多种检测方法,不同的使用者应根据自己的需求进行选择。①对于饲料企业而言,鉴于企业的不同规模和实际情况,一般企业都有一些自己的分析方法,这些方法适合于本企业的具体实验室设备能力,快速且简便,同时又相对可靠,这类分析的主要目的是获得可靠的营养成分含量。②作为商品贸易者,根据买卖双方达成的协议,一般选择能衡量原料真实价值的标准分析方法,当然也是一些可靠的分析方法,确保饲料产品质量。③在法律方面,则有更加精确的标准方法,它采用这些方法来管理饲料行业中出现的法律问题。政府通常遵照有关的法律法规,建立了一套有效的质量保证和质量控制程序,严格按照标准化方法进行分析测定,确保测定结果的准确性、公正性和有效性。作为标准的分析方法,最重要的在于不同实验室所测定结果应具有高度再现性,不在于其简单、快速和同一实验室结果的重复性。目前,我国已经建立起以国家级、部级饲料质量监督检验中心和省市级质量监督检验中心或质检站组成的饲料质量监督检验体系,要求这些实验室严格按照国家相关规定进行实验室机构认证和计量认证,采用标准分析方法进行检验测定,以保证提供可靠的、有法律效应的数据。

　　本书结合饲料企业对饲料检测人员的实际需要,大部分方法参照国家相关标准执行,同时部分指标检测方法结合合作企业的实践经验,参照合作企业标准,尽量选择快速、简便,但又被广大饲料企业所采用的方法,目的在于让广大学生和读者在最短的时间内熟悉和掌握作为一名饲料行业分析检验人员所必须掌握的知识。

1.2.2　饲料分析检测的基本内容

　　要做好饲料分析检测工作,不仅是针对分析方法的学习培训,还需要了解饲料企业的基本检测流程(图1.1),熟悉饲料原料的特点,确定其检测的目标化合物,因为饲料的分析检测目标与内容都是围绕着饲料的基本功能与属性进行的,对饲料质量的要求明确了,分析检测内容自然也就清晰了,现将饲料分析检验的主要成分或目标化合物列于表1.1。同时,了解目前饲料企业对各种各样的饲料及其原料的不同的检测关注点,即熟悉每种原料

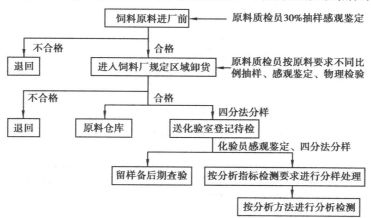

图1.1　饲料分析检测基本程序

的检测指标,并深刻理解各个检测指标的具体含量,熟悉各种原料的基本性状,对于做好质量检测工作也是十分有必要的。不同原料的主要检测指标列于表1.2。

表1.1 饲料质量检测的基本内容[①]

目标属性	分 类	检测的主要内容与目标
营养性能品质	概略组分分析	水分、粗灰分; 蛋白质(粗蛋白质、真蛋白质)与其他含氮化合物; 脂肪:粗脂肪、油脂的酸值、碘值、皂化值、过氧化值、磷脂等; 碳水化合物:糖、淀粉、非淀粉多糖、粗纤维、ADF、NDF、木质素 能量; 无氮浸出物;
	重要营养素分析	矿物质元素[②]:常量元素:钾、钠、钙、镁、磷、氯等; 微量元素:铁、铜、锌、锰、钴、铬、硒、碘等; 维生素:脂溶性维生素(A、D3、E、K3); 水溶性维生素(B1、B2、B6、B12、C)、生物素、泛酸、叶酸、烟酸(烟酰胺)、氯化胆碱等; 氨基酸:蛋白氨基酸 游离氨基酸; 脂肪酸
	营养增强剂分析	防霉剂、抗氧剂、调味剂、着色剂、酶制剂、霉菌吸附剂等; 保健促长剂:抗微生物制剂、抗寄生虫制剂
	加工品质分析[③]	豆粕的尿酶活性、蛋白溶解度、饲料粒度与混合均匀度,颗粒饲料的硬度、糊化度、粉化率,鱼虾饵料的水中稳定性
卫生、安全品质	化学有毒有害物质	天然有机有害物质:抗营养因子、游离棉酚、单宁、异硫氰酸酯、恶唑烷硫酮、组胺、生物碱等; 无机有毒有害元素:铅、砷、汞、镉、氟、氰化物、亚硝酸盐等; 工业污染物(3,4-苯并芘、多氟联苯)和二噁英; 农药残留:有机磷、有机氯、氨基甲酸酯、拟除虫菊酯等; 违禁物或滥用的药物:β-激动剂、同化激素、氯霉素、硝基呋喃类药物、安定等镇静剂类药物、瘦肉精、三聚氰胺等
	生物有毒有害因子	霉菌毒素:黄曲霉毒素、呕吐毒素、玉米赤霉烯酮等; 致病微生物:沙门氏菌、弯曲菌、大肠杆菌; 转基因植物:玉米、大豆、油菜籽……

注:①表中列出的是分析检验的目标项目、化合物或元素,其检验对象,即具体的样品可包括饲料原料、饲料(如配合饲料、浓缩饲料、预混合饲料)或添加剂等,不同的样品特别是添加剂中目标化合物或元素的分析方法可能不同。
②氟、砷等元素也是动物生长所必需的,但通常在饲料检验中将其划归有毒有害之列。
③有些书籍将饲料质量分为:营养品质、加工品质和卫生、安全品质,鉴于许多加工品质直接影响营养性能的发挥,所以本书将其归为营养性能品质。

表1.2 不同饲料及饲料原料的主要检测指标

饲料名称	检测指标	参考及抽检指标
配合饲料、浓缩饲料	水分、粗蛋白、粗灰分、钙、磷、盐分	脂肪、纤维、混合均匀度、卫生指标、重金属指标（砷、铅、镉）、氨基酸（赖氨酸、蛋氨酸）
预混合饲料	铜、铁、锰、锌	重金属指标（砷、铅、镉）、混合均匀度
能量饲料原料		
玉米	水分、不完善粒、生霉粒、虫蛀粒、杂质、容重	粗蛋白质、脂肪酸值、霉菌总数、黄曲霉毒素 B1、呕吐毒素、玉米赤霉烯酮毒素
小麦	水分、粗灰分、容重、杂质、生霉粒、虫蛀	粗蛋白质、黄曲霉毒素 B1、呕吐毒素、玉米赤霉烯酮毒素
碎米/糙米	水分、杂质、霉变、粗灰分	粗蛋白质、粗纤维
次粉	水分、粗灰分	粗蛋白质、粗纤维、霉菌
面粉	水分、粗灰分	粗蛋白质、霉菌
麸皮	水分、粗灰分	粗蛋白质、粗纤维、霉菌
洗米糠	水分、粗灰分	粗蛋白质、镉、粗纤维、粗脂肪、霉菌、酸价
米糠粕	水分、粗灰分	粗纤维、粗脂肪、粗蛋白质、镉、霉菌
玉米胚芽粕	水分、粗蛋白质	黄曲霉毒素 B1、呕吐毒素、玉米赤霉烯酮毒素
喷浆玉米纤维	水分、粗蛋白质、黄曲霉毒素 B1、呕吐毒素	
乳清粉	水分、乳糖、粗灰分	粗蛋白质
植物油脂类	水分、酸价、过氧化值	碘价、皂化值
动物油脂类	水分、酸价、TBA 值	碘价、皂化值
蛋白质饲料原料		
发酵豆粕	水分、粗蛋白质、粗灰分、挥发性盐基氮	粗纤维、脲酶活性（U）、氨基酸、霉菌、抗原蛋白、寡糖、三聚氰胺、pH 值、乳酸
豆粕	水分、粗蛋白质、粗灰分、蛋白质溶解度、脲酶活性	粗纤维、黄曲霉毒素、霉菌、三聚氰胺
菜粕	水分、粗蛋白质、粗灰分、蛋白质溶解度	粗纤维、黄曲霉毒素、霉菌、三聚氰胺
棉粕	水分、粗蛋白质、粗灰分、蛋白质溶解度	黄曲霉毒素、粗纤维、游离棉酚、霉菌、三聚氰胺

续表

饲料名称	检测指标	参考及抽检指标
棉籽蛋白	水分、粗蛋白质、粗灰分、蛋白质溶解度	黄曲霉毒素、粗纤维、游离棉酚、霉菌、三聚氰胺
花生粕	水分、粗蛋白质、粗灰分	黄曲霉毒素、粗纤维
花生饼	水分、粗蛋白质、粗灰分	黄曲霉毒素、粗纤维
棕榈仁粕	水分、粗蛋白质、粗灰分、粗纤维、粗脂肪	
玉米DDGS（酒糟蛋白饲料）	水分、粗蛋白质、粗灰分、粗脂肪、黄曲霉毒素、呕吐毒素	粗纤维
啤酒糟	水分、粗蛋白质、粗灰分	粗纤维
大米酒糟	水分、粗蛋白质、粗灰分	三聚氰胺（抽检）
玉米柠檬酸渣	水分、粗蛋白质、粗灰分、粗脂肪、黄曲霉毒素B1	粗纤维、呕吐毒素
大米蛋白粉	水分、粗蛋白质、粗灰分	氨基酸、三聚氰胺
玉米蛋白粉	水分、粗蛋白质、粗灰分	叶黄素、氨基酸、黄曲霉毒素B1、三聚氰胺
大豆	水分、粗蛋白质、虫蛀粒、杂质、霉变、粗灰分、粗脂肪	
膨化大豆	水分、粗蛋白质、粗灰分、粗脂肪	脲酶活性（U）
大豆浓缩蛋白	水分、粗蛋白质、粗灰分	氨基酸
大豆磷脂粉	水分、粗蛋白质、粗脂肪、磷脂含量、酸价	粗灰分、黄曲霉毒素B1
血浆蛋白粉	水分、粗蛋白质、粗灰分、挥发性盐基氮VBN、盐分	氨基酸
肉粉	水分、粗蛋白质、氨基酸、VBN、盐分、粗脂肪、砂分、铬、粗灰分	霉菌、砷、铅、镜检、沙门氏菌、Ca、P
鱼粉	水分、粗蛋白、粗灰分、粗脂肪、砂分、盐分、挥发性盐基氮、酸价、铬、氨基酸、镜检、沙门氏菌	细菌总数、真蛋白、钙、磷、三聚氰胺、组胺

续表

饲料名称	检测指标	参考及抽检指标
鱼排粉	水分、粗蛋白、粗灰分、粗脂肪、砂分、盐分、钙、总磷、挥发性盐基氮、铬、氨基酸、镜检、沙门氏菌	细菌总数、三聚氰胺
脱脂骨块	水分、粗蛋白质、钙、总磷、砂分、VBN、镜检、沙门氏菌、粗灰分	细度、细菌总数、三聚氰胺、氟、砷、铅
高蛋骨粒	水分、粗蛋白质、粗脂肪、砂分、VBN、钙、总磷、镜检、沙门氏菌	三聚氰胺、铬
肉骨粉	水分、粗蛋白、粗灰分、盐分、钙、总磷、砂分、氨基酸、挥发性盐基氮、镜检、沙门氏菌	三聚氰胺、铬
添加剂、矿物质饲料原料		
碳酸钙	钙、细度	砷、铅、氟、镉
磷酸氢钙	钙、总磷、氟、细度	砷、铅、镉
磷酸二氢钙	钙、水溶性磷、总磷、游离水、氟、细度	砷、铅
沸石粉	水分、细度、吸氨量	砷、钙
膨润土	水分、细度	砷、钙
小苏打	碳酸氢钠($NaHCO_3$)、细度	
氧化锌	锌(Zn)	砷、铅
赖氨酸盐酸盐	L-赖氨酸	水分
赖氨酸硫酸盐	L-赖氨酸	水分
蛋氨酸	含量	水分
苏氨酸	含量	水分
甜味素	糖精钠	水分
氯化胆碱	含量	水分
抗氧化剂	乙氧基喹啉含量	

1.2.3　饲料质量检测的主要方法

饲料质量检验常用的方法有感官鉴定法、物理检验法、显微镜检法、化学分析法、近红外光谱分析法和生物学检测方法等。这些方法各有特点,在饲料分析检验中,可以互相配合,相互补充。

1）感官鉴定法

该法是通过人的感官——视觉、嗅觉、味觉和触觉等对饲料进行检验评价的方法。感观鉴定法可分为视觉、味觉、嗅觉和触觉检验法。

（1）视觉鉴定

观察饲料的外观性状、色泽，有无霉变，是否有虫子、异物，均匀性等。比如不同产地大豆制备的豆粕颜色存在差异，巴西大豆制备的豆粕颜色偏红，美国的豆粕颜色偏白，阿根廷的豆粕有明显的黑点，而三者的蛋白质和氨基酸组成存在较大差异；又如麸皮中如混有稻壳，经仔细辨别就可以发现细长的稻壳皮；通过观察玉米的饱满度、不完善粒、霉变粒以及焦粒数量可进行玉米质量的初步定性辨别。

（2）味觉鉴定

通过舌舔或牙咬来检查味道、硬度、口感及干燥程度。比如通过齿碎法来鉴定玉米的质量，当玉米水分较低时，经齿咬有震牙的感觉并有清脆的声音，当水分过高时，就没有震牙的感觉，极易破碎玉米；又如用嘴尝油脂，变质的油脂带有酸、苦、辛辣等滋味或焦苦味，而优质的油脂则没有异味。

（3）嗅觉鉴定

通过嗅觉来鉴别具有特殊香味的饲料，并查看饲料有无霉变及异常气味。具有强烈气味的原料常因品质发生变化而在气味方面表现出较大的变化。比如正常新鲜的鱼粉具有鱼香味，而变质鱼粉具有刺鼻的腥味、喇味或焦味；又如发生氧化变质的米糠常表现出酸败味。

（4）触觉鉴定

将饲料取在手上，用指头捻，通过触觉来察觉其粒度的大小、硬度、有无掺杂物及水分的多少等。比如通过手握紧再松开来感触原料与手粘连情况来辨别米糠水分含量是否异常，通常高水分的米糠会与皮肤粘结，表现出扎堆不易散开；又如通过手指研磨手掌中的麸皮，如掺有稻壳等异物就会产生刺手的感觉。

2）物理检验法

物理检验法是通过分析检验饲料或饲料添加剂的某一或某些物理特性，如粒度、容重、硬度、熔点、旋光度等，对饲料或饲料添加剂质量做出判断，某些在检测过程中不伴随发生任何化学变化的方法如显微镜检和近红外光谱分析也可列为物理分析法。

（1）筛分法

利用孔径大小不一的一组筛子筛出饲料中不同粒径的物质。用这种方法可以判断饲料的种类、颗粒大小和混入的物质，尤其是肉眼观察难于分辨确定的异物。

（2）容重法

容重是指单位体积的饲料具有的质量，通常以 1 L 体积的饲料质量计。各种饲料原料均有其一定的容重（表1.3），用规定的量具测出饲料容重，并与标准原料样品容重相比较，可判断有无异物混入，并提供该饲料质量好坏的信息。

（3）比重鉴别法

比重鉴别法是根据饲料在不同比重溶剂中的沉浮情况来鉴别饲料中是否有异物混入，以及混入异物的种类和比例。具体做法是：先将不同比重液分别装入不同试管中，再将同一被检饲料分别加入这些试管中,当被检试样在试管中不沉不浮时,该试管比原液的密度即为被检样的密度。一般使用的比重液有甲苯、汽油、水、四氯化碳和三溴甲烷等(表1.4)。密度鉴别法比较简单、有效,容易采用。例如检验饲料是否混入沙土,先用试管或细长玻璃杯盛上饲料样品,加入4~5倍的干净自来水,充分振荡混合,静置一段时间后,砂土等比重较大的异物就沉降在试管底部,从而鉴别出来。

表1.3　常见饲料原料的容重　　　　　　　　　　　单位:g/L

饲料名称	容　重	饲料名称	容　重	饲料名称	容　重
苜蓿(干)	224.8	油脂(植物及动物)	834.9~867.1	矿末	545.9
大麦	353.2~401.4	羽毛粉	545.9	米糠	350.7~337.7
血粉	610.2	鱼粉	562.0	稻壳	337.2
干啤酒糟	321.1	肉骨粉	594.3	大豆饼粕	594.1~610.2
木薯粉	533.4~551.6	糖蜜	1 413	高粱	545.9
玉米	626.2	干啤酒酵母	658.3	高粱粉	706.9~733.7
玉米粉	701.8~722.9	磷酸盐	915.2~931.3	肉粉	786.8
玉米和玉米芯粉	578	燕麦	273.0~321.1	小麦	610.2~626.2
玉米麸粉	481.7	燕麦粉	352.2	小麦麸	208.7
棉籽壳	192.7	花生饼粉	465.6	次粉	291~540
棉籽饼粉	594.1~642.3	家禽副产品	545.9	乳清粉	642.3

表1.4　常用比重液密度

比重液	己　烷	石油醚	甲　苯	水	氯　仿	四氯化碳	溴　仿
容重/(g·cm^{-3})	0.66	0.69	0.88	1.00	1.48	1.58	2.60

表1.5　常见饲料原料的密度　　　　　　　　　　　单位:g/cm^3

原　料	密　度	原　料	密　度	原　料	密　度
动植物性有机物	1.5以下	硫酸铵	1.8	亚麻仁粕	1.30~1.40
虫、虾壳、蟹壳	1.4~2.0	尿素	1.3	木棉粕	1.40~1.45
贝壳	1.9~2.6	蒸制蹄粉	1.3	菜籽粕	1.34
大理石粉、碳酸钙	2.6~2.9	棉籽粕	1.40~1.43	大豆粕	1.38
土砂	1.8~2.5	椰子粕	1.38~1.46	脱脂糖类	1.39
兽骨	1.9~2.2	芝麻粕	1.41	陶土	1.87

另外,水淘选鉴别法、黏度法、熔点法、旋光法、折射法等也是常用的物理检验方法。

3) 饲料显微镜检测

饲料显微镜检测的主要目的是借外表特征(体视显微镜检测)或细胞特点(生物显微镜检测),对单独的或者混合的饲料原料进行鉴别和评价。饲料显微镜检测可视为视觉感官分析的延伸,可定性也可定量。定性检验是通过体视显微镜(放大倍数 7 ~ 40 倍)检测的外表特征或利用生物显微镜(放大倍数 40 ~ 500 倍)检测的细胞形态,从而对单一或混合的饲料原料做出鉴别或评价。定量检验则是对成品饲料组分或原料中掺杂物或污染物比例作出测定。经过几十年的发展、完善和标准样(或图鉴)积累,加之与点滴试验和一些简单化学鉴别试验的结合,显微镜检测已发展成为饲料分析必不可少的检验手段和饲料生产质量控制的首要工具。显微镜检测可在原料进厂卸货前,很容易地观察到受潮、发热、霉变、害虫造成的损伤、污物,或杂质的多少,有无恶意掺假、售假等,从而能迅速作出接受或拒收决定,在饲料生产中对混合质量作出迅速评价和在生产完成后对饲料成品作出定性鉴别,如根据饲料标签检查、核实各种组分,通过直接观察和点滴试验证实微量成分(矿物质、维生素、药物或其他添加剂)的有无等。世界公认的、权威的美国公职分析化学家协会(AOAC)已将显微镜检测的基本方法、植物组织和动物组织的检验方法批准为正式官方方法。我国也颁布了《饲料显微镜检验方法》国家标准(GB/T 14698—1993)。显微镜检测的优势是快速、直观、设备简单、分析费用低,更为可贵的是可以解决一般化学法难以或是不能解决的问题,如某些有毒草籽、害虫毒素或霉菌及孢子的发现等。

4) 化学分析法

化学分析法是以德国人 Henneberg 和 Stohmann 提出的概略养分分析法为基础逐渐发展起来的分析方法,主要用于对动物有营养价值的各个组分进行分析。化学分析法可以准确评价饲料的真实养分含量,对于常规的营养成分只需建立简单的实验室和训练有素的化学分析人员即可完成,是饲料质量控制的基本保障。此外,化学分析法只能提供某种营养成分的具体含量,而对动物的真正营养价值还需要借助其他的方法进行综合评定。它是利用待测组分、化合物或元素的化学性质进行分析测定的方法,或理解为分析过程伴随化学反应的分析测定方法。化学分析法是饲料分析检测最常用的方法,分为定性分析和定量分析。

定性分析法是在饲料中加入适当的药品,根据发生反应的沉淀、颜色变化等判断该饲料是否含某种成分,是否有异物混入(各种成分各有其独特的沉淀或颜色反应)。这种方法简单、快读、易于掌握。例如:淀粉与碘-碘化钾溶液反应,呈深蓝色,据此可方便的鉴别试样中是否含有淀粉。

定量分析的目的是测定饲料或添加剂中组分的相对含量,根据测定组分含量的多少,定量分析可分为常量(含量 > 1%)、微量(含量0.01% ~ 1%)、超微量(痕量,含量 < 0.01%)分析。根据分析所用的方法或手段不同,定量分析又可分为一般化学分析和仪器分析。饲料中常量成分如水分、干燥物、粗脂肪、粗灰分、粗蛋白、粗纤维、常量矿物元素等的测定均可采用常量分析法,包括容量法、比色法、重量法等,不需要昂贵的设备,仅借助简单和普通设备就可开展工作,饲料企业及养殖企业均应配备开展这些项目检测的实验室,以满足饲料质量控制的需要。饲料中维生素、添加剂和微量元素等含量甚微,有时只有几

百万分之一,而且饲料种类繁多且非常复杂,同时饲料中可能存在的化学、物理和生物的危害物种类纷杂不清,且含量极低,对饲料质量安全检测技术水平要求极高。这些物质的测定多采用仪器分析法,包括紫外光谱法、可见分光光度法、气相色谱法、液相色谱法、薄层层析法、荧光分析法、原子吸收分光光度法、原子发射光谱法等,所需设备昂贵,对实验室设施条件要求也高,主要是在大型饲料企业中心化验室、科研院所及专门从事饲料质量检验的机构配备大型先进的检测设备。

此外,电化学分析法(如离子选择性电极法、电导法、紫外光谱法、红外光谱法、质谱法等检测技术也有助于解决饲料分析中的一些难题。看似十分复杂,但在实际应用中,无论一般化学分析和仪器分析,还是定性、定量分析或各种仪器分析之间,都无任何限制与界定,常常是根据需要将不同的方法结合起来,扬长避短取得最佳效果。

5)近红外光谱分析法(NIRS)

近红外光谱分析法是20世纪80年代迅速发展起来的分析方法,由于它快速、环保,能同时进行多组分或多性质指标分析,且特别适合进行无破损、现场或在线的质量分析与监控,所以在农业、食品、医药、石油、化工等许多领域的科研与生产中得到了广泛应用。近红外谱区是指介于可见区和中红外区之间的电磁波。根据美国试验和材料协会规定,其波长范围为700~2 500 nm。近红外光谱为分子振动光谱的倍频和组合频谱带,主要指含氢基团(C—H,O—H,N—H,S—H)的吸收,包含了绝大多数类型有机物组成和分子结构的丰富信息。由于不同的基团或同一基团在不同化学环境中吸收波长的能力有明显差别,因此可以作为获取有机化合物组成或性质信息的有效载体。对某些无近红外光谱吸收的物质(如某些无机离子化合物),也能够通过其对共存的本体物质影响引起的光谱变化,间接地反映其信息。近年来,近红外光谱法在仪器、软件和应用技术上获得了高度发展,以高效和快速的特点异军突起,被誉为"分析巨人"。

(1)近红外光谱法的优点

①简单。近红外短波区域的吸光系数小,有很强的穿透力,无需烦琐的前处理,可穿透玻璃和塑料包装进行直接检测,不消耗样品,也不需要化学试剂。

②快速。仅几分钟甚至几秒钟就可以完成测定,并打印出结果。

③光程的精确度要求不高。

④经济。近红外光谱仪的光学材料为普通石英或玻璃仪器,价格低,不需要样品的前处理,测定速度快,节约了试剂成本和人工成本。

⑤可用于生产在线检测。在生产流水线上配置近红外装置,对原料或成品及半成品进行连续在线检测,有利于及时发现原料及产品品质变化,便于及时调控生产工艺,维持产品质量。同时由于适用于近红外的光导纤维较易获得,利用光纤可实现在线分析和远距离检测。

⑥高效。可同时完成多个样品不同化学指标的检测。

⑦环保。检测过程不使用化学试剂,无污染。

⑧应用广泛,可不断拓展检测范围。近红外光谱可测量形式如漫反射、透射和反射,能够测定各种各样的物态样品的光谱。

⑨仪器的构造比较简单,高度自动化,易于维护和使用,降低了对操作者的技术要求。

（2）近红外光谱法的缺点

①由于测定的是倍频及合频吸收，灵敏度差，对微量成分分析有一定困难，一般要求检测的含量大于1%，并且只适合对含氢基团的组分或与这些组分相关的属性进行测定。

②建模难度大，定标样品的选择、制备，精确的化学分析，基础数据的准确性以及选择计量学方法的合理性，都将直接影响最终的分析结果。尤其是其准确性不能比它所依赖的化学分析法更好，所以在推广应用该技术时，必须使用精确的化学分析值及适当的定标操作技术，即 NIRS 实行系统的标准化操作。

（3）近红外分析仪在饲料质量安全检测中的应用

目前近红外技术作为一项较为理想的技术已经广泛应用于饲料质量安全监控。

①常规营养成分方面。该领域作为饲料方面应用的传统领域，已经比较成熟，目前逐渐向对配合饲料的品质特性进行评价方面发展。例如美国农业部于1986年在其发表的农业手册中明确地将配合饲料的品质分析列为近红外光谱技术未来应用的发展领域。

②测定饲料消化特性等综合指标。传统的饲料消化特性评价试验操作复杂、成本高、实验周期长。随着近红外分析技术基础理论研究的深入和相应技术的发展，人们构建了越来越多的评价饲料消化吸收特性的近红外分析预测模型。

③饲料原料的来源鉴别分析。饲喂原料来源不同的配合饲料不仅直接影响动物机体对饲料吸收利用效果，而且饲料原料特性对动物生长存在着潜在的、错综复杂的且难以预料的影响。如动物源性蛋白用于反刍动物饲料中造成"疯牛病"的大范围传播就是最具代表性的例子。因此，在评价饲料品质时，人们越来越重视对饲料原料来源的分析，而近红外光谱分析技术已经较为成功地应用于鉴别中草药产地来源。基于同样的道理，近年来不断有研究者将近红外光谱技术用于鉴别配合饲料原料的来源，以便更加科学地评价配合饲料产品质量安全水平。

④有毒有害物质的快速检测。近红外还能快速测定饲料中的某些有毒、有害成分，抗营养因子及药物成分，如棉酚、植酸磷和葡萄苷等。王文杰曾用近红外光谱技术检测预混料中维生素 A、喹乙醇、土霉素等。随着疯牛病的蔓延，世界各国相继出台了《动物源性饲料产品安全卫生管理办法》，规定在反刍动物饲料中禁止使用任何动物源性产品，而目前能简洁、快速、准确的检测配合饲料中的肉骨粉的技术较少，近红外光谱分析技术由于具有独特的技术特点和优势，在这一领域显示出了广阔的应用前景。各国学者纷纷建立了一系列准确判别配合饲料中是否含有肉骨粉的分析模型。

⑤饲料加工过程的在线监控。在线监控是保证饲料产品质量安全的有效途径之一，因为通过在线监控，可以更加科学、准确及时地获取饲料产品的质量信息，从而尽快对生产参数作出调整，确保饲料质量的稳定，减少损失，降低成本。但由于传统化学分析时间较长，无法满足生产中对维持产品质量稳定和实时监控生产过程的要求。因此探索将近红外光谱分析技术用于在线监控饲料原料、半成品、成品的应用成分等参数的变化，有效提高饲料产品质量控制效果，在饲料质量监控中有着同样的重要性和研究价值。

6）生物学检测方法

生物学检测方法目前已经成为饲料安全检测中的重要的技术之一，能解决许多化学方法难以解决的问题，特别是免疫性检测方法，是快速筛选的主要技术，作为一种新型的分析技术手段已经渗透到安全分析的各个环节。

（1）免疫学方法

免疫学方法是在特异性抗体-抗原反应原理基础上建立的,在 20 世纪初被用来进行肉的种类鉴别,主要有酶联免疫法（ELISA）、放射免疫法（RIA）、免疫荧光法（FIA）。RIA 法和 FIA 法分别是以放射性同位素和荧光物或潜荧光物为标记物,发生抗原抗体反应后测定体系射线强度或荧光强度的变化。ELISA 法是由瑞典生物科学家提出并建立的,它是利用抗原-抗体间免疫学反应和酶的高效催化底物反应,使体系颜色或紫外吸收发生变化,最后用光度法进行测定的检测技术。经过 30 多年的探索和完善,已成为一种普遍应用的分析方法,在饲料企业也有广泛的应用。该方法的主要技术依据是抗原（抗体）能结合到固相载体的表面,且仍具有其免疫活性;抗体（抗原）与酶结合所形成的结合物仍保持免疫活性和酶的活性;结合物与相应的抗原（抗体）反应后,结合的酶仍能催化底物生成有色物质,而颜色的深浅可定量测定抗体（抗原）的含量。ELISA 包括直接法、抗体夹心法和竞争法,前两种主要用于测定抗体和大分子,适用于临床诊断,包括人畜传染病诊断,竞争法则是测定小分子抗原的方法,尤其适用于饲料、食品分析和畜产品安全检测。现在已有多种试剂盒被研发出来,用于饲料中违禁药物及违禁添加物质,如盐酸克伦特罗、莱克多巴胺、沙丁胺醇、氯丙嗪、四环素、呋喃类药物及三聚氰胺等检测。同时利用 ELISA 法还可对饲料中动物源性成分如肉骨粉、反刍动物成分等进行检测。由于 ELISA 是把抗原抗体的免疫反应和酶的高效催化作用原理有机地结合起来的一种先进检测技术,因此具有极高的选择性和灵敏性,具有操作简单、样品容量大、仪器化程度高、污染少、测定速度快、精确度高和分析成本低等优点,是目前理想的饲料中违禁药物筛选的方法之一。此外,酶联免疫法用于霉菌毒素的测定研究取得新的进展,现已经研究并建立了黄曲霉毒素 B1、赭曲霉毒素 A、玉米赤霉烯酮毒素、脱氧雪腐镰刀菌烯醇单克隆抗体酶联免疫方法,利用酶联免疫试剂盒可以快速测定饲料原料和成品饲料中霉菌毒素污染状况,为防霉保鲜和防霉剂的使用提供依据。

（2）以检测 DNA 为基础的方法

以 DNA 为基础的检测技术主要有核酸探针杂交、DNA 指纹分析、PCR-RELP 分析、PCR 特异扩增（常规 PCR 方法和 Real-time PCR 方法）,主要原理都是对各种物种内特异的核酸序列进行提取、鉴定,从而判定饲料内有无该物种的成分。PCR 技术的基本原理是模拟体内条件下 DNA 聚合酶催化 DNA 合成的方式,在体外进行目标 DNA 的特异性合成。在离心管中,短短的几个小时内就可以把靶 DNA 成百万倍地扩增,所需模板的量仅为 pg 级,甚至更少,因此能从 100 万个细胞中检出一个靶细胞。DNA 聚合酶在催化 DNA 聚合时,需要模板与引物的特异性结合,聚合酶则以引物的 3'-OH 为起点,使得 4 种脱氧核苷酸（dAMP、dGMP、dCMP、TMP）按模板的顺序聚合在一起。PCR 产物的检测主要通过琼脂糖凝胶电泳进行,但如果 PCR 产物小于 100 bp,就需要通过聚烯酰胺凝胶电泳来区分。其中 PCR 特异扩增方法由于其简单、快速、特异性强的特点,成为目前最广泛应用的方法,特别是荧光PCR 的应用使得检测的特异性和敏感性更高。我国也于 2008 年 4 月 1 日颁布实施了应用PCR 方法定性检测动物源性饲料中动物成分的标准,包括骆驼源性成分、狗源性成分、哺乳动物源性成分、猪源性成分、兔源性成分、鹿源性成分和马、驴源性成分的 PCR 定性检测,为进一步规范和监督动物源性饲料的安全使用提供技术支持。

PCR 技术的最大优点就是灵敏度高,甚至动植物基因组中的单拷贝基因都可检测到,这是其他检测技术所无法比拟的。同时操作简单,省时省力,从样品处理到最终的 PCR 产物电泳检测,一般在几个小时内就可完成。但应注意样品间的轻微交叉污染便可能产生假阳性,因此必须进行严格的规范操作。

（3）微生物的检测

饲料中污染微生物的危害主要产生在以下 4 个方面:一是含有致病性微生物如沙门氏菌、志贺氏菌、致病性大肠杆菌等而使动物产生疾病;二是微生物的繁殖使某些营养成分如脂肪、动物蛋白产生腐败作用;三是非致病性微生物寄生于饲料中,消耗饲料中的养分,使饲料营养价值下降;四是某些微生物会产生毒素如黄曲霉毒素、赭曲霉毒素、肉毒毒素、金黄色葡萄球菌肠毒素等,动物食用含有这些毒素的饲料后会产生危害。目前微生物的检测技术发展很快,利用了包括微生物学、分子化学、生物化学、生物物理、免疫学和血清学等领域的知识,其目的是建立可用于微生物计数、早期诊断、鉴定等方面的快速检测技术。除常规的平板培养外,目前已有商品化的基因探针试剂盒、全自动化的 PCR 检测试剂盒及仪器,可用于检测沙门氏菌、大肠杆菌 O157:H7 等致病菌。

针对饲料工业快速发展的需要,尤其是高新技术产品及饲料、营养研究的最新进展需要开展相应的"快""高""难检"测技术的研究;在饲料样品预处理方面,现代分析样品制备技术的发展趋势就是使处理样品的过程简单、处理速度快、使用装置小、引进的误差小、对欲测定组分的选择性和回收率高;在仪器设备方面,要求检测仪器自动化程度进一步提高,朝更高灵敏度、更高选择性、更方便快捷的方向发展,不断推出新的方法来解决新的分析问题。此外,针对饲料中违禁药物、霉菌毒素等有毒有害物质的快速检测技术的研究、对转基因饲料中外源基因的筛查及定性分析技术及微生态制剂的质量检测技术和安全评价技术的研究也日趋受到重视。

复习思考题)))

一、名词解释

1. 饲料质量　　2. 国家标准　　3. 行业标准　　4. 企业标准

二、填空题

1. 饲料产品的质量评价通常从（　　　）、（　　　）、（　　　）和（　　　）等几个方面进行。（　　　）和（　　　）是动物发挥最佳生产性能的保证,（　　　）是饲料最基本最重要的条件,（　　　）是人类对畜产品更高的追求。

2. 我国饲料工业标准分为（　　　）标准、（　　　）标准、（　　　）标准和（　　　）标准四个等级。

3. 饲料的感观检测主要包括（　　　）、（　　　）、（　　　）和（　　　）。

4. 饲料质量检测的方法主要有（　　　）、（　　　）、（　　　）、（　　　）、（　　　）和（　　　）法。

三、判断题

1. 体视显微镜可观察饲料表面形状,色泽,粒度等。（　　　）

2. 生物显微镜（放大倍数 7~10 倍）主要检测的细胞形态。（　　　）

3. 饲料显微镜检可视为视觉感官分析的延伸,一般为定性检测。　　　　　　(　　)

4. 饲料感观检验的优点是快捷、简便、直观,不需要增加成本。　　　　　　(　　)

5. 标准级别不仅反映了标准技术水平高低的分级,而且反映了标准之间的主从关系。

　　　　　　　　　　　　　　　　　　　　　　　　　　　　　　(　　)

6. 有了上级标准,不再制定下级标准。当公布了国家标准时,相应的行业标准、地方标准即行废止。　　　　　　　　　　　　　　　　　　　　　　　　(　　)

7. 饲料质量检验的方法多而繁杂,同一物质往往有多种检测方法,不同的使用者应根据自己的需求进行选择。　　　　　　　　　　　　　　　　　　　　(　　)

8. 企业可根据自己的需要和产品特点对饲料标签上的内容进行设计。　　　　(　　)

9. 饲料分析检验能够直接提高产品的质量。　　　　　　　　　　　　　　　(　　)

四、问答题

1. 为什么要进行饲料的质量检测?

2. 饲料检测技术中的化学分析主要涉及哪些内容?

3. 简述近红外光谱法检测饲料的主要优点及其在饲料质量安全监控方面的应用。

项目2
饲料质量检测技术基础知识

项目导读:饲料检验质量检测技术是一门综合性较强的课程,其中仪器分析、化学分析知识及技能是保障化验结果可靠性的重要保障。本项目重点介绍饲料质量检测常用仪器设备的使用、维护,饲料分析化验室建设管理相关规定,学习和掌握饲料质量检测过程中相关术语、溶液配制基本知识、实验数据记录及处理的要求等,为具体的检测工作奠定基础。

模块 1　饲料质量检测常用仪器设备

任务1　电子分析天平的使用

电子分析天平结构紧凑,性能优良,自动计量,数字显示,操作简便。清除键可方便消去皮重,适于累计连续称量。根据称量范围的不同分为常量天平(图2.1)、半微量天平、微量天平(图2.2)和超微量天平,根据称样要求不同进行选择,使用时需严格按照说明书操作。

图 2.1　常量电子天平

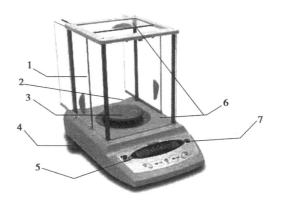

图 2.2　万分之一电子天平
1—侧玻璃门;2—水平泡(有的在前,有的在后);
3—称样盘;4—天平足;5—数字显示窗;
6—气流罩;7—A/D(自动调零)键

2.1.1　工作原理

电子天平实际上是测量地球对放在称量盘上的物体的引力（即重力）的仪器,它是利用电磁力平衡的原理进行设计的。

2.1.2　电子分析天平使用注意事项及维护

①根据气温和湿度情况开启天平室空调进行调节,关好天平室大门和窗帘,避免流动空气、潮湿气体和强光对天平的影响（天平室内温、湿度应恒定,温度应在20 ℃,湿度应在50%左右）。

②不得随意搬动电子分析天平,称量前必须预热半小时,才能进行正式称量,观察水平泡,确保天平保持水平状态。

③称量时,被称物应放在称量盘的中央,样品不能直接放在天平盘内,有腐蚀性和挥发性的样品应放在密闭的容器如称样皿中称量。

④被称物的温度必须与天平室的温度一致,以免影响称量的准确性。

⑤调零点和读数时必须关闭两个侧门,并完全开启天平。称量时,须轻拿轻放,严防样品洒落,开关天平门时动作要轻,待数据稳定并显示 g 时才能读数;称量完毕,天平盘上必须空载清零。

⑥天平的载重绝不能超过最大载重,爱护电子天平的心脏——重力电磁传感器,不要向天平上加载重量超过其称量范围的物体。绝不能用手压称盘或使天平跌落地下,以免损坏天平或使重力传感器的性能发生变化。

⑦使用中如发现天平异常,应及时报告指导老师或实验工作人员,不得自行拆卸修理。

⑧称量完毕,应随手关闭天平,并做好天平内外的清洁工作,做好实验仪器使用登记。

⑨天平箱内应放变色硅胶,定期专人更换,保持天平干燥,每月由专人对天平进行一次校准和彻底清洁。校准时须按各型号电子天平说明书上介绍的方法用计量部门认可的标准砝码进行校正,即可进行准确称量。

2.1.3　天平的称量方法

1）直接称量法

当天平零点调好后,将被测物直接放在分析天平上称量,所得读数即为被称样品的质量。

2）差减称量法

先在称量瓶中放入被称试样,准确称取称量瓶和试样的总质量,然后向接受容器中倒出所需量的试样,再准确称量剩余试样和称量瓶的质量,两次称量的质量差即为倒入接受容器中的试样质量。如此反复称量,可连续称取若干份样品。

3）固定质量称量法

在配制准确浓度的标准溶液时或为了计算方便,对于基准物质,可以先在天平半开状态下小心缓慢地用小药匙将试样加到干净、干燥的容器中,在接近所需质量时,应用食指轻弹小药匙,使试样一点点地落入容器中,直至所指定的质量为止,这样使分析工作人员在后面的分析结果计算时十分方便,因此在实际工作中应用十分广泛。例如:称取 0.219 5 g 磷酸二氢钾配制 1 000 mL 50 μg/mL 磷标准溶液,就需用此法称量。

任务2　常用加热仪器的使用

2.2.1　电炉的使用

电炉是分析实验室最常用的加热设备,其外形多为方形,功率有 500 W、800 W、1 000 W、1 200 W。为了使用方便,也有将电炉并到一起,或是在一个电炉上将几根电阻丝串到一起组成一个组合电炉。

在使用电炉时,电源的电压应与电炉的额定电压一致,否则会影响电炉的正常工作,有时甚至会烧坏电炉。电炉不使用时应立即切断电源,这样不仅可以节约用电,而且可以延长电炉的使用寿命。在电炉上加热金属物体时,应防止金属物体和电阻丝接触(可垫上石棉网或耐火砖),以免触电。

2.2.2　高温炉的使用

高温炉(图 2.3)又称为马弗炉,是一种带温度控制器的高温加热设备,炉壳用薄钢板经折边焊接制成,内炉衬为硅耐火材料制成的矩形整体炉衬。电炉的炉门砖采用轻质耐火材料,内炉衬与炉壳之间的保温层由耐火纤维、膨胀珍珠岩制品砌筑而成。

高温炉使用注意事项及维护:

①高温电炉应放在结实平稳的台面上,放好后不能轻易移动。

②使用时,设定炉温不得超过额定工作温度,此时炉丝寿命较长。

③高温电炉在使用时,电源的电压应与电炉或高温电炉的额定电压一致,否则会影响其正常工作,有时甚至会烧坏电炉或高温电炉。

④高温电炉周围不能放置易燃易爆物品。

⑤在使用高温电炉时,炉膛内应衬干净的耐火砖块,以防止被加热的物体与炉膛粘连。在熔融和灼烧试样时,应严格控制操作条件,防止温度过高引起试样

图 2.3　高温炉

飞溅而损坏炉膛。

⑥第一次使用或长期停用后再次使用时,必须进行烘炉,烘炉时间共为 8 h,应分别设定 100,200,300,400 各烘 2 h,以除去炉膛内的潮气。

⑦当正在开机工作时,一旦仪器产品发生故障时,应立即关闭电源,停机检查,重大故障应保护现场,以便故障分析。

⑧高温电炉在使用过程中,应时常照看,防止温控器失灵而烧毁电炉,甚至引起火灾。

⑨高温电炉灼烧完毕后,应先切断电源,然后将炉门半开,让其稍冷后再将炉门完全开启,这样可以防止炉膛骤冷而裂开。

⑩电炉或高温电炉在不使用时,应马上切断电源,这样不仅可以节约用电,而且可以延长电炉或高温电炉的使用寿命,高温电炉放置不用时,应关好炉门,防止潮气侵蚀炉膛。

2.2.3 恒温烘箱的使用

恒温烘箱(见图 2.4)是饲料分析实验室常用的一种干燥设备,其外形和功率的大小因用途不同而不同,温度可以控制,较大的烘箱还带有鼓风设备。

从结构上来看,烘箱为内外双层结构,壳体为角钢薄钢板,内外双层壳体之间填充有纤维物质(硅酸铝)。烘箱配置有热风循环系统及温度测量与控制系统。

烘箱使用注意事项及维护:

①烘箱应安放在室内干燥和水平处,防止振动和腐蚀。

②当一切准备工作就绪后方可将样品放入烘箱内,然后连接并开启电源,红色指示灯亮表示箱内正在加热。当温度达到所控温度时,红灯熄灭绿灯亮,开始恒温。为了防止控制失灵,还必须经常照看。

图 2.4 恒温烘箱

③要注意安全用电,根据烘箱耗电功率安装足够容量的电源闸刀。选用足够的电源导线,并应有良好的接地线。

④为防止烫伤,取放样品时要用专门工具。

⑤放入样品时应注意排列不能太密。散热板上不应放样品,以免影响热气向上流动。禁止烘焙易燃、易爆、易挥发及有腐蚀性的物品。

⑥有鼓风的烘箱,在加热和恒温的过程中必须将鼓风机开启,否则影响工作室温度的均匀性。

⑦使用时,温度设置不要超过烘箱的最高使用温度。

⑧烘箱内外要保持干净;当需要观察工作室内样品情况时,可开启外道箱门,透过玻璃门观察。但箱门以尽量少开为好,以免影响恒温。特别是当工作在 200 ℃以上时,开启箱门有可能使玻璃门骤冷而破裂。

⑨工作完毕后应及时切断电源,确保安全。

2.2.4 水浴锅

水浴锅因加热口的多少而分为双联、四联、六联、八联等(图2.5),最高温度是100 ℃。和烘箱类似,水浴锅也由3部分组成,即外壳、加热系统和温度控制系统。不过它的加热系统是一个密封在绝缘铜导管内的电阻丝。

图2.5　水浴锅

水浴锅使用注意事项及维护:

①在使用水浴锅时,应注意锅内保持一定的水位,其水位切不可低于电热管所在的平面,否则将立即烧坏电热管。

②温度控制系统应尽量避免受潮,以防漏电和损坏控制器。

③在工作时应经常检查水箱是否有渗漏现象,如有漏水应立即断电,待维修好后再使用。

任务3　常用玻璃仪器的使用

2.3.1 普通玻璃容器

1)烧杯

烧杯有低型烧杯和高型烧杯两种(图2.6)。一般烧杯上都刻有容积的近似值,其规格最小有10 mL、最大有5 000 mL,主要是用于试剂的配制和试液的加热等工作。

图2.6　烧杯

图2.7　烧瓶

2)烧瓶

烧瓶有平底烧瓶和圆底烧瓶两种(图2.7)。使用时要注意,平底烧瓶不宜直接加热,圆底烧瓶则可以,但不宜骤冷。其规格最小的50 mL、最大的1 000 mL。还有一类烧瓶,如蒸馏烧瓶、曲颈烧瓶等。饲料分析中,蒸馏烧瓶常用,其余的一般不常用。

3)碘量瓶

在锥形瓶口上使用磨口塞子,并且加一水封槽(图2.8)。主要用于防止固体的升华和液体的挥发,一般为碘量法测定中专用的一种锥形瓶,也可用作其他产生挥发性物质的反应容器。

图2.8　碘量瓶　　　　　　　　　　　　　图2.9　锥形瓶

用法:加入反应物后,盖紧塞子,塞子外加上适量水作密封,防止碘等物质挥发,静置反应一定时间后,慢慢打开塞子,让密封水沿瓶塞流入锥形瓶,再用水将瓶口及塞子上的溶液洗入瓶中。

在使用碘量瓶加热时,温度不宜过高,且要先将塞子打开,以防塞子炸裂或冲开塞子溅出液体。常用的规格有100 mL、125 mL、150 mL、250 mL、500 mL等。

4)三角瓶

三角瓶又称为锥形瓶,是硬质玻璃制成的纵剖面呈三角形状的滴定反应器(图2.9)。口小、底大,有利于滴定过程进行振荡时反应充分,而液体不易溅出。该容器可以在水浴或电炉上加热。其规格一般小至50 mL,大至5 000 mL,饲料分析最常用规格为150 ~ 250 mL。使用三角瓶时,注入的液体最好不超过其容积的1/2,过多容易造成喷溅;加热时外部要擦干,最好使用石棉网。

5)试管类

(1)离心管

离心管是一种尖底卷口的试管,有的还带有刻度,它主要用于沉淀的离心分离。材料有玻璃和塑料质地两种的。常见的规格有5 mL、10 mL、15 mL、20 mL、25 mL、50 mL。

(2)比色管

比色管分具塞和不带具塞两种,常见的规格有10 mL、25 mL、50 mL三种。一般常见的是具塞比色管,主要用于微量组分的目视比色分析中,在进行目视比色分析中,要选用一组玻璃厚度、试管粗细、容积刻度线高度一致的比色管来进行比色,以降低比色分析时的分析误差。不要用去污或较硬的毛刷去洗涤比色管,以防止比色管的玻璃变毛。

(3)普通试管

有平口和卷口两种,主要用于定性实验中,可以直接在酒精灯上加热,在加热时要用试管夹夹住试管距管口1/3处,管身稍微倾斜,但注意管口不要对准人,以防液体沸腾冲出造成烫伤事故。

6)试剂瓶类

(1)广口瓶、小口瓶(见图2.10(a))

主要用来存放试剂,有无色和棕色两种,棕色试剂瓶主要用来盛装遇光分解的试剂,规

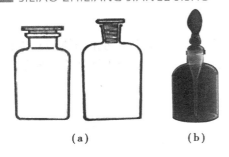

(a)　　　　(b)

图2.10　试剂瓶

格不等。其中还有磨口和不磨口之分,不磨口的试剂瓶一般用来盛装碱性和易结晶的溶液,瓶塞一般用橡皮塞或软木塞。试剂瓶不能加热,也不能骤冷或骤热,以免破裂。

(2)滴瓶

通常是一个带磨口玻璃滴管和橡皮头的小口瓶(见图2.10(b)),一般用来存放少量试剂,有无色和棕色两种,棕色多用来存放对光不稳定的物质。常见的规格有30 mL、60 mL、125 mL三种。

2.3.2　量具类玻璃仪器

1)滴定管

滴定管是滴定分析时用来准确测量流出的滴定液体积的量器。按控制溶液流出方式不同,可分为酸式滴定管和碱式滴定管。酸式滴定管的下端是一个磨口玻璃活塞,适用于装酸性、中性及氧化性溶液,而不适用于装碱性溶液;碱式滴定管的下端是一段橡皮管,内装一个比橡皮管内径稍大的玻璃球,主要用于装碱性溶液(见图2.11)。根据不同容积,滴定管又可分为常量滴定管、半微量滴定管、微量滴定管等,饲料分析经常使用常量滴定管,以25 mL或50 mL为主。在颜色上有棕色和白色两种。

滴定管的使用主要包括:

(1)检漏

酸式滴定管检查活塞是否漏水时,可在滴定管内

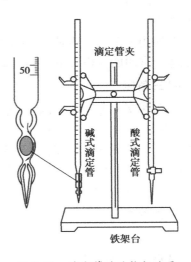

图2.11　滴定管的结构与放置

装入蒸馏水至"0"刻度以上,把滴定管垂直夹在滴定管架上,放置约2 min,观察有无水滴滴下,细缝中是否有水渗出,然后将活塞转动180 ℃,再观察一次,待无漏水现象后,用橡皮圈将活塞缠好(以防活塞脱落打碎)即可使用。如果有水渗出,则根据情况进行处理,若是活塞不配套,需更换滴定管;若是密合性问题,需涂油。

碱式滴定管先充水到最高刻度线,直立2 min,观察胶管接头周围及管尖有无水渗出,如漏水,则需更换直径合适的乳胶管或大小适合的玻璃珠。

(2)涂油

酸式滴定管在使用前为了防止活塞渗漏,增加活塞润滑性,要在活塞上涂一层凡士林。涂抹方式是首先将滴定管平放在桌面上,抽出活塞,用吸水纸将活塞和活塞槽擦干净,蘸取适量凡士林,均匀地涂在塞孔两侧,注意涂层不可太厚,以防塞孔堵塞,迅速上好活塞,将活塞朝一个方向旋转几圈(见图2.12),活塞部位呈透明无气泡和纹路,旋转灵活,再用橡皮筋或乳胶圈将活塞固定,装水检验密合性。

（3）洗涤

无油污的酸式滴定管,先用自来水冲洗,再用特制的滴定管刷蘸取洗涤剂刷洗,若有油污,则用铬酸洗液洗涤,每次于滴定管中倒入 10～15 mL 铬酸洗液,两手平持滴定管,并不断转动,直到洗液布满全管为止。然后打开旋塞,将洗液放回原瓶中,再用自来水冲洗干净,滴定管的内壁应完全被水均匀润湿不挂水珠;再用蒸馏水润洗 3 次,每次用水 5～10 mL,双手持平滴定管两端,转动滴定管,使水润洗全管后从出口处放出。最后用待装溶液润洗滴定管 3 次,以防止溶液浓度被稀释,方法与用蒸馏水润洗相同。

对于碱式滴定管的洗涤,由于铬酸洗液不能接触橡皮管。为此,可将碱式滴定管的橡皮管取掉,立于装有铬酸洗液的烧杯中,吸取铬酸洗液润湿几次,用自来水冲洗,再用蒸馏水、待取溶液润洗 3 次(同酸式滴定管)。

（4）排气泡、装标准溶液

滴定管在装上溶液后,在调整刻度前要将管尖气泡排尽,否则在滴定过程中,气泡将逸出,影响溶液体积的准确测量。酸式滴定管可在装满溶液后,将活塞迅速打开,利用溶液的流动性逐出气泡;碱式滴定管,在溶液装满后,把管身倾斜30°,用左手两指将乳胶管稍向上弯曲,使管尖上翘,轻轻挤捏稍高于玻璃珠处的乳胶管,使溶液从管口处喷出,带走气泡(见图 2.13)。从下部放出溶液,将滴定管内液面调整至零刻度。

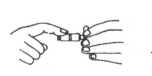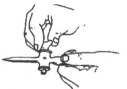

图 2.12　酸式滴定管涂油　　　　　　　　图 2.13　碱式滴定管排气泡

（5）滴定

滴定最好在三角瓶中进行。滴定时,先要将管尖残余液去除。酸式滴定管在操作时用左手控制滴定管的活塞,大拇指在前,食指和中指在后,手指略微弯曲,轻轻向内扣住活塞,并控制活塞转动,无名指和小指弯曲并位于管的左侧,轻轻抵住出水管口,手心空握,以免活塞松动,甚至可能顶出活塞(见图 2.14(a));碱式滴定管操作时,用左手拇指和食指的指尖挤捏玻璃珠中上部右侧的乳胶管,使胶管和玻璃珠之间形成一个小缝隙,溶液即可流出,

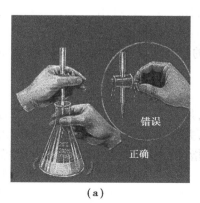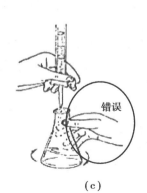

（a）　　　　　　　　　　（b）　　　　　　　　　　（c）

图 2.14　滴定管的操作

无名指和小手指夹住出口管,使其固定(见图2.14(b))。右手三个手指握持三角瓶(见图2.14),滴定管尖略低于锥形瓶口插入锥形瓶,边滴边摇动,向同一方向作圆周旋转,而不能前后振动,否则会溅出溶液。滴定近终点时,应一滴或半滴地加入,直到溶液变色位置,为了便于判断终点颜色的变化,可以在三角瓶下放一白纸。滴定的整个过程要遵循"左手滴,右手摇,眼把瓶中颜色瞧"的基本原则。

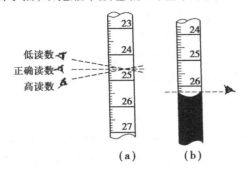

图2.15 滴定管的读数

(6)读数

滴定分析法主要误差来源之一,是滴定管读数不准确。为了正确读数,应遵守下列原则:①读数时滴定管应垂直,注入溶液或溶液后需等待1~2 min后才能读数。②溶液在滴定管内的液面呈弧形液面最低处相切之点,眼睛必须与弧形液面处在同一水平上,否则将引起误差(见图2.15(a))。对于有色溶液,视线应与液面两侧的最高点相切(见图2.15(b))。③每次滴定前应将液面调节在零刻度位置,这样可固定在某一段体积范围内滴定,以减少由于滴定管刻度不准确而引起的系统误差。

2)移液管、吸量管

移液管和吸量管都是用来准确移取一定体积的溶液的量器(见图2.16)。移液管是一根中部径较粗、两端细长的玻璃管,其上端有一环形标线,表示在一定温度下移出液体的体积,该体积刻在移液管中部膨大部分上。常用的移液管有5 mL、10 mL、20 mL、25 mL、50 mL等规格。吸量管是刻有分度的玻璃管,也叫刻度吸管,管身直径均匀,刻有体积读数,可用以吸取不同体积的液体,比如将溶液吸入,读取与液面相切的刻度,然后将吸量管溶液放出至适当刻度,两刻度之差即为放出溶液的体积。常用的有0.1 mL、0.5 mL、1 mL、2 mL、5 mL、10 mL等规格,其准确度较移液管差些。移液管和吸量管均为量出式量器,两者的洗涤方法和使用方法基本相同。

(1)洗涤方法

先用自来水冲洗,如果有油污,可用洗液洗,用洗耳球吸取洗液至球部约1/3,用右手食指按住管上口,放平旋转,使洗液布满全管片刻,将洗液放回原瓶。用自来水冲洗,再依次用蒸馏水、所取溶液润洗内壁2~3次,方法同前。润洗干净后,可用吸水纸吸去管外及管尖的液体。

如果内壁油污较重,可将移液管放入盛有洗液的量筒或高型玻璃缸中,浸泡15 min至数小时,再以自来水和蒸馏水洗涤。

(2)使用方法

用移液管吸取溶液前,要先将管尖水分吹出,用少量待吸液润洗内壁3次,方法同上。要注意先挤出洗耳球中空气再接在移液管上,并立即吸取,防止管内水分流入试剂中。吸移溶液时,左手持洗耳球,右手大拇指和中指拿住移液管上部(标线以上,靠近管口),管尖插入液面以下(不要太深,也不要太浅,1~2 cm)(图2.17(a)),当溶液上升到标线或所需体积以上时,迅速用右手食指紧按管口,将移液管取出液面,右手垂直拿住移液管使管紧靠液面以上的容器内壁,微微松开食指并用中指及拇指捻转管身,直到液面

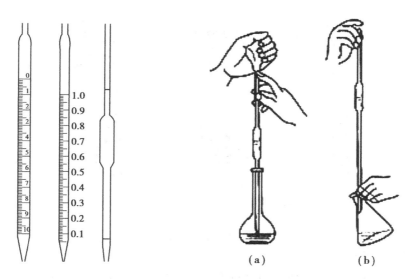

图 2.16 移液管、吸量管　　　　　图 2.17 移液管的使用

缓缓下降到与标线相切时,再次紧按管口,使溶液不再流出。把移液管慢慢地垂直移入准备接受溶液的容器内壁上方。左手倾斜容器使它的内壁与移液管的尖端相靠,松开食指让溶液自由流下(见图 2.17(b))。待溶液流尽后,再停固定的时间取出移液管。不要把残留在管尖的少量液体吹出,因为在校准移液管体积时,没有把这一部分液体算在内。但如果管上有"吹""快吹"等字样时,则要将最后残留在管尖的液体吹出,一般多见于吸量管。移液管和吸量管在使用时,一定要注意保持垂直,管尖流液口必须与倾斜的器壁接触并保持不动。

3) 容量瓶

容量瓶是细颈梨形的平底玻璃瓶,由无色或棕色玻璃制成,带有磨口玻璃塞或塑料塞,瓶颈上有一体积环形标线,瓶上一般标有它的容积和标定时的温度。当加入容量瓶的液体体积充满至标线时,瓶内液体的体积和瓶上标示的体积相同。常用的容量瓶有多种规格,如 10 mL、25 mL、50 mL、100 mL、250 mL,500 mL、1 000 mL 等,对于见光分解的溶液应用棕色容量瓶来盛装。容量瓶是一种量入式容量仪器,它主要用于将精密称量的物质准确地配成一定体积的溶液,或将准确体积的浓溶液稀释成一定体积的稀溶液,这种过程通常称为定容。在稀释溶液时,容量瓶常和移液管配合使用。

（1）容量瓶的准备

容量瓶使用前,必须检查是否漏水。检漏时,在瓶中加自来水至标线附近,盖好瓶塞,用一手食指按住塞子,另一手用指尖顶住瓶底边缘,倒立 2 min(见图 2.18(a)),观察瓶塞周围是否渗水,如不渗水,将瓶直立,转动瓶塞 180°后,再倒转试漏一次。检查不漏水后,可进行洗涤。容量瓶洗涤时,如有油污,可用合成洗涤剂浸泡或用洗液浸洗。用洗液洗时,先排去瓶内水分,倒入 10 ~ 20 mL 洗液,转动瓶子使洗液布满全部内壁,然后静置数分钟,将洗液倒回原瓶。再依次用自来水、蒸馏水洗净,要求内壁不挂水珠。用蒸馏水润洗时应循"少量多次"的原则。

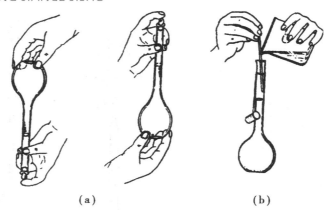

（a）　　　　　　　　　（b）

图 2.18　容量瓶的使用

（2）容量瓶的使用方法

用容量瓶配制溶液时，一般是用分析天平将样品准确称量在小烧杯中，加入少量水或适当的溶剂使之溶解，必要时可加热。待全部固体溶解并冷却后，一手拿玻璃棒，一手拿烧杯，在瓶口上慢慢将玻璃棒从烧杯中取出，并将它插入瓶口（玻棒棒尖靠住容量瓶内壁，但不要与瓶口接触），再让烧杯嘴紧贴玻璃棒，慢慢倾斜烧杯，使溶液沿着玻璃棒流下（见图 2.18（b）），倒完溶液后，将烧杯沿玻璃棒轻轻向上提，同时慢慢将烧杯直立，使烧杯和玻璃棒之间附着的液滴流回烧杯中，再将玻璃棒末端残留的液滴靠入瓶口内。在瓶口上方将玻璃棒放回烧杯内，但不得将玻璃棒靠在烧杯嘴一边。用少量蒸馏水淋洗烧杯 3～4 次，洗出液按上法全部转移入容量瓶中，这一操作称为定量转移。然后用蒸馏水稀释。稀释到容量瓶容积的 2/3 时，将容量瓶直立，轻轻振荡（不要盖上瓶塞），使溶液初步混合，继续加蒸馏水稀释至近标线时，等候 1～2 min，改用滴管或用洗瓶逐滴加水至弯月面最低点恰好与标线相切，这一操作可称为定容。（注意，定容时溶液的温度与室温要相同）。定容以后，盖上容量瓶塞，将瓶倒立，待气泡上升到顶部后，在倒置状态下水平摇动几周，再倒转过来，如此反复多次（至少 10 多次），直到溶液充分混匀。综上所述，用容量瓶配制溶液的过程可概括为：称量、溶解、转移、稀释、定容、混匀。

将较浓溶液稀释为一定体积的稀溶液时，浓溶液不能经过烧杯而是用移液管或吸量管直接转移入容量瓶，再用蒸馏水稀释、定容，混匀。

容量瓶中不宜长期存放溶液，如保存溶液则应转移到试剂瓶中，试剂瓶应预先干燥或用少量该溶液润洗 3 次。

4）量筒和量杯

主要用于量取体积要求不太精确的液体，其主要区别在于量筒是圆柱体，量杯是一个倒立的圆锥体（见图 2.19）。对于同体积的量筒和量杯来说，量筒的精度优于量杯。其规格大小常见的有 5 mL、10 mL、20 mL、25 mL、50 mL、100 mL、250 mL、500 mL、1 000 mL、2 000 mL、5 000 mL。

5）玻璃容量仪器使用的注意事项

①滴定管、容量瓶、移液管及刻度吸管均不能在烘箱中烘烤。

图 2.19　量筒和量杯

②需精密量取 5 mL、10 mL、20 mL、25 mL、50 mL 等整数体积的溶液,应选用相应大小的移液管,不能用两个或多个移液管分取相加的方法来精密量取整数体积的溶液。

③使用同一移液管量取不同浓度溶液时要用所取溶液充分润洗(一般为 3 次),应先量取较稀的一份,然后量取较浓的。在吸取第一份溶液时,高于标线的距离最好不超过 1 cm,这样吸取第二份不同浓度的溶液时,可以吸得再高一些荡洗管内壁,以消除第一份的影响。

④容量仪器(滴定管、量瓶、移液管及刻度吸管等)需校正后再使用,以确保测量体积的准确性。

2.3.3 其他玻璃/陶瓷器皿

1) 坩埚

主要用于试样的高温灼烧和分解,主要材料为陶瓷,也有少量为金属材料。在用坩埚分解试样时,要选用在分析过程中不会影响被测组分含量的坩埚,如检测铁时不能用铁坩埚来分解试样。

2) 干燥器

干燥器是一个下层放有干燥剂,中间用带孔的瓷板隔开,上层放有待干燥物品的玻璃器皿(见图 2.20)。干燥器常用于重量分析和平时存放基准试剂。新干燥器使用前要在其口上涂上一层凡士林,然后盖上盖子来回推几次,使凡士林涂抹均匀。在开启干燥器时,应固定干燥器的下部,然后朝前用力推盖子。

干燥器内干燥剂一般是变色硅胶或无水氯化钙,干燥剂一旦失效,应及时更换。

图 2.20 干燥器

2.3.4 玻璃仪器的洗涤、保管

1) 洁净剂及其使用范围

饲料分析实验室最常用的洁净剂有肥皂、合成洗涤剂(如洗衣粉)、铬酸洗液、有机溶剂等。肥皂、合成洗涤剂等一般用于可以用毛刷直接刷洗的仪器,如烧瓶、烧杯、试剂瓶等非计量及非光学要求的玻璃仪器。

铬酸洗液为浓硫酸和重铬酸钾混合溶液,其配制方法为:称取 5 g 重铬酸钾($K_2Cr_2O_7$)固体置于干净的烧杯中,加入 10 mL 蒸馏水,加热使重铬酸钾溶解。取下稍冷后,用量筒量取 90 mL 浓硫酸,在不断地搅拌下,把浓硫酸沿烧杯壁慢慢地全部加入到烧杯中,边倒边用玻璃棒搅拌,注意不要溅出,混合均匀,冷却后装入洗液瓶备用。铬酸洗液多用于不能用毛刷刷洗的玻璃仪器,如滴定管、移液管、量瓶、比色管、凯氏烧瓶等特殊要求与形状的玻璃仪器;也用于洗涤长久不用的玻璃仪器和毛刷刷不去的污垢。每次用洗液浸泡仪器后,要将多余的洗液回收入试剂瓶,不可直接倒入水槽内,以防腐蚀水槽和下水管道。当洗液由橙色变为绿色时,表明洗液已失效,需将失效的洗液密封在玻璃瓶内定点深埋,以免造成铬对地下水、土壤等的污染。

2) 洗涤玻璃仪器的方法与要求

(1) 一般的玻璃仪器(如烧瓶、烧杯等)

先用自来水冲洗,然后加入肥皂或洗衣粉等用毛刷刷洗,再用自来水清洗,最后用蒸馏水润洗容器内壁 3 次(应顺内壁冲洗并充分震荡,以提高冲洗效果)。

(2) 精密或难洗的玻璃仪器(滴定管、移液管、量瓶、比色管、玻璃垂熔漏斗等)

先用自来水冲洗后,沥干,再用铬酸洗液处理一段时间(一般放置过夜),然后用自来水清洗,最后用蒸馏水冲洗 3 次。

洗净的玻璃仪器倒置时,水流出后器壁应该不挂水珠。

3) 玻璃仪器的干燥

(1) 不急着用的仪器,可放在仪器架上在无尘处自然干燥。

(2) 急等用的仪器可用玻璃仪器气流烘干器干燥(温度在 60～70 ℃为宜)。

(3) 计量玻璃仪器应自然沥干,不能在烘箱中烘烤。

4) 玻璃仪器的保管

要分门别类存放在试验柜中,要放置稳妥,高的、大的仪器放在里面。需长期保存的磨口仪器要在塞间垫一张纸片,以免日久粘住。

任务 4　饲料质量检测常用分析仪器设备的使用

2.4.1　酸度计的使用

1) 酸度计的结构

酸度计简称 pH 计,由电极和电位计两部分构成,主要由参比电极(甘汞电极),指示电极(玻璃电极)和精密电位计 3 部分组成或 pH 复合电极(图 2.21)。

图 2.21　不同外观的酸度计

2) 酸度计原理

酸度计测 pH 值的方法是电位测定法。它除测量溶液的酸度外,还可以测量电池电动势。

3) 酸度计的校正

使用中若能够核准维护电极、按要求配制标准缓冲液和正确操作电极,可大大减小 pH 示值误差,从而提高检测数据的可靠性。pH 计因电位计设计的不同而类型很多,其操作步骤各有不同,因而 pH 计的操作应严格按照其使用说明书正确进行。pH 计校准方法均采用两点校准法,即选择两种标准缓冲液:第一种是 pH7 标准缓冲液;第二种是 pH9 标准缓冲液或 pH4 标准缓冲液。先用 pH7 标准缓冲液对电计进行定位,再根据待测溶液的酸碱性选择第二种标准缓冲液。如果待测溶液呈酸性,则选用 pH4 标准缓冲液;如果待测溶液呈碱性,则选用 pH9 标准缓冲液。若是手动调节的 pH 计,应在两种标准缓冲液之间反复操作几次,直至不需再调节其零点和定位(斜率)旋钮,pH 计即可准确显示两种标准缓冲液 pH 值。在测量过程中零点和定位旋钮就不应再动。若是智能式 pH 计,则不需反复调节,因为其内部已储存几种标准缓冲液的 pH 值可供选择、而且可以自动识别并自动校准。但要注意标准缓冲液选择及其配制的准确性。

4) 测定样品

测定时,先用去离子水冲洗电极和烧杯,再用样品试液洗涤电极和烧杯,然后将电极浸入样品试液中,轻轻摇动烧杯使溶液均匀。调节温度补偿器至被测溶液温度。按下读数开关,指针所指之值,即为样品试液的 pH。测定完毕后,将电极和烧杯洗干净,并妥善保管。

5) 注意事项

①pH 标准物质应保存在干燥的地方,配制 pH 标准溶液应使用二次蒸馏水或者去离子水。

②甘汞电极在使用时要注意电极内是否充满 KCl 溶液,里面应无气泡,防止断路。必须保证甘汞电极下端毛细管畅通。在使用时应将电极下端的橡皮帽取下,并拔去电极上部的小橡皮塞,让极少量的 KCl 溶液从毛细管中渗出,使测定结果更可靠。

③玻璃电极初次使用时,一定要先在蒸馏水或 0.1 mol/L HCl 溶液中浸泡 24 h 以上,每次用毕应浸泡在蒸馏水中,玻璃电极壁薄易碎,操作应仔细。玻璃电极一般不能在低于 5 ℃或高于 60 ℃的温度下使用。玻璃电极不能在含氟较高的溶液中使用。

④玻璃电极不要与强吸水溶剂接触太久,在强碱溶液中使用应尽快操作,用毕立即用水洗净,玻璃电极球泡膜很薄,不能与玻璃杯及硬物相碰。

⑤电极清洗后只能用滤纸轻轻吸干,切勿用织物擦抹,这会使电极产生静电荷而导致读数错误。

⑥防止玻璃电极老化,定期用 HF 浸蚀掉外层胶层,清除内外层胶层,则电极的寿命几乎是无限的。参比电极储存在高浓度氯化钾溶液中,可以防止氯化银在溶液接界处沉淀,并维持溶液接界处于工作状态。

2.4.2　分光光度计

1) 应用范围

分光光度技术使用的检测仪器称为分光光度计,该仪器能从含有各种波长的混合光中将每一单色光分离出来并测量其强度,并且灵敏度高,测定速度快,应用范围广。使用的光波范围是 200 ~ 1 000 nm,其中紫外光区 200 ~ 400 nm、可见光区 400 ~ 760 nm、红外光区 760 ~ 1 000 nm。分光光度计因使用的波长范围不同而分为紫外光区、可见光区、红外光区以及万用(全波段)分光光度计等。

2)基本结构

各种型号的紫外/可见分光度计,不论是何种型号,基本上都由五部分组成:①光源;②单色器(包括产生平行光和把光引向检测器的光学系统);③样品室;④接收检测放大系统;⑤显示或记录器。

$$\boxed{光源} \rightarrow \boxed{单色器} \rightarrow \boxed{样品室} \rightarrow \boxed{检测放大系统} \rightarrow \boxed{显示器}$$

3)工作原理

光是一种电磁波。自然光是由不同波长(400 ~ 700 nm)的电磁波按一定比例组成的混合光,通过棱镜可分解成红、橙、黄、绿、青、蓝、紫等各种颜色相连续的可见光谱。如把两种光以适当比例混合而产生白光感觉时,则这两种光的颜色互为补色(见图 2.22)。

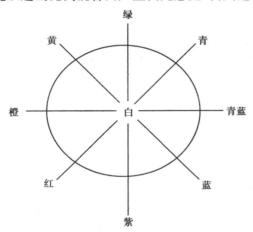

图 2.22 光的互补色示意图

当白光通过溶液时,如果溶液对各种波长的光都不吸收,溶液就没有颜色。如果溶液吸收了其中一部分波长的光,则溶液就呈现透过溶液后剩余部分光的颜色。例如,看到 $KMnO_4$ 溶液在白光下呈紫红色,就是因为白光透过溶液时,绿色光大部分被吸收,而其他各色都能透过。在透过的光中除紫红色外都能两两互补成白色,所以 $KMnO_4$ 溶液呈现紫红色。由此可见,有色溶液的颜色是被吸收光颜色的补色。吸收越多,则补色的颜色越深。比较溶液颜色的深度,实质上就是比较溶液对它所吸收光的吸收程度。表 2.1 列出了溶液的颜色与吸收光颜色的关系。

表 2.1 溶液的颜色与吸收光颜色的关系

溶液颜色		绿	黄	橙	红	紫红	紫	蓝	青蓝	青
吸收光	颜色	紫	蓝	青蓝	青	青绿	绿	黄	橙	红
	波长/nm	400 ~ 450	450 ~ 480	480 ~ 490	490 ~ 500	500 ~ 560	560 ~ 580	580 ~ 600	600 ~ 650	650 ~ 760

朗伯—比尔定律是分光光度技术分析的基础,这个定律阐明了有色溶液对单色光的吸收程度与溶液及液层厚度间的定量关系。当一束平行单色光(只有一种波长的光)照射有色溶液时,光的一部分被吸收,一部分透过溶液(见图 2.23)。

设入射光的强度为 I_0,溶液的浓度为 C,液层的厚度为 b,透射光强度为 I,则

$$\lg(I_0/I) = KCb$$

式中 $\lg(I_0/I)$ 表示光线透过溶液时被吸收的程度,一般称为吸光度(A)或消光度(E),

又称光密度"O. D"(Optical Density)。因此,上式又可写为:

$$A = KCb$$

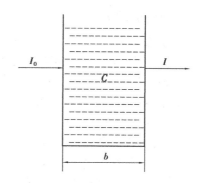

K为吸光系数,是物质对某波长光的吸收能力的量度。当溶液浓度C和液层厚度b的数值均为1时,$A = K$。

比色法中常把I/I_0称为透光度,用T表示,透光度和吸光度的关系如下:

$$A = \lg(I_0/I) = \lg(1/T) = -\lg T$$

朗伯—比尔定律不仅适用于可见光,而且也适用

图 2.23　光吸收示意图

于紫外和红外光区;不仅适于均匀、无散射的溶液,而且也适用于均匀、无散射的固体和气体。

4)使用方法

不同型号的分光光度计使用方法有所差异,使用前一定要仔细阅读说明书,但基本都包括以下步骤:

①接通稳压器电源,待稳压器输出电压稳定至 220 V 后打开电源,仪器自动进入初始化。

②按要求调节"$T = 0$"和"$T = 100$",选择相应比色皿(玻璃或石英),将空白管、标准管及待测管依次装好相应溶液放入比色皿架内,关上比样品室盖。

③选择吸光度 A 测定功能,以空白管调零。

④试样槽依次移至样品位置,依次读取并记录所测数据,重复上述步骤,直到所有样品检测完毕。

⑤检测结束后应及时取出比色皿,并清洗干净放回原处,同时关上仪器电源开关及稳压器电源开关,做好使用情况登记。

5)使用注意事项

①仪器应放置在室温 5 ~ 35 ℃,相对湿度不大于 85% 的环境中。

②打开电源开关,使仪器预热 15 ~ 20 min,才能进行正式使用。同时开机前要检查仪器样品室内是否有东西挡在光路上。在不使用时不要开光源灯。如灯泡发黑(钨灯)、亮度明显减弱或不稳定,应及时更换新灯。更换后要调节好灯丝位置。不要用手直接接触窗口或灯泡,避免油污粘附,若不小心接触,要用无水乙醇擦拭。

③测定时,每当波长被重新设置后,必须调整 100.0% T。

④仪器在不改变波长的情况下,一般无需再次调透射比零。

⑤仪器长时间使用过程中,有时 0% T 可能会产生漂移。调整 0% T 可提高测试数据的准确度。

⑥仪器样品室内应放变色硅胶,定期更换,保持仪器样品室内干燥,每月由专人对其进行一次校准和彻底清洁。

⑦比色皿与仪器必需配套使用,不同盒内的比色皿不可混搭使用。

6)仪器的维护

①分光光度计的放置位置应符合以下条件:避免阳光直射;避免强电场;避免与较大功率的电器设备共电;避开腐蚀性气体;远离水池等湿度大的地方等。仪器的工作电源一般允许(220±2.2)V 的电压波动(配备稳压器)。

②在不使用时不要开光源灯。

③单色器是仪器的核心部分,装在密封的盒内,一般不宜拆开。要经常更换单色器盒的干燥剂,防止色散元件受潮生霉。仪器停用期间,应在样品室和塑料仪器罩内放置数袋防潮硅胶,以免灯室受潮、反射镜面有霉点及沾污,吸收池在使用后应立即洗净,为防止其光学窗面被擦伤,必须用擦镜纸或柔软的棉织物擦去水分。生物样品、胶体或其他在池窗上形成薄膜的物质要用适当的溶剂洗涤。有色物质污染,可用 3 mol/L HCl 和等体积乙醇的混合物洗涤。

2.4.3　酶标仪

1)结构

酶标仪实际上就是一台变相的分光光度计,其基本工作原理与主要结构和分光光度计基本相同。

2)工作原理

光源→滤光片、单色器→待测标本→光电检测器→电信号→微处理器→结果

3)使用注意事项

①操作时电压应保持稳定(如使用稳压器)。

②操作环境空气清洁,避免水汽、烟尘。

③检测试剂盒时,等反应显色后应在 10 min 内放入酶标仪上读数。

④注意放置进样板时应注意位置正确,避免板子卡在机器里面。

⑤试剂条读数后应保留备查。

4)仪器的维护

①酶标仪是一种精密的光学仪器,因此良好的工作环境不仅能确保其准确性和稳定性,还能够延长其使用寿命。

②工作环境的影响

A. 仪器应放置在无强磁场和干扰电压的位置;

B. 仪器应放置在噪声低于 40 分贝的环境下;

C. 应避免阳光直射;

D. 操作环境温度应为 15~40 ℃,环境湿度为 15%~85%。

③不要在测量过程中关闭电源,使用后盖好防尘罩。

④注意做好清洁工作,勿将样品或试剂洒到仪器表面或内部。

2.4.4　移液枪

1）移液枪的使用方法

在量取少量或微量的液体时，一般采用移液枪（见图2.24）。移液枪的使用主要包括：

图2.24　移液枪

（1）量程的调节

在调节量程时，如果要从大体积调为小体积，则按照正常的调节方法，逆时针旋转旋钮即可；但如果要从小体积调为大体积时，则可先顺时针旋转刻度旋钮至超过设定体积的刻度，再回调至设定体积，这样可以保证量取的最高精确度。千万不要将按钮旋出最大量程，否则会卡住内部机械装置而损坏了移液枪。

（2）插入枪头

在将枪头套上移液枪时，将移液枪（器）垂直插入枪头中，并旋紧以保证气密性，如果是多道（如8道或12道）移液枪，则可以将移液枪的第一道对准第一个枪头，然后倾斜地插入，往前后方向摇动即可卡紧。更换溶液时一定要同时更换枪头。

（3）溶液的移取

移液之前，要保证移液器、枪头和液体处于相同温度。吸取液体时，移液器保持竖直状态，然后四指并拢握住移液器上部，用拇指按住柱塞杆顶端的按钮，向下按到第一停点（见图2.25（a）），将移液器的吸头插入待取的溶液中，缓慢松开按钮，在吸液之前，可以先吸放几次液体以润湿吸液嘴（尤其是要吸取黏稠或密度与水不同的液体时），吸上液体后，停留1~2 s（黏性大的溶液可加长停留时间），将吸头沿器壁滑出容器，用吸水纸擦去吸头表面可能附着的液体，排液时吸头接触倾斜的器壁，先将按钮按到第一停点，停留1 s（黏性大的液体要加长停留时间），再按压到第二停点，吹出吸头尖部的剩余溶液，如果不便于用手取下吸头，可按下除吸头推杆，将吸头推入废物缸。

（4）移液枪的放置

使用完毕，可以将其竖直挂在移液枪架上，

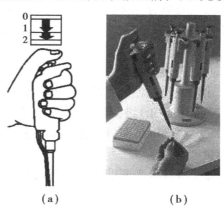

（a）　　　　**（b）**

图2.25　移液枪的使用与放置

但要小心别掉下来(见图2.25(b))。当移液器枪头里有液体时,切勿将移液器水平放置或倒置,以免液体倒流腐蚀活塞弹簧。

2)使用注意事项

①如不使用,要把移液枪的量程调至最大值的刻度,使弹簧处于松弛状态以保护弹簧。

②最好定期清洗移液枪,可以用肥皂水或60%的异丙醇清洗,再用蒸馏水清洗,自然晾干。

③如果是酶等比较贵的试剂,只需轻轻接触液面即可,以防止枪头潜入过深,粘上多余液体,造成浪费。

④吸取具有腐蚀性溶液,不可过快吸取,以防止溶液涌进枪内腐蚀枪。

⑤用移液器加液时,移液枪头不能混用。

⑥在将枪头套上移液枪时,应将移液枪垂直插入枪头中,稍微用力左右微微转动即可使枪与枪头紧密结合,避免粗暴操作。

⑦不可超量程使用,过大过小都不行,影响移液枪的准确性。

⑧如果对移液器进行了拆卸保养,则该移液器必须重新校准。

2.4.5 原子吸收分光光度计

原子吸收分光光度法是20世纪50年代以后发展起来的一种利用原子吸收光谱进行定性定量分析的仪器分析技术。因其灵敏度高、特异性好、准确度高、分析范围广和简便快

图2.26 原子吸收分光光度计

速而获得了飞速发展,现已成为分析化学领域中一种较为成熟且极其重要的仪器分析技术,被广泛用于地质、冶金、环保、食品、农业、工业和卫生防疫和疾病控制等部门进行金属和类金属元素等的定量分析。其在饲料行业中测定铜、铁、锌、钙、镁、锰等微量元素及铅、铬等有毒有害无机元素时,使用最多的仪器为原子吸收分光光谱仪(也称原子吸收分光光度计)(见图2.26)。

原子吸收分光光度法是利用被测元素的基态原子特征辐射线的吸收程度进行定量分析的方法。其主要原理为:光源(空心阴极灯)辐射出具有待测元素特征谱线的光波,通过试样所产生的原子蒸气时,被蒸气中待测元素的基态原子所吸收,透射光进入单色器,经过分光后再照射到检测器上,产生直流电信号,经过放大器放大后,即可从记录仪上读出吸光度(见图2.27)。这种方法既可进行某些常量组分测定,又能进行 ppm(μg/mL)、ppb(μg/L)级微量测定,原子吸收分光光度仪常用于检测饲料中铜(Cu)、铁(Fe)、锌(Zn)、锰(Mn)、钾(K)、钠(Na)、镁(Mg)、铬(Cr)、镉(Cd)、铅(Pb)、汞(Hg)、砷(As)的含量。

原子吸收分光光度计一般由光源、原子化系统、分光系统、测光系统、数据处理系统和显示系统5个部分组成。原子吸收分光光度计的光源,以空心阴极灯最为常用,它由一个与待测元素相同的纯金属制成。空心阴极灯构造如图2.28所示。

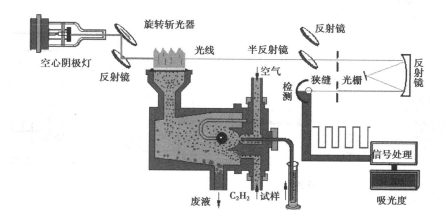

图 2.27 原子吸收分光光度法检测原理示意图

原子化系统主要有两大类,即火焰原子化器和电热原子化器。火焰有多种火焰,目前普遍应用的是空气—乙炔火焰。电热原子化器普遍应用的是石墨炉原子化器,因而原子吸收分光光度计,就有火焰原子吸收分光光度计和带石墨炉的原子吸收分光光度计。前者原子化的温度为 2 100 ~ 2 400 ℃,后者为 2 900 ~ 3 000 ℃。

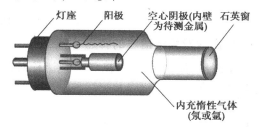

图 2.28 空心阴极灯构造图

火焰原子吸收分光光度计,利用空气—乙炔测定的元素可达 30 多种,若使用氧化亚氮—乙炔火焰,测定的元素可达 70 多种。但氧化亚氮—乙炔火焰安全性较差,应用不普遍。空气—乙炔火焰原子吸收分光光度法,一般可检测到 ppm(μg/mL)级,精密度 1% 左右。

石墨炉原子吸收分光光度计,可以测定近 50 种元素。石墨炉法,进样量少,灵敏度高,有的元素也可以分析到 pg/mL 级,如检测饲料及食品中的铬目前主要用石墨炉原子吸收分光光度法。

2.4.6 高效液相色谱仪

1)工作原理

高效液相色谱法(HPLC)是用高压输液泵将储液器中具有不同极性的单一溶剂或不同比例的混合溶剂、缓冲液等流动相,压入装有固定相的色谱柱,经进样阀注入供试品,由流动相带入柱内,由于样品溶液中的各组分在两相中具有不同的分配系数,在两相中做相对运动时,经过反复多次的吸附—解吸的分配过程,各组分在移动速度上产生较大的差别,被分离成单个组分依次从柱内流出,进入检测器,样品浓度被转换成电信号传送到记录仪,数据以图谱形式打印出来或在电脑显示器上显示出来。高效液相色谱法是一种分离分析方法,适用于挥发性低、热稳定性差、分子量大的高分子化合物以及离子型化合物等的定性、

定量分析。高效液相色谱仪的系统由储液器、泵、进样器、色谱柱、检测器、记录仪、显示器等组成(见图2.29),使用时应按仪器的说明书进行操作。

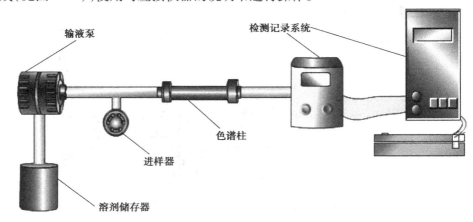

图2.29 高效液相色谱仪工作原理示意图

2)高效液相色谱法的特点

①高压:流动相为液体,流经色谱柱时,受到的阻力较大,为了能迅速通过色谱柱,必须对载液加高压。

②高效:分离效能高。可选择固定相和流动相以达到最佳分离效果,比工业精馏塔和气相色谱的分离效能高出许多倍。

③高灵敏度:紫外检测器可达0.01 ng,进样量在 μL 数量级。

④应用范围广:70%以上的有机化合物可用高效液相色谱分析,特别是高沸点、大分子、强极性、热稳定性差化合物的分离分析,显示出优势。

⑤分析速度快、载液流速快:较经典液体色谱法速度快得多,通常分析一个样品在15~30 min,有些样品甚至在5 min 内即可完成,一般小于1 h。

此外高效液相色谱还有色谱柱可反复使用、样品不被破坏、易回收等优点,但高效液相色谱检测器的灵敏度不及气相色谱。

3)使用注意事项

①虽然泵能耐压6 000 PSI 的压力,但不要使泵处于4 000 PSI 以上的压力为宜。

②安装及拆卸色谱柱时应注意柱的连接方向,千万不能接反。否则可能导致柱效降低,甚至损坏色谱柱。

③严禁开空泵。在无流动相通过时不要扳动进样阀的操作杆,使用时要注意尽可能少扳动,以免磨损内部的密封垫圈。

④为了延长检测器灯源的使用寿命,在色谱泵稳定后再打开检测器电源开关,分析结束后立即关闭检测器。如果泵闲置在2天以上,应将甲醇注满液相系统,以避免水溶剂系统中可能存在微生物的繁殖。

⑤应使用高纯度、高质量的溶剂和试剂。

⑥避免 pH 值超限,pH 值应控制为2.2~7.5。pH 值偏低或偏高都会腐蚀液相系统的不锈钢材料,破坏色谱柱填料的结构,使填料失活。

⑦色谱柱温不能超过规定要求,柱温过高会加速色谱柱填料老化,破坏其结构。

⑧使用所有溶剂必须是互溶的。这对于缓冲流动相来说是非常重要的,盐类的析出会很快损坏要维护的部件。

⑨流动相首选甲醇-水系统,如经试用不适合时,再选用其他溶剂。为保护仪器,应尽可能少用含有缓冲液的流动相。如果流动相中含有缓冲剂,每日使用后应用不含缓冲剂的流动相或新鲜纯化水将仪器管路、泵、进样阀、色谱柱及检测池等充分冲洗干净。

⑩如果液相系统使用未过滤的洗脱液、注入未过滤的样品、系统中滞留缓冲洗脱液都能堵塞系统或划伤泵柱塞。所以流动相、样品使用前必须用 0.45 μm 微孔滤膜过滤;流动相并先经脱气处理后使用。停泵后决不允许缓冲洗脱液滞留在系统中,须用经过滤后的新鲜纯化水进行清洗,并保证将缓冲剂冲洗干净。

模块2 化学试剂基础知识和溶液的配制

任务5 化学试剂基础知识

2.5.1 化学试剂分级

我国生产的化学试剂规格,根据纯度及杂质含量的多少,可将其分 4 个等级(见表2.2)。根据化学工业部颁布的"化学试剂包装及标志"的规定,不同等级化学试剂标签分别使用不同的颜色标志。

表2.2 我国化学试剂等级划分

质量等级	一级	二级	三级	四级
中文标志	保证试剂	分析试剂	化学试剂	实验试剂
	优级纯	分析纯	化学纯	化学用
符号	GR	AR	CP	LR、BR 或 CR
适用范围	纯度很高,适用于精密分析和科学研究工作	纯度仅次于一级品,适用于一般定性、定量分析和科学研究工作	适用于一般定性分析工作	纯度比化学纯差,但比工业品纯度高,主要用于一般化学实验,不能用于分析工作
瓶签颜色	绿色	红色	蓝色	棕色、黄色或其他颜色

除此以外,含量在 99.99% 以上,纯度远高于优级纯的试剂的统称为高纯试剂,如色谱纯、光谱纯,主要用于精密仪器分析。

2.5.2 化学试剂的包装和选用

包装单位的规格是指每个容器内盛装化学试剂的净重或体积包装单位的大小,是根据化学试剂的性质、用途和单位价值而决定的。一般情况下,固体化学试剂以 500 g 分装 1 瓶,液体以 500 mL 分装 1 瓶较为多见。我国规定化学试剂有下列 5 类包装单位:

第一类:0.1 g、0.25 g、0.5 g、1 g、5 g;

第二类:5 g、10 g、25 g;

第三类:25 g、50 g、100 g;

第四类:25 mL、50 mL、100 mL;

第五类:1 000 mL、2 500 mL、5 000 mL。

包装单位在 5 000 mL 或 5 000 mL 以上的化学试剂,根据使用者需要在保证储运安全的原则下,可以不受包装类别的限制,可适当扩大包装单位。包装单位越小,单位价值越贵,制作也就越困难,所以在使用时应注意节约。化学试剂等级不同,价格相差很大。因此,应根据需要选用试剂,不能认为使用的试剂越纯越好,而是根据实验的要求来选用试剂。

在使用中,固体试剂一般装在带胶木塞的广口瓶中,液体试剂则盛在细口瓶中(或滴瓶中),见光易分解的试剂(如硝酸银)应装在棕色瓶中,每一种试剂都贴有标签以表明试剂的名称、浓度、纯度。(实验室分装时,固体只标明试剂名称,液体还须注明浓度)。

2.5.3 化学试剂的贮存和取用规则

1)化学试剂的贮存

饲料分析检验中使用的化学试剂种类繁多,须严格按其性质(如剧毒、麻醉、易燃、易爆、易挥发、腐蚀品、贵重品等)和贮存要求存放。

(1)分类

一般以液体、固体分类。每一类又按有机、无机、危险品、低温贮存品等再次归类,按序排列,分别码放整齐,造册登记。

(2)贮存

易潮解吸湿、易失水风化、易挥发、易吸收二氧化碳,易氧化、易吸水变质的试剂,须密塞或蜡封保存;见光易变色、分解、氧化的试剂应避光保存;爆炸品、剧毒品、易燃品、腐蚀品等应单独存放,双人双锁;高活性试剂应低温干燥保存。

2)试剂的取用规则

(1)固体试剂的取用规则

①要用干净的药勺取用。用过的药勺必须洗净和擦干后才能再使用,以免沾污试剂。

②取用试剂后立即盖紧瓶盖,不可同时打开多瓶试剂瓶塞,以免张冠李戴污染试剂。

③取用固体试剂时,必须注意不要取多,取多的药品,不能倒回原瓶。

④ 一般的固体试剂可以放在干净的纸或表面皿上称量。具有腐蚀性、强氧化性或易潮解的固体试剂不能在纸上称量,应放在玻璃容器内称量。

⑤有毒的药品要在正确的指导下处理。

(2)液体试剂的取用规则

①从滴瓶中取液体试剂时,要用滴瓶中的滴管,滴管绝不能伸入所用的容器中,以免接触器壁而沾污药品。从试剂瓶中取少量液体试剂时,则需要专用滴管。装有药品的滴管不得横置或滴管口向上斜放,以免液体滴入滴管的胶皮帽中。

②从细口瓶中取出液体试剂时,用倾注法。先将瓶塞取下,反放在桌面上,手握住试剂瓶上贴标签的一面,逐渐倾斜瓶子,让试剂沿着洁净的试管壁流入试管或沿着洁净的玻璃棒注入烧杯中。取出所需量后,将试剂瓶扣在容器上靠一下,再逐渐竖起瓶子,以免遗留在瓶口的液体滴流到瓶的外壁。

③在试管里进行某些不需要准确体积的实验时,可以估计取出液体的量。例如用滴管取用液体时,1 cm 相当于多少滴,5 cm 液体占一个试管容器的几分之几等。倒入试管里的溶液的量,一般不超过其容积的1/3。

3)试剂的摆放及失效试剂的处理

①一般试剂要整齐地排列在橱柜里或试剂架上,排列的方法各化验室采取的方式不同,有的按瓶子的大小分类排列,整齐美观;有的以试剂的性质,如碱类、酸类、盐类等分类排列,寻找方便。饲料分析实验室最常用的排列方法是以化验项目所用成套试剂为一组排列,公用的试剂排列在另一个地方,这样便于工作。

②避光的试剂,如碘化钾溶液、硝酸银溶液、高锰酸钾溶液等要用棕色试剂瓶盛装,亦可用黑纸将瓶子包好并放在避光的暗橱里。

③有些化合物本身不稳定,经过长期贮存逐渐发生分解、氧化、还原、聚合、蒸发、沉淀析出等变化。一旦出现浑浊、沉淀、颜色改变等,一般不再使用,但有的可重新蒸馏纯化后再用。对于过期失效的试剂要及时处理,处理时不要直接倒入下水道(尤其是强酸等腐蚀性强的物质),应倒在专用废液缸中。如倒入下水道,须用大量的水稀释。

任务6　试剂的配制

试剂配制在饲料检验工作中是非常重要的工作之一,容量分析、比色分析以及原子吸收分光光度法等均涉及配制试剂,其检验结果的准确性,必须有试剂配制的质量作为保证,因此,对饲料分析工作中的试剂配制,应有一定的要求。

2.6.1　饲料分析溶液配制一般规定

分析方法上所列的试剂一般均为分析纯或化学纯,直接用于配制标准溶液的试剂,则必须是高纯或基准试剂;分析过程与配制试剂的用水,一律为蒸馏水或去离子水;不加校正

的标准溶液其所用的水,还要进行该元素的单项检查;凡未指明浓度的液体试剂均为市售浓度,一般用比重表示。

2.6.2 标准溶液及其配制

1)标准溶液的概念

在滴定分析中,不论采用何种滴定方法,都离不开标准溶液,否则无法计算分析结果。标准溶液是一种已知准确浓度的溶液,将标准溶液通过滴定管逐滴加入待测物质溶液中的操作过程称为滴定。标准溶液是饲料成分滴定分析的重要试剂,其准确程度是保证滴定分析结果可靠的重要条件,但并不是任何试剂都可用来直接配制标准溶液,用于直接配制标准溶液的物质称为基准物质。

2)基准物质必须具备的条件

①纯度高,一般要求基准物质的纯度在99.9%以上,而杂质含量就少到不至于影响分析结果的准确性。

②物质的组成与化学式完全一致,如该物质含结晶水,结晶水的数量应严格符合化学式。

③性质稳定,基准物质在配制和贮存过程中应不易发生变化。如不挥发、不分解、不吸湿、配制的溶液不变质等。饲料分析中常用的基准物质及其干燥条件见表2.3。

④用做滴定分析的基准物质一般要有较大的摩尔质量,以相应减少称量时的相对误差。

表2.3 饲料分析常用的基准物质及干燥条件

基准物质	化学式	干燥温度	干燥时间
碳酸钠	Na_2CO_3	270~300 ℃	干燥2 h
草酸钠	$Na_2C_2O_4$	105~110 ℃	干燥2 h
草酸	$H_2C_2O_4 \cdot 2H_2O$	室温空气	干燥2 h
四硼酸钠	$Na_2B_4O_7 \cdot 10H_2O$	室温	在氯化钠和蔗糖饱和溶液的干燥器中4 h
邻苯二甲酸氢钾	$KHC_8H_4O_4$	100~120 ℃	干燥2 h
重铬酸钾	$K_2Cr_2O_7$	100~110 ℃	干燥3~4 h
氯化钠	$NaCl$	500~650 ℃	干燥2 h
氧化锌	ZnO	800 ℃	干燥2 h
锌	Zn	室温	干燥24 h以上
氧化镁	MgO	800 ℃	干燥2 h

3）标准溶液的配制

标准溶液的配制方法根据溶质特点不同分为直接法和间接法。

（1）直接配制法

准确称取一定质量的基准物质，用蒸馏水溶解后，定量转移入容量瓶中，加蒸馏水稀释到刻度。根据所称物质的质量和溶液的体积，计算出溶液的准确浓度，这种溶液配制方法叫直接配制法。采用直接法配制标准溶液的物质必须是基准物质。如饲料中总磷测定所用的磷标准溶液、原子吸收分光光度法测定铁、锌等微量元素所用的标准溶液均用直接法配制。

（2）间接配制法

凡不符合基准物质条件的物质，不可用直接法配制标准溶液，如饲料分析常用的盐酸、氢氧化钠、乙二胺四乙酸二钠（EDTA）、硝酸银标准溶液等。只能将这些物质先配成一种近似浓度，再选用一种基准物质或另一种标准溶液来测定其准确浓度。

4）标准溶液的标定

测定标准溶液准确浓度的过程称为标定，根据测定所用物质不同，分为以下两种情况：

（1）用基准物标定（直接标定）

例如配制一近似浓度为 0.1 mol/L 的氢氧化钠溶液，准确称取一定量的基准草酸，溶解后用被标定的 0.1 mol/L 氢氧化钠溶液滴定至终点，根据所消耗氢氧化钠的体积和草酸的质量就可以计算出氢氧化钠溶液的准确浓度。

（2）用准确浓度的标准溶液标定（间接标定）

例如 0.1 000 mol/L 的盐酸标准溶液的准确浓度为已知的，则可以用它来标定氢氧化钠标准溶液的准确浓度。标定时应做 3 次平行测定，滴定结果的相对平均偏差不超过 0.2%，取平均值计算浓度。标定时实验条件应保持与用标准溶液测定样品含量的条件尽量相同，从而抵消实验过程中的系统误差。为了保证标准溶液浓度的准确性，一般在饲料生产企业，分析岗位所用的标准溶液要求双人进行 8 个平行测定。

任务7　饲料质量检测结果数据处理及误差控制

2.7.1　常用饲料分析指标的表示方法

1）质量分数

饲料分析中，常量分析指标如粗蛋白、粗灰分、粗纤维、水分、钙等测定结果通常用质量分数表示。

$$质量分数（\%）= \frac{溶质质量（所测成分质量）}{溶液质量（饲料样品质量）} \times 100$$

2）质量体积比浓度

利用固体配制精度要求不太高的辅助试剂时，通常采用质量体积比浓度，以方便称量一定质量的固体配制成一定体积溶液，例如配制 400 g/L 的 NaOH 溶液、20 g/L 的硼酸溶液、200 g/L 的 KOH 溶液。

$$质量体积比浓度（g/L）= \frac{溶质质量（g）}{溶液体积（L）}$$

3）μg/g、μg/mL、mg/kg、mg/L（ppm）、μg/kg（ppb）

饲料分析中，检测饲料中磷、铁、锌、铜等矿物元素含量，检测铅、铬、霉菌毒素、三聚氰胺等有毒有害物质的含量，因其在饲料中含低，检测结果及检测所需用到的标准溶液，通常用 μg/g、μg/mL、mg/kg、mg/L（ppm）或 μg/kg（ppb）表示。例如饲料中磷的测定需配制 50 μg/mL 的标准溶液。

4）物质的量浓度

滴定分析测定，分析结果计算以等物质的量规则为依据，故溶液浓度通常配成物质的量浓度。

物质的量浓度（mol/L）= 溶质的物质的量（mol）/溶液体积（L）

例：C_{HCl} = 0.1 mol/L，C_{HCl} = 0.100 2 mol/L

5）滴定度

指每毫升标准溶液相当于被测物质的克数，用 T 表示。在实际工作中，大批量试样中的同一组分含量时，常用滴定度表示。例：T（NaCl/AgNO$_3$）= 0.012 45 g/mL 表示每毫升 AgNO$_3$ 标准溶液相当于 0.012 45 g NaCl。

2.7.2　化验结果的数据处理

1）有效数字及原始数据的记录

有效数字是指分析工作中实际能测得的数字，按有效数字要求记录的原始数据的每一个数字都代表一定的量及其精密度，它包括所有的准确数字和最后一位可疑数字，不能任意改变其位数，记录的原始数据的位数必须与仪器的测量精度相一致。例如，用万分之一的分析天平称量样品应准确到 ±0.000 1 g，用台秤称量样品则应准确到 0.1 g 或 0.01 g。用 25 mL 滴定管及移液管移取溶液，应准确到 0.01 mL，用 10 mL 量筒取试液则应准确到 0.1 mL。读取滴定管上的刻度，得到 23.24 mL，前三位数字是准确的，第四位数字不够准确，称为可疑数字，这四位数字都是有效数字，有效数字中，只有最后一位数字是不确定的。

由上可知，我们在分析记录和计算中应遵循下列规则：

①记录测定结果时，只应保留一位可疑数字，例如：重量 0.000X g；容积 0.00X mL；pH 0.00X 单位；吸光度 0.00X 单位等。

②有效数字的处理，采用"四舍六入五成双"的规则进行，即当测量值中被修约的那个数等于或小于 4 时，该数字就舍去；等于或大于 6 时，该数字就应进位；等于 5 时，如果进位

后测量值末位数为偶数则进位,舍去后末位数为偶数则舍去。例如6.245保留三位有效数字修约后为6.24;6.255修约后为6.26。

③几个数相加减时,以绝对误差最大的数为标准,使所得数只有一位可疑数字,几个数相乘除,一般以有效数字位数最少的数为标准。

④对于含量组分大于等于10%的测定,一般要求分析结果有四位有效数字,对于微量组分(小于1%),一般只要求两位有效数字;对于中等含量组分(1%～10%),一般要求保留三位有效数字。

2)饲料分析对数据记录的要求

原始记录是对检测全过程的现象、条件、数据和事实的记录,它要做到记录齐全、反映真实、表达准确、整齐清洁、规范化。因此,对数据记录有下列要求:

①记录要用规定印制的原始记录表格,不能用白纸或其他记录纸替代。

②原始记录只能用墨水笔记录,涂改要规范和整洁,要保留原错误数字清晰可辨的字迹,以保证记录的原始性。

③原始数据的每一个数字都代表一定的量及其精密度,记录的原始数据的位数必须与仪器的测量精度相一致,有效数字不能随意变化。

④气候、气温、湿度等对检测均有影响,要如实记录。

⑤化验、复核人员要签字,并记录日期。

2.7.3 误差及其来源

饲料的定量分析检测要求得到准确分析结果,但在实际分析工作过程中,无论用多先进的仪器,多熟练的方法,所测数据都无法完全一致。误差是不可避免的,了解误差的来源,可采取有效措施,将误差降到最低程度。分析工作中,测得值与真实值之间的差值称为误差。按其性质可分为系统误差和偶然误差。

1)系统误差

系统误差也称可测误差,由分析过程某些经常发生的原因造成的,对结果的影响较为固定,在同一条件下重复测定时,它会重复出现。因此,系统误差的大小往往可以估计,也可以设法减小或加以校正。系统误差按其产生的原因可分为以下几类:

(1)仪器误差

主要是仪器本身不够精密或未经校正所引起的,如天平、砝码和量器刻度不够准确等,在使用过程中就会使检测结果产生系统误差。

(2)试剂误差

由于试剂不纯或蒸馏水中含有微量杂质所引起的误差。

(3)方法误差

这种误差是由于分析方法本身所造成的。例如高锰酸钾法测定钙,由于沉淀的溶解造成损失或因吸附某些杂质而产生的误差。在滴定分析中,因为反应进行不完全或干扰离子的影响,以及滴定终点和理论终点不符合等,都会系统地影响测定结果,从而产生系统误差。

（4）操作误差

在正常操作情况下，由于分析工作者掌握操作规程与正确控制条件稍有出入而引起的误差即为操作误差。例如，滴定管读数时偏高或偏低，对某种颜色的变化辨别不够敏锐等所造成的误差。

系统误差可以用对照试验、空白试验、校正仪器等方法加以校正。所谓对照试验就是我们在分析某试样时，与已知成分较接近的标准试样按同一方法进行操作。例如，已知某标准试样的真实含量为98.5%，经用被测方法测定结果为98.4%，则说明其分析方法及操作方法的系统误差为 -0.1%。所谓空白试验是在不加试样的情况下，按照被测试样的分析步骤和条件进行分析的试验，得到的结果称为"空白值"，从试样的分析结果中减去"空白值"，就可以扣除试剂误差，得到更接近于真实含量的分析结果。

2）偶然误差

偶然误差也叫不可测误差，它是由某些偶然因素（如测定时环境的温度、湿度和气压的微小波动，或由于外界条件的影响而使安放在操作台上的电子天平受到微小波动）所引起的，其影响有时大、有时小，有时正、有时负。偶然误差难以察觉，也难以控制。但是，在清楚系统误差后，在同样条件下进行多次测定，则可发现偶然误差几乎有相等出现的规律：同样大小的正负偶然误差几乎有相等出现的规律；小误差出现的机会多，大误差出现的机会少。

偶然误差的这种规律性，可由误差的正态分布曲线表示。随着测定次数的增加偶然误差的算术平均值将逐渐接近于零。因此，多次测定结果的平均值更接近于真实值。所谓多次测定，也不是实验次数越多越好，因为这样做会浪费很多人力、物力和时间。在一般测定中，做 2~3 次平行测定即可。

3）准确度与误差

分析结果的准确度是指在一定条件下试样的测得值与真实值之间相符的程度，准确度通常用误差来表示。误差越小，表示分析结果越接近真实数值，准确度越高。误差有两种表示方法：一种叫绝对误差，另一种叫相对误差。

$$绝对误差 = 测得值 - 真实值$$

$$相对误差 = \frac{绝对误差}{真实值} \times 100\%$$

4）精密度与偏差

在实际分析检测中，被测成分的真实值是无法得到的，在不知道真实值的情况下，无法采用准确度来评价分析数据的可靠性，因而引入了偏差的概念。所谓偏差就是指测得值与平均值之间的差值。精密度是指在相同条件下多次测得结果之间相符合的程度，精密度的高低用偏差来表示。偏差越小精密度越高，偏差也分绝对偏差和相对偏差。

$$绝对偏差 = |\ 个别分析结果 - 算术平均值\ |$$

$$相对偏差 = \frac{绝对偏差}{算术平均值} \times 100\%$$

这两种偏差均指个别测定结果与平均值之间的差值，而对多次测定结果，常用平均偏差表示。假设有两个平行测定值：x_1、x_2，则：

$$算术平均值\ x = \frac{x_1 + x_2}{2}$$

$$平均偏差 = \frac{|x_1 - x| + |x_2 - x|}{2}$$

$$相对偏差(\%) = \frac{|x_1 - x|}{x} \times 100$$

5)准确度与精密度的关系

严格地说,任何物质的真实值都是未知的,通常所谓真实值是人们采用不同可靠的分析方法,经过不同化验室,不同的分析工作者,多次测定后用数理统计方法,所得到的相对准确的平均值。由此可知准确度和精密度虽然是两个不同的概念,但它们相互之间有一定的关系。准确度是由偶然误差和系统误差决定的,而精密度仅由偶然误差决定。如果分析 n 次,测定结果彼此非常相近,这就说明测定结果的精密度高。精密度是保证分析结果准确度的先决条件,但精密度高不一定说明准确度也高;准确度高,精密度则一定高。因此分析方法中通过分析结果相对平均偏差的计算,反映分析结果的精密度,如果精密度不高,例如:粗蛋白测定时,当粗蛋白质含量在25%以上时,允许相对平均偏差≤1%;当粗蛋白含量为10%~25%时,允许相对偏差≤2%,当相对平均偏差超出允许范围时,即可得出分析结果准确度不可靠的结论。

应用举例:

一化验员用凯氏定氮法平行测定两份某样品中粗蛋白,测定样品粗蛋白含量分别为18.08%、23.12%,试评价分析结果的精密度。

$$样品平均值 = \frac{18.08 + 23.12}{2} = 20.6$$

$$绝对偏差\ d_1 = |18.08 - 20.6| = 2.52$$

$$绝对偏差\ d_2 = |23.12 - 20.06| = 2.52$$

$$相对偏差 = 2.52 \div 20.6 \times 100 = 12.23\%$$

根据分析方法要求,当样品粗蛋白含量在10%~25%时,分析结果的相对偏差≤2%,计算结果>2%,分析结果精密度不高,结果不可靠,需要重新进行测定。

任务8 化验室管理规范及化验员职业要求

饲料化验室是饲料分析检验人员工作的重要场所,合理设计和布置化验室,正确制订仪器、药品等购置计划,了解实验室内水、电、气等基础设备的使用方法及注意事项,掌握一定的化验室安全管理知识,建立实验室内一般岗位责任制度和管理制度(见附录9),都是化验室建设的重要内容,也是饲料化验员国家职业标准对高级化验员的基本岗位要求;同时化验员国家职业标准对化验员职业素质提出了较明确的要求,不同企业从自身实际出发,也会制订相应规定,明确化验员工作内容管理要求,以方便考核管理。学生通过学习,可更好地理解化验员岗位职责、工作内容,了解化验室管理知识,为职业发展规划提供参考依据。

2.8.1 化验室的位置选择及室内布置

一般情况下,化验室应建在离生产车间、锅炉房较远的地方,以防止有害气体及工业灰尘对化验室的危害,消除生产振动给分析检验带来的影响。化验室的房间设置应根据具体情况而定,较大的化验室可设置物检室(用于物理检验)、化验室(用于样品的处理及常规化学检测)、天平室(用于样品的称量)、精密仪器室(放置较精密的仪器,如比色计、酸度计、荧光光度计等)、电加热室(放置马弗炉、烘箱、电加热板、恒温培养箱等)、样品储藏室、留样室;中小型企业化验室至少应设置检验室、普通仪器药品室、精密仪器室和留样室。仪器室和检验室地面应设地漏,以减轻跑水造成的影响。检验室中间可设置木质实验台,实验台上装置药品架放置常用试剂。药品架下方应架设水管及尖嘴水龙头、下水管道,以便在测定粗蛋白质、粗脂肪等时接冷凝水用。实验台的两侧(至少一侧)应安装水盆,便于洗涤仪器。试剂架的支架上可安装一些插座,以便蒸馏时有较近的电源。实验台面可刷生漆,增加其耐酸性。实验台的下方,还可做成形式多样的柜和抽屉,以放置一些常用玻璃仪器等。检验室的一侧可安装通风柜及电加热台,另一侧可安装水泥实验台,台面铺设瓷砖,以放置一些常用非精密仪器,如电炉、水浴锅等。

2.8.2 化验室制度建设

各企业为保证化验室对规定检测项目的正常开展,提高检测水平,降低成本,确保化验室药品、仪器的使用安全,需要制订一系列规章制度以规范管理,如《化验室仪器管理制度》《化验室药品管理制度》《化验室培训制度》(包括上岗培训、在岗培训、脱岗培训等)、《化验室卫生管理制度》《化验室安全管理制度》《化验室保密制度》《化验员工作守则》《产品留样观察制度》等,现重点介绍化验室安全制度。

例如某企业化验室安全制度如下:

①分析人员应有高度的安全防范意识、基本的用电常识,必须认真学习安全操作规程,掌握预防和处理事故的方法,了解实验室所有仪器的正确操作。

②根据化学试剂的属性分类存放,标志清晰。乙醚、乙醇、高氯酸等易燃、易爆类药品应存放于专用柜内,避免阳光直晒和靠近热源;建立药品领用制并监督使用;砷标液等剧毒药品和浓硫酸、浓硝酸等危险品,应存放于保险柜或能防盗的试剂柜中,并需两人保管钥匙,并且要房间门窗具有防盗功能。任何人不得将化学药品带离化验室,当发生剧毒药品和易制毒化学品丢失或被盗事件时,应立即通知当地公安部门。

③电炉周围严禁有乙醚、高氯酸等易燃易爆物品;严禁明火加热乙醚、乙醇;高温室严禁放置可燃、易燃及挥发性易燃液体,不得把含有大量易燃、易爆溶剂的物品放入烘箱或马弗炉中加热。

④浓盐酸、浓硝酸、浓氨水等挥发性试剂使用时,必须在通风橱中进行;使用通风橱时不得将玻璃门关闭完全,以免橱内负压过大而将门损坏。

⑤稀释浓硫酸时,只能将浓硫酸慢慢倒入水中,必要时用冷水冷却,切忌将冷水倒入浓硫酸中。

⑥检测需用冷凝水时,必须随时观察水流量,蒸馏器使用时,切忌断水,并由专人负责。

⑦使用用电设备时,应先开总电开关,再开分电开关,后开仪器设备开关;关闭时,则顺序相反。电器设备使用时必须完好,发现设备漏电,必须立即关闭电源开关并及时上报,由专业人员修理,不得私自拆动及任意进行修理。

⑧乙炔和氮气瓶应存放于阴凉、干燥处,远离热源,严防明火及暴晒。使用时严格按高压瓶使用规程操作。

⑨严禁在检测室消化样品,工作中应先开排气扇及窗户,保持室内空气流通。

⑩玻璃管与胶管、胶塞等拆装时,应先用水润湿,手上垫棉垫,以免玻璃管断裂伤手。

⑪工作中不得随意离开岗位,进行有危险性的工作时,应有两人在场。

⑫工作时必须穿上整洁的工作服,戴上必要的防护用具。

⑬严禁在检测室吸烟、进食,严禁用实验器皿处理食物,严禁在检测室的冰箱内存放食物,离开检测室前应用肥皂洗手。

⑭工作人员离开实验室前必须关好水、电、门、窗,经检查后,方可离开。

2.8.3　化验员工作内容与要求

1)某企业化验员工作内容

①负责溶液的配制和标定。

②负责各种饲料原料、添加剂、产品及市场抽样的分析检测。

③负责产品、原料检测原始记录和报告单填写。负责建立产品和原料检测数据台账。

④负责化验室日常清洁卫生工作。

⑤完成上级领导交给的其他任务。

2)某企业化验员工作要求

①进出化验室要关门,并在门上粘贴"化验重地,闲人免进"的标志。

②原料检测数据统一由原料部通知货主,分析测试人员个人不得对外公布检测结果。

③品管部在未开出原料检测报告单之前,严禁本公司其他部门到化验室查询数据。绝对禁止原料客户进入化验室打听检验结果。

④检测记录或报告单必须及时按规定要求归档,严禁乱丢乱放,无关人员严禁翻阅原始记录、报告单和查抄有关数据。不得将原始记录带出化验室。

⑤化验员应养成良好的卫生习惯,勤理发、勤洗澡、勤换衣,每天工作结束后坚持用肥皂洗手。

⑥化验室冰箱内不得存放食物,不得在烘箱、高温炉、电炉上烘烤食物,不得用实验器皿盛装食物,不能在化验室进食。

⑦化验员工作时仪器、药品要摆放有序,用后的仪器、药品及时放回原位,试剂瓶标签朝外,玻璃器具应用洗衣粉刷洗,自来水冲洗后,再用蒸馏水润洗干净放回专用仪器架上控水,有些难于洗涤的污物可用铬酸洗液浸泡。操作台上洒落的药品、试剂应及时用抹布擦洗。实验用过的滤纸、胶头、一次性针头等废弃物不能倒入水槽,应放入垃圾桶,每天坚持对垃圾桶进行清理。

⑧每天化验工作结束后应及时清理打扫操作台、试剂架、仪器柜,整理分析记录,回收不需要的样品,打扫办公桌和地面卫生。关好水、电、门、窗后方可离开化验室。

复习思考题)))

一、名词解释

1.标准溶液　　2.系统误差　　3.标定　　　　4.分析结果精密度

5.有效数字　　6.空白试验　　7.朗伯—比尔定律

二、填空题

1.原子吸收分光光度法主要用于测定饲料中的(　　　　　　　),此方法需用(　　)或(　　)法对样品进行前处理。

2.用移液管准确移取一定体积的某溶液,使用前应用(　　)洗涤、(　　)润洗,再用(　　)润洗,所取溶液放完后,管尖的一滴应该(　　　　　　　)。

3.饲料分析的误差根据来源可分为(　　　　　)误差和(　　　　　)误差。

4.在饲料分析中,称样的方法主要有(　　　　　　)法、(　　　　　　)法、(　　　　　　)法,在配制 1 000 mL 50 μg/mL 磷标准溶液时,需称 0.219 5 g 磷酸二氢钾,应该用(　　　　　)法称量。

5.酸式滴定管排气泡的方法是(　　　　　　),在使用酸式滴定管时,应(　　)手拿锥形瓶,(　　)手操作滴定管,判断滴定终点的方法是(　　　　　　)。

6.酸式滴定管排气泡的方法是(　　　　　　),在使用酸式滴定管时,应(　　)手拿锥形瓶,(　　)手操作滴定管,判断滴定终点的方法是(　　　　　　)。

7.原子吸收分光光度法主要适用于(　　　　　　)的测定,原子吸收分光光度计所用的光源是(　　　　　　)。

8.饲料分析结果的准确度可用(　　　　　)来表示,精密度可用(　　　　　)来表示,分析结果的精密度越高,准确度(　　　　　)。

9.我国生产的化学试剂,按其纯度一般分为(　　　)(GR)、(　　　)(AR)、(　　　)(CP)和(　　　)(LR)四个等级。

10.饲料分析标准溶液的配制方法包括(　　　　　)法和(　　　　　)法,方法选择的主要依据是所用溶质是否是(　　　　　)。

11.高效液相色谱仪由(　　　　　)、(　　　　　)、(　　　　　)、(　　　　　)等组成。

12.朗伯——比尔定律用公式可表示为(　　　　　),分光光度法在测定样品前绘制标准曲线的目的是为了(　　　　　)。

三、选择题

1.滴定分析所用标准溶液浓度常用(　　)表示。

　A.物质的量浓度　　　　　　　B.质量体积比浓度

　C.质量百分数　　　　　　　　D.滴定度

　E.体积比浓度

2. ppm 浓度对应的单位是(　　　)。

　A. mg/g　　　　　　B. μg/kg　　　　　　C. μg/mL　　　　　　D. mg/mL

3. 配制 0.100 0 mol/L 盐酸标准溶液,可以用(　　　)进行标定。

　A. 氯化钠　　　　　B. 无水碳酸钠　　　　C. 氢氧化钠　　　　D. 磷酸氢二钠

4. 按照误差产生的原因,系统误差应包含(　　　)。

　A. 偶然误差　　　　B. 操作误差　　　　　C. 方法误差　　　　D. 试剂误差

　E. 仪器误差

5. 分光光度计在使用时,不需要进行以下(　　　)操作。

　A. 预热　　　　　　B. 调零　　　　　　C. 调水平　　　　　D. 设置波长

6. 在饲料分析中,可以装于碱式滴定管的溶液是(　　　)。

　A. 高锰酸钾　　　　B. 盐酸　　　　　　C. 氢氧化钾　　　　D. 硝酸银

7. 移取溶液前,为了避免溶液浓度被稀释,移液管内附着的水应该(　　　)。

　A 烘干　　　　　　　　　　　　　　B. 蒸馏水润洗

　C. 所取溶液润洗　　　　　　　　　　D. 不用管,影响可忽略不计

8. 如果酸式滴定管漏水,可以先(　　　)。

　A. 重新更换玻璃珠或橡胶管,使之相匹配　B. 更换酸式滴定管

　C. 用温水浸泡一段时间橡胶管再使用　　　D. 涂凡士林

9. 准确移取 8.50 mL 标准溶液,应选用体积为(　　　)。

　A. 10 mL 的移液管　　　　　　　　　B. 10 mL 的吸量管

　C. 10 mL 的量筒　　　　　　　　　　D. 都可以

10. 如果碱式滴定管漏水,可以(　　　)。

　A. 涂凡士林　　　　　　　　　　　　B. 用温水浸泡一段时间橡胶管再使用

　C. 更换碱式滴定管　　　　　　　　　D. 重新更换玻璃珠或橡胶管,使之相匹配

11. 下列(　　　)不属于天平的使用规则。

　A. 使用前应用干净的软毛刷清扫天平

　B. 不可将试样和化学试剂直接放在天平盘内称量

　C. 需要时可将天平搬动,以方便称量

　D. 使用前应先检查天平水平泡,以确定天平是否放平

12. 在饲料分析中,蒸馏水引起的误差属于(　　　)。

　A. 操作误差　　　　B. 试剂误差　　　　　C. 偶然误差　　　　D. 仪器误差

　E. 方法误差

13. 原子吸收分光光度法不可用于测定饲料中的(　　　)。

　A. 铁　　　　　　　B. 锌　　　　　　　C. 铜　　　　　　　D. 瘦肉精

四、判断题

1. 分光光度法主用适用于金属元素的测定。　　　　　　　　　　　　　　(　　　)

2. 饲料分析中所用标准溶液都应该用基准物质配制。　　　　　　　　　　(　　　)

3. 分光光度计使用前必须先预热。　　　　　　　　　　　　　　　　　　(　　　)

4. 为了使量取的溶液体积更准确,用移液管移取溶液,放完溶液后,管尖的一滴一定要吹入容器。　　　　　　　　　　　　　　　　　　　　　　　　　　　　　　(　　　)

5. 在饲料分析中,分析结果精密度越高,结果的准确度就越高。 　　　　　　(　)

五、问答题

1. 简述分光光度计的测定原理。

2. 如何配置 0.02 mol/L 的盐酸标准溶液?

3. 什么叫基准物质? 其在饲料分析中主要用途是什么?

5. 如何校正酸度计?

6. 简述饲料定量分析用玻璃仪器的洗涤方法及步骤。

7. 试列出饲料厂化验室应具备的主要规章制度。

8. 简述滴定管使用的主要步骤。

9. 试设计一个饲料分析实验室基础知识的培训计划。

10. 简述高效液相色谱法的主要特点。

项目3
饲料原料的现场检测

项目导读：随着饲料产业的快速发展和原料价格的频繁波动，饲料企业所选用的饲料原料日益呈现出多样化和复杂化的特点，控制饲料原料的质量对保证配合饲料产品的质量具有十分重要的现实意义。饲料原料的质量控制主要包括原料的现场品控和实验室检测分析以及原料库存期间的质量检测等。饲料原料的现场品控是原料进入饲料企业的第一步质量检测程序，具有简便、易操作性和快速反应性。通过本项目的学习，可使学生了解饲料企业现场检测主要工作内容，提高现场检测的技能，增强饲料掺假的防范意识，尽可能地提高成功辨别原料质量的概率。

任务1 主要饲料原料的感观检验

感观鉴定法是饲料企业原料现场品控最常采用的方法，即通过饲料原料、饲料或饲料添加剂的外观，如颜色、形状、气味等特征直接作用于人的感觉器官所进行的检验方法。这种方法具有简单、灵敏、快速、不需要特殊处理的优点，因而得到广泛的使用。应用这种方法，再结合检验者的经验，就可以对饲料原料做出初步的质量判断，这是饲料检验非常重要也是关键性的第一步。

3.1.1 适用范围

适用于能通过人的味觉、嗅觉、触觉、视觉等进行感观检查的动、植物性饲料原料。

3.1.2 检测内容和要求

1）玉米

①观察其颜色：玉米按颜色可分为黄玉米、白玉米和混合玉米，较好的饲料用玉米为黄色玉米且均匀无杂色。

②随机抓一把玉米在手中，嗅其有无异味，粗略估计（目测）饱满程度、杂质、霉变、虫蛀粒的比例，初步判断其质量。随后，取样称重，测容重（或千粒重），分选霉变粒、虫蛀粒、不饱满粒、热损伤粒、杂质等异常成分，计算结果。玉米的外表面和胚芽部分可观察到黑色

或灰色斑点为霉变,若需观察其霉变程度,可用指甲掐开其外表皮或掰开胚芽作深入观察。区别玉米胚芽的热损伤变色和氧化变色,如为氧化变色,味觉及嗅觉可感觉到油脂酸败氧化的哈(喇)味。

③用指甲掐玉米胚芽部分,若很容易掐入,则水分较高,若掐不动,感觉较硬,水分较低,感觉较软,则水分较高;也可用牙咬判断;或用手搅动(抛动)玉米,如声音清脆,则水分较低,反之水分较高。

表 3.1　饲用玉米质量指标(GB/T 17890—1999)

等级	容重/(g·L⁻¹)	粗蛋白/%	不完善颗粒/%	水分/%	杂质/%	色泽气味
1	≥710	≥10.0	≤5.0	≤14.0	≤1.0	正常
2	≥685	≥9.0	≤6.5	≤14.0	≤1.0	正常
3	≥660	≥8.0	≤8.0	≤14.0	≤1.0	正常

2)豆粕

①先观察豆粕颜色,较好的豆粕呈黄色或浅黄色,色泽一致。较生的豆粕颜色较浅,有些偏白,豆粕过熟时,则颜色较深,近似黄褐色(生豆粕和过熟豆粕的脲酶均不合格)。再观察豆粕形状及有无霉变、发酵、结块和虫蛀并估计其所占比例。好的豆粕呈不规则碎片状,豆皮较少,无结块、发酵、霉变及虫蛀。有霉变的豆粕一般都有结块,并伴有发酵,掰开结块,可看到霉点和面包状粉末。其次判断豆粕是否经过二次浸提,二次浸提的豆粕颜色较深,焦煳味也较浓。最后抓一把豆粕在手中,仔细观察有无杂质并估算杂质数量,有无掺假(豆粕主要防掺豆壳、秸秆、麸皮、锯木粉、砂子等物)。

②闻豆粕的气味,是否有正常的豆香味,是否有生味、焦煳味、发酵味、霉味及其他异味。若味道很淡,则表明豆粕较陈旧。

③咀嚼豆粕,尝一尝是否有异味,如:生味、苦味或霉味等。

④用手感觉豆粕水分。用手捏或用牙咬豆粕,感觉较绵的,水分较高;感觉扎手的,水分较低。两手用力搓豆粕,若手上附有较多油腻物,则表明油脂含量较高(油脂高会影响水分判定)。

3)菜粕

①先观察菜粕的颜色及形状,判断其生产工艺类型。浸提的菜粕(200 型)呈黄色或浅褐色粉末或碎片状,而压榨的菜粕(95 型)颜色较深偏黑,有焦煳物,多碎片或块状,杂质也较多,掰开块状物可见分层现象。压榨的菜粕因其品质较差,一般不被选用(但有可能掺入浸提的菜粕中)。再观察菜粕有无霉变、掺杂、结块现象,并估计其所占比例(菜粕中还有可能掺入沙子、桉树叶、菜籽壳等物)。

②闻菜粕味道,是否有菜油香味或其他异味,压榨的菜粕较浸提的菜粕味道香得多。

③抓一把菜粕在手上,掂一掂其分量,若较重,可能有掺砂现象,然后松开手将菜粕倾倒,使自然落下,观察手中菜粕残留量,若残留较多,则水分及油脂含量都较高。同时,观察其有无霉变、氧化现象。最后,用手摸菜粕感觉其湿度,一般情况下,温度较高,水分也较高,若感觉烫手,大量堆码很可能会引起自燃。

4）棉粕

①观察棉粕的颜色、形状等。好的棉粕多为黄色粉末,黑色碎片状,棉籽壳少,棉绒少,无霉变及结块现象。抓一把棉粕在手中,仔细观察有无掺杂,并估计棉籽壳所占比例及棉绒含量高低,若棉籽壳及棉绒含量较高,则棉粕品质较差,粗蛋白较低,粗纤维较高。

②用力抓一把棉粕,再松开,若棉粕被握成团块状,则水分较高;若成松散状,则水分较低。将棉粕倾倒,观察手中残留量,若残留较多,则水分较高;反之较少。用手摸棉粕感觉其湿度,一般情况下,温度较高,水分较高,若感觉烫手,大量堆码很可能会自燃。

③闻棉粕的气味,看是否有异味、异嗅等。

5）次粉

①看次粉颜色、新鲜程度及含粉率。好的次粉呈白色或浅灰白色粉状。颜色越白,含粉率越高(好次粉含粉率应在90%以上)。

②闻次粉气味,是否有麦香味或其他异嗅、异味、霉味、发酵味等。

③抓一把次粉在手中握紧,若含粉率较低,松开时次粉呈团状,说明水分较高;反之较低(含粉率很高时则不能以此判定水分高低,要以化验为准)。

④取一些次粉在口中咀嚼,感觉有无异味或掺杂。若次粉中掺有钙粉等物时,会感觉口内有渣,含而不化。

6）麸皮

①观察颜色、形状。麸皮一般呈土黄色,细碎屑状,新鲜一致。

②闻麸皮气味,是否有麦香味或其他异味、异嗅、发酵味、霉味等。

③抓一把麸皮在手中,仔细观察是否有掺杂和虫蛀;掂一掂麸皮分量,若较坠手则可能掺有钙粉、膨润土、沸石粉等物,然后将手握紧,再松开,感觉麸皮水分,水分高较粘手,再用手捻一捻,看其松软程度,松软的麸皮较好。

7）洗米糠

①先观看洗米糠颜色、形状。洗米糠呈浅灰黄色粉状,新鲜一致,伴有少量碎米和谷壳尖。再看其是否发霉、发酵和生有肉虫。

②闻洗米糠气味,是否有清香味或其他异嗅、异味、霉味、发酵味等。

③抓一把洗米糠在手中,用力握紧后再松开,若手指和手掌上有滑腻的感觉,则含油较高,反之较低;若手感没有滑腻感觉,但有湿润感,则水分较高;再察看碎米颜色,若米粒有渗透性的绿色时,则不新鲜;用手指在手掌上反复揉捻,若感觉粗糙则说明糠壳较重;抓一把若感觉坠手,则说明可能有掺杂。

④取少许洗米糠在口中含化,看有无异味或掺杂,正常情况下,应有微甜味、化渣。假如口含时不化渣,咀嚼有细小硬物,则可能掺有膨润土、沸石粉、泥灰、砂石等物质。

8）大豆

①观察大豆颜色及外观。大豆颗粒应均匀,饱满,呈一致的浅黄色,无杂色、虫蛀、霉变及杂质。

②用手掐或用牙咬大豆,据其软硬程度判断大豆水分高低,大豆越硬,水分越低。

9）玉米蛋白粉

①看其颜色、形状。玉米蛋白粉呈黄色均匀一致的细粉状,无结块。若颗粒较粗,说明

掺有玉米粉。

②闻其气味。玉米蛋白粉略带酸甜味,无其他异味、异嗅,若有臭味,则说明放置过久,已经发酵或腐败。

③尝其味道。新鲜的玉米蛋白粉应尝之无味,若有酸味,则说明此玉米蛋白粉放置过久,已酸败。

④抓一把玉米蛋白粉,用力握紧再松开,若成团、成块状则表明水分较高,反之较低。

⑤将一些玉米蛋白粉放在水中浸泡,若掉色则说明掺有色素。

10) 玉米酒精糟(DDGS)

①看颜色、形状。正常的DDGS呈黄褐色碎屑状,含有较多玉米皮状物。

②闻气味。正常的DDGS略带微酸甜味,无其他异嗅、异味。

③尝味道。正常的DDGS尝起来先有微酸味,后有玉米香味回味。

④用手捻DDGS,若感觉粘手,则水分较高,反之较低。

11) 鱼粉

①观看鱼粉颜色、形状。优质的鱼粉应有新鲜的外观,色泽随鱼种而异,呈黄褐色、深灰色(颜色以原料及产地为准)等,加热过度或含脂高者,颜色变深。外观呈粉状或细短的肌肉纤维性粉状,蓬松感明显,含有少量鱼眼珠、鱼鳞碎屑、鱼刺、鱼骨或虾眼珠、蟹壳粉等,松散无结块,无自燃、虫蛀等现象。

②闻鱼粉气味。鼻嗅新鲜鱼粉应有烤过的鱼香味,并稍带鱼油味,略带腥味、咸味,混入鱼溶浆的腥味较重,无酸败异味、焦味、氨味,否则表明鱼粉放置过久,已经腐败,不新鲜。

③抓一把鱼粉握紧,松开后,能自动疏散开来,否则说明油脂或水分含量较高。

④口含少许能成团,咀嚼有肉松感,无细硬物,且短时间内能在口里溶化,若不化渣,则表明此鱼粉含砂石等杂物较重,味咸则表明盐分重,味苦则表明曾自燃或烧焦。

⑤通过显微镜详细检查鱼粉有无掺杂使假现象。鱼肉:颗粒较大,表面粗糙,具有纤维结构,呈黄色或黄褐色,有透明感,形如碎蹄筋,似有弹性。鱼骨:包括鱼刺、鱼头骨,为半透明或不透明的碎块,大小形状各异,呈白色至白黄色,一些鱼骨屑成琥珀色,表面光滑。鱼刺细长而尖,似脊椎状,仔细观察可看到鱼刺碎块中有一大端头或小端头的鱼刺特征;鱼头骨呈片状,半透明,正面有纹理,鱼头骨坚硬无弹性。鱼鳞:平坦或卷曲的藻形片状物,近似透明,有一些同心圆线纹。鱼眼:表面碎裂,呈乳色的圆球形颗粒,半透明,光泽暗淡,较硬。

⑥容重的测定:取鱼粉样品非常轻而仔细地倒入1 000 mL量筒中,直到正好达到1 000 mL刻度为止,用一刮铲或匙调整容积。注意放入样品时应轻放,不得震动和打击。然后把鱼粉倒出来,并称重(做3个平行样,取平均值),然后与纯鱼粉的容重对比。纯鱼粉的容重一般为450~660 g/L,如果鱼粉含有杂质或掺杂物,容重就会改变(或大或小)。

12) 膨化大豆

①观其颜色和形状:膨化大豆应呈黄色或淡黄色膨化小颗粒状,无明显大豆瓣、粉末状及黑团状。

②闻其气味:膨化大豆应有较浓的豆香味,不应有生豆子味,也不能有焦煳味和霉臭味。

③用手触摸:颗粒均匀疏松,不硬也不软。

④用口尝:感受有无异味,用牙咬应有较清脆的声音。

13)钙粉

①先观看钙粉颜色。钙粉呈白色、灰白色。

②抓一把钙粉在手中,用力握紧后再松开,钙粉迅速在手中散开,则水分较低;反之则高。

③钙粉在手中坠手,抽样时,观看钙粉的下落速度,下落速度慢,则有掺杂。

④鉴别钙粉是否掺杂。取稀盐酸溶液,使钙粉溶于其中,若反应剧烈,并产生大量气泡,反应结束时,溶液澄清,反之则掺杂。

14)油脂(混合油、棕榈油、鱼油、豆油)

①先观察油脂颜色。正常的油脂颜色为棕色。

②嗅油脂味道,是否有异嗅、异味或焦味。

③拿一张纸用取油钎在油脂容器的中间和底部取油,分别沾在纸上,用火烧,有滋滋声则掺有水分。

④用手指捻,油脂有十分滑腻的感觉,若感觉有细小颗粒则掺杂。

任务2 饲料大宗原料的显微镜检

商品化饲料加工企业和自己生产饲料的大型饲养场通常通过显微镜检测,迅速对饲料原料的质量进行初步的评估。显微镜检测的原则为量少为杂,量多掺假。显微镜检测的准确度取决于检测人员对饲料原料的熟悉程度及应用显微技术熟练程度,要求分析人员具有一定的动植物组织学、细胞学和化学等方面的知识,经常收集各种饲料原料、掺杂物和饲料标准图谱,并且熟悉这些原料和掺杂物的外部物理特征,通过不断的学习、练习,积累经验。

3.2.1 适用范围

适用于饲料企业常用大宗饲料原料。

3.2.2 仪器和设备

表面皿和体视显微镜。

3.2.3　检测内容和要求

1) 玉米的表观特征

粉碎后的玉米皮薄且半透明,皮的内面沾有淀粉,角质淀粉为黄色、半透明;粉质淀粉为白色,多边,有棱,有光泽,较硬,镜下可见漏斗状帽盖和比皮更薄而透明的红色征状颖花。

2) 菜籽粕的表观特征

棕褐色,种皮表面可见网络状结构。

3) 棉粕的表观特征

呈浅棕色,由棉壳、棉仁和棉皮组成,棉壳较厚,内表面有小凹陷,呈弧形弯曲;断面有明显的数层结构;棉纤维柔软卷曲的细带,显微镜下清晰可见;棉仁上色素腺体显红色小点。

4) 肉骨粉的表观特征

大多由骨和少量皮肉组成,可见结缔组织、骨、肉碎粉,有油腻感,其中夹杂的猪毛粗细均匀,基本不弯曲,其中还夹杂少量血粉。骨显白色或乳黄色,镊子易夹碎,滴加盐酸会有气泡产生。

5) 鱼粉的表观特征

国产鱼粉显深褐色,鱼肉纤维清晰可见,鱼骨、鱼眼均可见;全脂鱼粉中常见深色球状脂肪粒;存在少量虾壳。

进口鱼粉显深棕色或浅棕色,可见鱼肉、鱼眼、鱼骨,存在少量虾壳,感官比较松散,气味鱼香。

6) 血粉的表观特征

显黑色炭粒状,用镊子轻夹易碎,夹有少量猪毛。

7) 虾粉的表观特征

显红褐色,可见虾壳、虾脚、虾眼,虾壳较薄、透明;虾壳外面较光滑,内面色浅、疏松呈泡沫状,表观特征明显。

8) 玉米蛋白粉的表观特征

显浅黄色,有油腻感,色泽均匀。

9) 水解角蛋白的表观特征

水解角蛋白包括水解羽毛粉、水解猪毛粉、水解牛角粉等。水解不足时,为碎玻璃状或松香状小块,半透明,杂色,易碎。在生物显微镜下观察水解羽毛粉,羽毛显竹节状;水解猪毛粉,猪毛显管状,黑色内容物;水解牛角粉显透明薄片状。

10) 麸皮的表观特征

多显浅黄色,薄,有轻微油腻感,似麦片状,皮显细小条纹。

11）蟹壳粉的表观特征

厚薄不一的几丁质碎片,较坚硬,外表面光滑有花纹,并有小孔,内面较粗糙。

12）菌体蛋白的表观特征

有较强氨味,深褐色粉末,假菌体蛋白,可见其中有半透明晶体,加碱液后立即冒出强烈氨气。

13）洗米糠的表观特征

显浅黄色或褐色,由粉碎稻壳和米粒组成,稻壳特征,显鳄鱼皮状,米粒乳白色,有光泽,用镊子夹易碎。

3.2.4　注意事项

检查时,先看粗颗粒,再看细颗粒;先看原色,后看染色;先用低倍放大,再用高倍放大。也可用镊子拨动、翻转,系统地观察培养皿中的每一组分,记录观察到的各种成分。对于不是样品所示成分,若量小为杂质,量大为掺假。

任务 3　常用饲料原料的掺假识别

原料的优劣不仅直接关系到饲料产品质量的好坏,也直接影响着饲料质量与卫生安全。由于近几年我国饲料产品竞争非常激烈,原料价格不断上涨,不法商人为谋求私利,在原料中掺杂名目繁多的物质,尤其是鱼粉等价格昂贵的饲料原料掺假情况更为严重,让人防不胜防,对饲料企业、养殖户乃至消费者都造成不同程度的伤害和经济损失。饲料掺假一般分为以下几种情况:以次充好、以假乱真、过失性混进杂质、漏加贵重成分、故意增减某些成分等。饲料原料的掺假现象在不同时间、不同地点和不同企业也会以不同的面目出现。预防措施越多,掺假现象可能会越少,但掺假水平可能会越高,只有不断学习,提高饲料掺假的防范意识和检测水平,加强原料质量检测,才可能最大程度降低饲料生产企业和养殖户受造假者的伤害。

3.3.1　适用范围

适用于饲料原料、饲料添加剂的掺假识别。

3.3.2　检测步骤和要求

1）菜籽粕的掺假识别

（1）感官鉴定

正常的菜籽粕为黄色或浅褐色,具有浓厚的油香味。这种油香味较特殊,其他原料不

具备。同时菜籽粕有一定的油光性,用手抓时,有疏松感觉。而掺假菜粕油香味淡、颜色也暗淡、无油光性,用手抓时,感觉较沉。

(2)盐酸检查

正常的菜籽粕加入适量10%的盐酸,没有气泡产生,而掺假的菜籽粕加入10%的盐酸,则有大量的气泡产生。

(3)粗蛋白质的检查

正常的菜籽粕其粗蛋白含量一般都在33%以上,而掺假的菜籽粕其粗蛋白含量较低。

(4)灰分检查

正常的菜籽粕的粗灰分含量应不高于9%,而掺假的菜籽粕其粗灰分含量则很高。

2)麦麸掺假识别

(1)水浸法

此法对掺有贝壳粉、砂土、花生壳者较明显。方法是:取5~10 g麸皮于小烧杯中,加入10倍的水搅拌,静置10 min,将烧杯倾斜,若掺假,则看到底层有贝粉、砂土,上面浮有花生壳。

(2)盐酸法

取试样少量于小烧杯中,加入10%的盐酸,若出现发泡,则说明掺有贝粉、石粉。

(3)营养成分分析法

麦麸粗蛋白一般为13%~17%,粗灰分在5%以下,粗纤维低于10%,可依据此标准进行验证。

3)玉米蛋白粉掺假识别

玉米蛋白粉掺入物主要是尿素或三聚氰胺等非蛋白氮。检测掺入尿素的检查方法如下:称取10 g样品于烧杯中,加入100 mL蒸馏水搅拌、过滤,取滤液1 mL于点滴板上,加入2~3滴甲基红指示剂(0.1%),再滴加2~3滴尿素酶溶液(0.2%)约经5 min,如点滴板上呈深红色,则说明样品中掺有尿素。三聚氰胺则可通过酶联免疫法或高效液相色谱法进行检测。

4)鱼粉掺假识别

(1)感观鉴定

①视觉。优质鱼粉颜色一致,呈红棕色、黄棕色或黄褐色等,细度均匀,劣质鱼粉为浅黄色、青白色或黑褐色,细度和均匀度较差。掺假鱼粉为黄白色或红黄色,细度和均匀度变差;掺入风化土鱼粉色泽偏黄。

②嗅觉。优质鱼粉咸腥味,劣质鱼粉为腥臭或腐臭味。掺假鱼粉有淡腥味、油脂味或氨味等异味;掺有棉籽粕和菜籽粕的鱼粉、有棉籽粕和菜籽粕味;掺有尿素的鱼粉,略具氨味;掺入油渣的鱼粉有油脂味。

③触觉。优质鱼粉手捻质地柔软呈鱼松状、无砂粒感,劣质鱼粉和掺假鱼粉手捻有砂粒感、手感较硬、质地粗糙磨手。若结块发粘,说明已酸败;捻散后呈灰白色说明已发霉。

(2)物理检验

①鱼粉中掺有麸皮、花生壳粉、稻壳粉的检验。取3 g鱼粉样品置于100 mL玻璃烧杯中,加入5倍水,充分搅拌后静置10~15 min,麸皮、花生壳粉、稻壳粉因比重轻,浮在水

面上。

②鱼粉中掺砂子的检验。取 3 g 鱼粉样品,置于 100 mL 的玻璃烧杯中,加 5 倍水,充分搅拌后静置 10 ~ 15 min,鱼粉、砂子均沉于底部,再轻轻搅动,鱼粉即浮动起来,随水流转动而旋转,而砂子比重大,稍旋转即沉于杯底,此刻可观察到砂子的存在。

③鱼粉中掺入植物性蛋白质的检验。取适量鱼粉用火燃烧,如产生与纯毛发燃烧后相同的气味,则为鱼粉,而具有炒谷物的香味,则说明其中混杂了植物蛋白质。

④测容重法。粒度为 1.5 mm 的纯鱼粉,容重为 550 ~ 600 g/L,如果容重偏大或偏小,均不是纯鱼粉。

（3）化学检验

①鱼粉中掺杂锯末(木质素)的检验。将少量鱼粉置于培养皿中,加入浓度为 95% 的乙醇浸泡样品,再滴入几滴浓盐酸,若出现深红色,再加入清水,如果深红色物质浮在水面,则说明鱼粉中掺有锯末类物质。

②鱼粉中掺淀粉类物质的检验。可用碘蓝反应来鉴定,其方法是取试样 2.3 g 置于烧杯中,加入 2 ~ 3 倍水后,加热 1 min,冷却后滴加碘—碘化钾溶液(取碘化钾 5 g 溶于 100 mL 水中,再加碘 2 g),若鱼粉中掺有淀粉类物质,则颜色变蓝,随掺入淀粉的增加,颜色由蓝变紫。

③对鱼粉中掺入碳酸钙粉、石粉、蛋壳粉的检验,可利用盐酸对碳酸盐的反应产生二氧化碳气体来判断,其方法是,取试样 10 g,放在烧杯中,加入 2 mL 盐酸,若立即产生大量气泡,即为掺入了上述物质。

④鱼粉中掺入纤维类物质的检验。称取试样 2 ~ 5 g,测定样品中的粗纤维含量。纯鱼粉含纤维量极少,通常不超过 1.0%。

⑤鱼粉中掺入皮革粉的检验。方法一:称取 2 g 鱼粉样品于坩埚中,经高温灰化,冷却后用水浸润,加入 1 mol/L 硫酸溶液 10 mL,使之呈酸性,然后滴加数滴二苯基卡巴腙溶液(称取 0.2 g 二苯基卡巴腙,溶解于 100 mL 90% 乙醇中),如有紫色物质产生,则有铬存在,说明鱼粉中有皮革粉。其原理是在皮革鞣制过程中,采用铬制剂,灰化后有一部分转变为六价铬,在强酸溶液中,六价铬与二苯基卡巴腙反应,生成紫色水溶性二硫代卡巴腙化合物。方法二:取少许鱼粉样品于培养皿中,加入几滴钼酸铵溶液(以溶液浸没鱼粉为宜),静置 5 ~ 10 min,若不发生颜色变化则表明有皮革粉,若生成绿色产物则为鱼粉。

钼酸铵溶液的配制,称取 5 g 钼酸铵溶解于 100 mL H_2O 中,再加入 35 mL 的浓硝酸即可。

⑥鱼粉中掺尿素的检验。方法一:称取 10 g 样品于烧杯中,加入 100 mL H_2O 搅拌、过滤,取滤液 1 mL 于点滴板上,加 2 ~ 3 滴甲基红指示剂(0.1%),再滴加 2 ~ 3 滴尿素酶溶液(0.2%),约 5 min 后,如点滴板上呈深红色,则说明样品中掺有尿素。方法二:取被检鱼粉 10 g 于烧杯中,加水 30 mL,用力搅拌后放置数分钟过滤,取滤液 5 mL 于试管中,然后置于火源上加热,如有尿素存在,待液体快干时(190 ℃左右),可有强烈的刺鼻氨臭味,再用湿润的 pH 试纸检查管口,立即变成蓝色,pH 值可达 10 以上,如无尿素存在,鱼粉灼烧时只有焦毛臭味,用 pH 试纸检查略显碱性,离开管口微蓝色慢慢褪去。

⑦纯/粗蛋白比值鉴别鱼粉掺假。甲醛-尿素聚合物是常见的非蛋白氮掺入物。由于尿素以聚合物的形式存在,故用测定游离尿素的方法无法检出,因此可根据纯/粗蛋白比值

来推断是否掺有这类高氮化合物,一般认为用纯/粗蛋白的比值80%作为判别鱼粉是否掺有高氮化合物的指标,纯/粗蛋白比值高于80%即没有掺入高氮聚合物。

⑧鱼粉中掺入血粉的检验。方法一:取被检鱼粉1~2 g于烧杯中,加水5 mL,搅拌后静置数分钟过滤;另取一试管,先加入N,N-二甲基苯胺粉末少许,再加入冰乙酸约2 mL,溶解后,再加入3%的过氧化氢溶液2 mL;将样品过滤液缓缓注入试管中,如两液接触面出现绿色的环或点,即说明有血粉存在,反之为阴性。方法二:取被检鱼粉1~2 g于试管中,加5 mL蒸馏水搅拌,静置数分钟后过滤;另取一支试管,先加入联苯胺粉末少许,然后加入2 mL冰乙酸,振荡溶解,再加入1~2 mL 3%的过氧化氢溶液,将被检鱼粉的滤液缓缓注入其中,如两液接触面出现绿色或蓝色的环或点,即为阳性,表明鱼粉中含有血粉,反之为阴性,也即表明鱼粉中不含血粉。本试验如不用滤液,而用鱼粉直接徐徐注入联苯胺等的液面上,液面以下见有绿色或蓝色的环或柱即为阳性,表明鱼粉中掺有血粉。

⑨鱼粉中掺入石粉、贝壳粉的鉴别。取被检鱼粉5 g于烧杯或培养皿中,加20 mL浓盐酸溶液,如有大量气泡迅速产生,并发出吱吱响声,表明有石粉、贝壳粉的存在,反之,如有少量气泡慢慢冒出,是鱼骨等被盐酸分解的结果。

(4)显微镜检验

①鱼粉中掺入羽毛粉的检验。方法一:分别称取约1 g试样于两个500 mL三角烧瓶中,一个加入100 mL 1.25% H_2SO_4,另一个加入100 mL 5% NaOH,煮沸30 min后静置,吸取上清液,将残渣放在50~100倍显微镜下观察,如果试样中有羽毛粉,用1.25% H_2SO_4处理过的残渣在显微镜下呈一种特殊的形状,而用5% NaOH处理过的残渣则没有这种特殊的形状。方法二:取被检鱼粉10 g,放入100 mL高脚烧杯中,从上方倒入四氯化碳80 mL,搅拌后放置让其沉淀,将漂浮层通过滤纸过滤;将滤纸上样品用电吹风吹干;取样品少许置于培养皿中,在30~50倍显微镜下观察,除见有表面粗糙且有纤维结构的鱼肉颗粒外,尚可见有或多或少的羽毛,羽干和羽管(中空、半透明),经水解的羽毛粉有的会形同玻璃碎粒,质地与硬度如同塑胶,呈灰褐色或黑色。

②鱼粉中掺入血粉的鉴别。取被检鱼粉10 g,放入100 mL高烧杯中,从上方倒入四氯化碳约80 mL,搅拌后静置让其沉淀,将漂浮层倒入滤纸过滤;将滤纸上的样品用电吹风吹干,取少许样品于培养皿中;将N,N-二甲基苯胺溶液(溶解1 g N,N-二甲基苯胺于100 mL冰乙酸中,然后用150 mL水稀释)和3%过氧化氢(现配现用)混合(4+1)后,取1~2滴该试剂于待检样品上;将样品置30~50倍显微镜或放大镜下观察,如有血粉存在,在血粉颗粒周围呈现深绿色,跟试剂的浅绿色形成对比。

③鱼粉中掺入棉籽饼的鉴别。取被检鱼粉200 g,分别经20目和40目分样筛,取中层(40目筛上物)筛样进行镜检,可见中央部分样品表面聚集有细短绒棉纤维,相互团聚在一起,为深黄或棕黄色,其四周部分样品有许多深褐色棉籽外壳碎片。进一步用30~50倍显微镜观察可见,中央部分样品散布有细短绒棉纤维、卷曲、半透明、有光泽、白色,混有少量深褐色的棉籽外壳碎片,四周部分样品有许多淡褐、深褐或黑色的棉籽外壳碎片,厚硬而有韧性,在碎片断面有浅色和深褐色相交叠的色层,有时可见一些棉纤维仍附着在外壳上或埋在饼粕中。

④鱼粉中掺入砂土的鉴别。取被检鱼粉10 g,放入100 mL烧杯中,倒入80 mL四氯化碳溶液,搅拌后放置让其沉淀,将漂浮层倒掉,底部沉淀物用电吹风吹干,将样品置于培养

皿中,用放大镜或30～50倍显微镜观察,除见有鱼骨、鱼翅、鱼鳞外,还可见有砂土颗粒,加少许水,在明亮处观察,其砂呈半透明状,有光泽。若将沉淀部分样品全部灰化,以稀盐酸溶液(1∶3)煮沸,如有不溶物即为砂土。

5) 磷酸氢钙掺假识别

(1) 感观鉴定

用手拈着试样用力摩擦,以感觉试样的粗细程度。正常试样手感柔软、细粉状并且均匀、色泽呈白色或灰白色粉末,异常试样手感粗糙,有颗粒、粗细不均匀,色泽呈灰黄色或灰黑色粉状。

(2) 酸溶法

称取试样1～5 g,加盐酸溶液(1+1)10～20 mL,加热溶解,正常试样全部溶解,不发泡,试样呈深黄色,透明清晰、微量沉淀(经过滤);异常试样部分溶解,有较多泡沫(即表示含石粉较多),试样呈浅黄色或棕黄色,有混浊,经过滤,沉淀物较多。

6) DL-蛋氨酸掺假识别

(1) 感观鉴定

①视觉:蛋氨酸是经水解或化学合成的单一氨基酸。一般呈白色或淡黄色的结晶性粉末或片状,在正常光线下有反射光发出。市场上假蛋氨酸多呈粉末状,颜色为纯白色或浅白色,正常光线下没有反射光或只有零星反射光发出。

②触觉:真蛋氨酸手感滑腻、无粗糙感觉,而假蛋氨酸一般手感粗糙不滑腻。

③嗅觉和味觉:真蛋氨酸具有较浓的腥臭味,近闻刺鼻,用口尝试,带有少许甜味,而假蛋氨酸味较淡或有其他气味。

(2) 溶解性检验

真蛋氨酸易溶于稀盐酸和稀氢氧化钠,略难溶于水,难溶于乙醇,不溶于乙醚。方法如下:取约5 g样品加100 mL蒸馏水溶解,摇动数次,2～3 min后,溶液清亮无沉淀,则样品是真蛋氨酸,如溶液混浊或有沉淀则样品是假蛋氨酸。

(3) 掺入碳酸盐的检验

有些假蛋氨酸中掺有大量的碳酸盐,如轻质碳酸钙等。具体检验方法是:称取约1 g样品置于100 mL烧杯中,加入盐酸(1+1)20 mL,如样品中有大量气泡冒出,说明其中掺有大量碳酸盐,即该样品是假蛋氨酸,如没有气泡冒出,说明该样品是真蛋氨酸。

(4) 粗灰分检验

蛋氨酸是经水解或化学合成制得的一种有机物,其粗灰分含量极微,一般为百分之零点几,若其中粗灰分含量大于1以上,说明是假蛋氨酸。

7) L-赖氨酸盐酸盐掺假识别

(1) 感观鉴定

赖氨酸为灰白色或淡褐色的小颗粒或粉末,较均匀,无味或稍有特异性酸味,而假冒赖氨酸其色泽异常,气味不正,个别有氨水刺激或芳香气味,手感较粗糙,口味不正,具有异样口感。

(2) 溶解度检验

取少量样品加入100 mL水中,搅拌5 min后静置,能完全溶解无沉淀物为真品,若有沉

淀或飘浮物为掺假和假冒产品。

（3）掺入植物成分的检验

取样品约 5 g，加 100 mL 蒸馏水溶解。然后滴加 1% 碘—碘化钾溶液 1 mL，边滴边摇动，此时溶液仍为无色，则该样品中没有植物性淀粉存在，即为真赖氨酸，如溶液变蓝色，则说明该样品中含有淀粉，则是假赖氨酸。

（4）掺入碳酸盐的检验

具体检验方法如下：称取约 1 g 样品置于 100 mL 烧杯中，加入 1 + 1 盐酸溶液 20 mL，如样品有大量气泡冒出，说明其中掺有大量碳酸盐。如无则为真赖氨酸。

（5）粗灰分检验

赖氨酸其粗灰分含量极微，一般为百分之零点几，而假冒赖氨酸粗灰分含量极高。

8）大豆油的掺假识别

（1）浓硫酸反应法

取浓硫酸数滴于白瓷反应板上，加入待检油样 2 滴，反应后看表面的颜色变化，显棕褐色的为大豆油。

（2）冬季掺米汤的检验

其检查方法如下：将油熔化后，油与米汤自然分层，或用碘—碘化钾试剂检查，如加米汤则呈蓝色。

（3）280 ℃加热法

大豆油经 280 ℃加热，有机杂质使油色变深，杂质含量多且有酸败发生时则为黑色。

复习思考题)))

问答题

1.如何快速判断鱼粉中是否掺有沙土？

2.如何通过现场感观检测初步鉴定鱼粉的质量？

3.饲料原料掺假一般有哪些情况？通过哪些段可进行初步判断？

项目4
饲料样品的采集、制备与保存

项目导读：饲料分析检测结果的可靠性，不仅取决于化学分析本身的准确性，更重要的还取决于样本的采集与制备。饲料的化学成分因饲料的品种、生长阶段、栽培技术、土壤、气候条件以及加工调制和贮存方法等因素不同而有很大的差异，甚至在同一植株的不同部位差异也很大。但在一般情况下，均以少量样本的分析结果评定大量饲料的营养价值，所以样本的采集与制备直接影响样品检验结果的代表性和准确性，而样品的保存则是为样品检验分析结果复核备查作准备。

任务1　样品的采集

样品的采集是指从大批原料（或饲料）中按规定抽取一定数量，具有代表性的样品以供分析的操作过程，所抽取的这部分原料或饲料称为样品。采样是饲料分析第一步，也是最关键的一步。

4.1.1　采样的目的

采样的根本目的是通过对样品理化指标的分析，客观反映受检饲料原料或产品的品质，并以此为依据在饲料生产与交易中选择饲料原料，选择原料供应商；确定接收或拒收某种饲料原料。判断产品的质量是否符合规格要求和保证值，以决定产品出厂与否或仲裁买卖双方的争议；判断饲料加工程度和生产工艺质量控制，为饲料加工工艺设置提供依据；分析保管贮存中条件对原料和产品质量的影响程度，如果采样错误，即使以后的分析步骤、分析方法再准确，其分析结果都毫无意义。

4.1.2　采样的要求

采样前必须对产品加以确认和全面检查：采样前应确认有疑问的货物，为此应适当比较货物的数量、质量或货物的体积及容器上的标记和标签，以及有关资料。采样报告记录应包括相关代表性样品的采样和涉及货物及其周围条件的所有特征。如果货物出现损坏，要除去损坏的部分，将特性相似的货物划分在一起，并把每一部分作为独立的产品处理。

要做好采样工作,必须遵循以下原则:

①样品必须具有代表性。由于待测饲料总体数量往往很大,而分析时所用的样品仅为其中很小的一部分,所以要求所采样品具有代表性,能反映全部被测饲料的组分、质量和卫生状况。

②必须采用正确的采样方法。采样应从具有不同代表性的区域设点取样,充分混匀后再按正确的方法分出一小部分作为分析样品。采样过程中要做到随机、客观,避免人为和主观因素影响到采样样品的准确性。

③采样人员的责任心和采样技能以及对采样人员的管理与培训指导。

④样品必须具有一定数量。为了使所采样品能够代表每批饲料样,需要根据每批饲料原料和产品的水分含量、原料或产品的颗粒大小和均匀度以及数量的大小,从其不同的位置采取样本,然后再混合在一起形成总份样量,逐步缩分形成实验室需要的样品。

4.1.3 采样工具

采样工具应根据产品颗粒大小、采样量、容器大小和产品物理状态等特征选择合适的工具设备。

对于固体产品可用普通铲子、手柄勺、柱状取样器(如取样钎、管状取样器、套筒取样器)、圆锥取样器和分割式取样器。取样钎可有一个或更多的分隔室(见图4.1)。

图4.1 采样的工具

液体或半液体产品可用适当大小的搅拌器、取样瓶、取样管、带状取样器和长柄勺。

采样、缩样、存贮和处理样品时,应特别小心,确保样品和被取样货物的特性不受影响。采样设备应清洁、干燥、不受外界气味的影响。用于制造采样设备的材料不影响样品的质量。在不同样品间,采样设备应完全清扫干净,当被取样的货物含油高时尤其重要。取样人员应戴一次性的手套,不同样品间应更换手套,防止污染随后的样品。

装样品容器应确保样品特性不变直至检测完成。样品容器的大小以样品完全充满容器为宜,容器应当始终封口,只有检测时才能打开。容器应清洁、干燥、不受外界气味的影响。制造样品容器的材料应不影响样品的品质。固体产品可用玻璃、不锈钢、锡或塑料制成的广口瓶，或者合适的塑料袋。容器应是牢固和防水的。如果样品用来测定如维生素 A、D_3、B_2、C、叶酸等对光敏感的物质和如维生素 K_3、B_6 和 B_{12} 等对光轻微敏感的物质，容器应是不透明的。液体和半液体产品可用玻璃或塑料瓶，并要求容量合适、密闭、深色。

4.1.4 采样基本方法和步骤

1)采样前的准备

①应由具有一定饲料检测经验的人员采样，并注意所采饲料样品的存放状态。

②对被采饲料进行确认和全面检查，应根据相关资料确认所采饲料的名称、数量、包装、产地等信息，确认所采饲料没有疑点。

③熟悉所采饲料的类别。我们通常所采的饲料包括五类：

a.固体饲料：如饲料原料类玉米、小麦、黄豆、大麦、高粱、燕麦、花生、棉籽、亚麻籽、油菜籽、颗粒饲料等。

b.粉状饲料：经过粉碎加工达到一定粒度后，按一定配方加工的饲料。如鸡、猪、牛各类畜禽用的配合料、浓缩料、预混料，植物性饲料原料麸皮、次粉、淀粉、酵母粉、粉碎干草，动物源性的血粉、骨粉、羽毛粉、乳清粉、奶粉、肉粉、肉骨粉，各类矿物质、维生素类添加剂等。

c.粗饲料：如干草、青贮料、苜蓿、牧草、甜菜、马铃薯等。

d.舔块：如牛羊摄取微量元素的舔砖。

e.液体和半液体饲料：如脂肪、脂类产品、加氢油脂、皂脚等。

2)样品的采集

要得到能代表整个批次产品的样品，就必须设置足够的份样数量。根据批次产品数量和实际采样的特点制订采样计划，在计划中确定需采的份样数量和重量。

图4.2 样品的采集操作

（1）固体饲料产品的采样

包括饲料原料（植物源性及动物源性）、预混合饲料、矿物质添加剂、配合饲料及饲料添加剂（有机物和无机化合物）。

对于散装产品应随机选取每个份样的位置，这些位置既覆盖产品的表面，又包括产品的内部，使该批次产品的每个部分都被覆盖。

如果在产品流水线上取样时，根据流动的速度，在一定的时间间隔内，人工或机械地往流水线的某一截面取样。根据流速和本批次产品的量，计算产品通过采样点的时间，该时

间除以所需采样的份样数,即得到采样的时间间隔。

对于袋装产品的采样应随机选择需采样的包装袋,采样的包装袋总数量份样数量的最小份样数来决定。打开包装袋,使用相应的器具进行采样。

如果是在密闭的包装袋中采样,则需要取样器。采样时,不管是水平还是垂直,都必须经过包装物的对角线。份样可以是包装物的整个深度,或是表面、中间、底部这 3 个水平。在采样完成后,将包装袋上的采样孔封闭。

如果上述的方法不适合,则将包装物打开倒在干净、干燥的地方,混合后取其一部分为份样。

对某些特殊样品的测定如霉菌毒素的检测还有特殊要求(见项目 9)。

(2)液体产品及半液体(半固体)产品的采样

液体产品通常分为低黏度产品(如棕榈油)和高黏度产品(脂肪、脂类产品、皂脚等)。

①如果产品贮存于罐中,则可能不均匀。采样前需要搅动混合,用适当的器具从表面至内部采样。如果采样前不可能搅动,则在产品装罐或卸罐过程中采样。如果在产品流动过程中不能采样,则整个批次产品都取份样,以保证获得有代表性的实验室样品。

在保持产品特性不变的前提下,有时加热会提高样品的一致性。

②桶装产品的采样。采样前需对随机选取产品进行振动、搅动等,使其混合,混合后再采样。如果采样前不能进行混合,则每个桶至少在不同的方向、两个层面取 2 个份样。

③小容器装产品的采样。随机选择容器,混合后进行采样;如果容器很小,则每一个容器内的产品可作为一个份样。

对于霉菌毒素、饲料加工粉碎粒度等指标检测,样品采集有特殊的要求,具体见相关工作任务。

4.1.5 样品缩分的方法

从生产现场如田间、仓库、牧地、车间等受检饲料中最初抽取的产品称为原始样本,一般不少于 2 kg;将原始样本按规定混合均匀分出一部分称为平均样本,平均样本(次级样本)一般不少于 1 kg;平均样本经混合,分成 3 个或 4 个实验室样品放入适当的容器中,供实验室分析用,称为试验样本,每个实验室样本重量最好相近,但不能小于 0.5 kg。从原始样本到试验样本数量逐渐递减,但又要保证其代表性,就要求在样品缩分过程严格按照以下方法:

1)四分法

将原始样本置于一块塑料布,提起塑料布的一角,使饲料反复抖动混合均匀,然后将饲料展平、用分样板或药铲、从中划"十"字或以对角线连接,将样本分成四等分,除去对角的两份,将剩余的两份,如前述混合均匀后,再分成四等份,重复上述过程,直到剩余样本数量与测定所需要的用量接近时为止(见图 4.3)。次级样本缩减为分析样本。该方法可用于粉状、粒状或切短的粗饲料的缩减。

2)等格分取法

适用于青饲料的初级样本的缩减,将初级样本迅速切碎、混匀,铺成正方形,划分为若

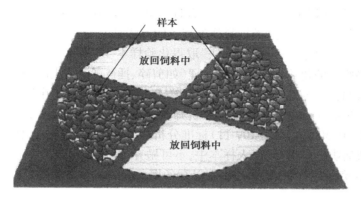

图 4.3　四分法示意图

干小块,取出的样品为次级样本。饲料的差异越大,使采样具有代表性的手续越复杂。

4.1.6　采样报告

每个装实验室样品的容器应当由取样人员封口和盖章,不破坏封口,容器就不能打开。容器也可装入结实的信封或亚麻布、棉或塑料袋中,并进一步封口和盖章,不破坏封口,内容物就不能取出。

标签应附在内含实验室样品的容器上并封口,不破坏封口标签就不能去掉。标签应有采样人和采样单位名称;采样人和采样单位的身份标志;采样的地点、日期和时间;样品材料的标示(名称、等级、规格);样品材料的明示成分;样品材料的商品代码、批号、追踪代码或被抽检样品交付物的确认等标识项目,封口未打开前,标识项目应是可见的。

采样后,应由采样人尽快完成报告。在报告最后,应尽量附上随包装或容器的标签的复印件或交付物单子的复印件。

采样报告至少应包含以下信息:实验室样品标签所要求的信息;采样人的姓名和地址;制造商、进口商、分装商和(或)销售商的名称;货物的多少(质量和体积)。

任务2　样品的制备

样品的制备,简称制样,即把采集的初级样本按一定的方法与要求(如四分法或等格分取法将初级样本缩减,将湿样本制备成风干样,并粉碎、过筛等)进行处理,制成分析样本的过程。

4.2.1　风干样品的制备

饲料中的水分有 3 种存在形式:游离水、吸附水(吸附在蛋白质、淀粉及细胞膜上的水)、结合水(与糖和盐类结合的水)。风干样本是指饲料或饲料原料中不含有游离水,仅有少量的吸附水(15%以下)的样本。主要有籽实类、糠麸类、干草类、秸秆类、乳粉、血粉、鱼粉、肉骨粉及配合饲料等。这类饲料样本制备的方法是:

①缩减样本。将原始样本按"四分法"取得化验样本。

②粉碎。将所得的化验样本经一定处理(如剪碎、捶碎等)后,用样本粉碎机粉碎。

③过筛。按照检验要求,将粉碎后的化验样本全部过筛。例如用于常规营养成分分析时,要求全部通过 0.44 mm(40 目)标准分析筛,用于微量矿物质元素、氨基酸分析时要求全部通过 0.172 ~ 0.30 mm(60 ~ 109 目)标准分析筛,使其具备均质性,便于溶样。对于不易粉碎过筛的渣屑类亦应剪碎,混入样本中,不可抛弃,避免引起误差。粉碎完毕的样本为 200 ~ 500 g,装入磨口广口瓶内,贴上标签保存备用。

4.2.2　半干样品的制备

新鲜饲料往往含有大量的游离水。将新鲜饲料在烘箱中控制温度 60 ~ 65 ℃ 条件下干燥 8 ~ 12 h,然后在室温下回潮达到与周围环境空气湿度保持平衡,此失去的水分为游离水,又称初水分。去掉水分后的样品为半干品。其制备过程可概括为烘干、回潮和称恒重三个过程。同上经缩分、粉碎、过筛制成分析样本,贴上标签保存备用。

4.2.3　样品的登记与保管

每份供实验用的样品都应该存留 3 份,全部样品均应注明样品编号和名称、用塑料袋或容器密封,封条上应有采样单位及被采样单位签章和各方签名,注明年、月、日。封存好的样品应该留一份给被采样单位,并叮嘱保存方法及保存时间。保存的样品供复检时使用。

1) 样品的登记

制备好的样本置于干燥且洁净的磨口广口瓶内,作为化验样本,并在样本瓶上登记如下内容:

①样本名称(一般名称、学名和俗名)和种类(品种、种类等级);

②生长期(成熟程度)收获期,茬次;

③调制和加工方法及贮存条件;

④外观性状及混杂度;

⑤采样地点和采集部位;

⑥生产厂家和出厂日期;

⑦采样人、制样人和分析人的姓名。

2) 样品的保管

样品应避光保存,并尽可能低温保存,并做好防虫措施。

样品保存时间的长短依据样品的用途而定。一般饲料原料样品应保留 6 个月,配合饲料保留 4 个月,浓缩料 6 个月,预混料及饲料添加剂一年,也可长期保存。长期保存的样品可用锡铝纸软包装,经抽真空充氮气后密封,在冷库中保存备用。

复习思考题)))

一、名词解释

1. 分析样本　　　　2. 风干样品　　　　　3. 半干样品

4. 四分法　　　　　5. 初水分　　　　　　6. 饲料样品的采集

二、填空题

1. 饲料中的水分有 3 种存在形式:(　　)水、(　　)水和(　　)。风干样本中不含有(　　)水,含少量(　　)水。

2. 粉碎后的化验样本全部过筛。例如用于常规营养成分分析时,要求全部通过(　　)目标准分析筛,0.44 mm 标准分析筛相当于(　　)目,0.30 mm 标准分析筛相当于(　　)目。

3. 半干样品制备的温度为(　　),其制备过程可概括为(　　)、(　　)和(　　)3 个过程。

三、判断题

1. 饲料样本的保存时间取决于饲料分析进度的快慢。　　　　　　　　(　　)

2. 在饲料采样过程中,采集的样本数越多,代表性越高。　　　　　　(　　)

3. 试样取两个平行样进行测定时,相对偏差越小越好。　　　　　　　(　　)

4. 目数越大的筛子筛孔越大。　　　　　　　　　　　　　　　　　(　　)

5. 饲料原始样本要保证在 2 g 以上。　　　　　　　　　　　　　　(　　)

6. 由一种饲料中采集供给分析的样本称之为原始样品。分析试样细度应通过 20 目筛。　　　　　　　　　　　　　　　　　　　　　　　　　　　　(　　)

7. 在采样记录中,一般不用记录样品的采样地点。　　　　　　　　　(　　)

8. 如果采样错误,则即使以后的分析步骤、分析方法再准确,其分析结果都毫无意义。　　　　　　　　　　　　　　　　　　　　　　　　　　　　(　　)

9. 在制样过程中,对于不易粉碎过筛的渣屑类可以抛弃。　　　　　　(　　)

四、问答题

1. 饲料分析样本采集的基本要求有哪些?

2. 饲料样品的保存目的是什么? 包含哪些要点?

3. 现要求对某企业成品库袋装禽用配合饲料相关营养成分进行质量抽查,请叙述如何完成采样。

4. 简述半干样品的制备原理。

项目5
饲料中常规成分分析

项目导读： 饲料常规成分分析也称饲料的概略养分分析，即利用化学的基本原理和方法，通过对饲料中的常规成分进行分析测定，为准确评价饲料原料或产品的质量提供可靠的数据。在本部分内容学习中，以我国有关的国家标准方法为基础，介绍饲料中常规成分的分析方法。

目前，国际上通用的是德国 Weende 试验站两位科学家创立的"饲料概略养分分析法"（见图5.1）。用该方法测得的各种营养物质的含量，并非化学上某种确定的化合物，故也有人称之为"粗养分"。尽管这一套分析方案还存在某些不足或缺陷，但长期以来，这套方法在科研和教学中被广泛采用，用该分析方案所获数据在动物营养与饲料的科研、生产中起到了十分重要的作用，因此一直沿用至今，目前仍然是国际标准化组织、美国分析化学家协会及中华人民共和国国家标准制定的重要基础。随着科学技术的不断发展，一些新的有关饲料成分的分析测定方法不断发展和改进，逐渐形成了国际、中国或行业通用的标准方法。

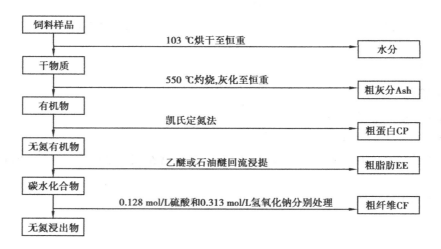

图 5.1 营养概略分析方案流程图

任务1 饲料中总水分的测定(烘箱干燥法)

水是动物不可缺少的营养物质之一,具有重要的营养生理功能。水分的测定是比较不同饲料营养价值的基础。不同种类的饲料其含水量不同,干物质的含量不同,因而其营养价值不同。饲料中水分含量高,会限制干物质的进食量。另外,饲料水分含量过高,容易被微生物污染,造成饲料发霉、酸败腐烂。因此,饲料的原料和产品标准均对其水分含量做了一定的规定。饲料中水分的测定是监测饲料质量的重要手段之一。

不同的饲料其物质组成存在差异,水分的测定方法也不同。饲料中水分含量测定常用的方法主要有:加热干燥法(烘箱干燥法、真空干燥法)、冷冻干燥法、蒸馏法和近红外光谱法等。生产实践中,一般的饲料原料和产品,采用最多的是加热干燥法,该方法也是我国目前采用的国家标准。在这里主要介绍加热干燥法测定饲料中总水分的方法。

5.1.1 适用范围

本方法适用于配合饲料和单一饲料中水分和其他挥发性物质含量的测定,但用做饲料的奶制品、动植物油脂和矿物质除外。

5.1.2 测定原理

饲料样品在(103 ± 2)℃烘箱内,在1个大气压下烘干,直至恒重,逸失的重量为总水分。

5.1.3 仪器和设备

①实验室用样品粉碎机或研钵;
②分样筛:孔径0.44 mm(40目);
③分析天平:感量0.000 1 g;
④电热式恒温烘箱:可控制温度为(103 ± 2)℃,真空度可达13 kPa;
⑤称样皿:玻璃或铝质,高25 mm以下,带盖,其表面积能使样品铺开约0.3 g/cm²;
⑥干燥器:用氯化钙(干燥试剂)或变色硅胶作干燥剂;
⑦砂:经酸处理。

5.1.4 试样的选取和制备

选取具有代表性的试样,其原始样量在1 kg以上,用四分法缩减至200 g,粉碎至40目,装于密封容器中,防止试样成分的变化。

如试样为多汁的鲜样,或无法粉碎时,应预先干燥处理,称取试样 200 ~ 300 g,置于已知质量的培养皿中,在 103 ℃ 烘箱中烘 15 min,立即降至 65 ℃,烘干 5 ~ 6 h。取出后,在室内空气中冷却 1 h,称重,即得风干试样。重复上述操作,直到两次称重之差不超过 0.5 g 为止。

5.1.5 测定步骤

1)称样

称取试样 2 ~ 5 g(含水量 0.1 g 以上,样厚 4 mm 以下)于称量瓶中,准确至 1 mg,并摊匀。

2)测定

(1)烘箱干燥法

将称量瓶盖放在下面或边上与称量瓶一同放入 103 ℃ 烘箱中,当烘箱温度达 103 ℃ 后,干燥(4 ± 0.1)h。将盖盖上,从烘箱中取出,在干燥器中冷却至室温。称重,准确至 1 mg。以油脂为主要成分的饲料应在 103 ℃ 烘箱中再干燥(30 ± 1)min。两次称重的结果相差不应大于试样质量的 0.1%,如果大于 0.1%,用真空干燥法测定。

(2)真空干燥法

将称量瓶盖放在下面或边上与称量瓶一同放入 80 ℃ 的真空干燥箱中,减压至 13 kPa。通入干燥空气或放置干燥剂干燥试样。在放置干燥剂的情况下,当达到设定的压力后断开真空泵。在干燥过程中保持所设定的压力。当干燥箱温度达到 80 ℃ 后,加热(4 ± 0.1)h,小心地将干燥箱恢复至常压。打开干燥箱,立即将称量瓶盖盖上,从干燥箱中取出,放入干燥器中冷却至室温称量,准确至 1 mg。

将试样再次放入 80 ℃ 的真空干燥箱中干燥(30 ± 1)min,直至连续两次干燥质量变化之差小于其质量的 0.2%。

5.1.6 数据记录与结果计算

1)数据记录

表 5.1　饲料中总水分测定结果记录

测定时间:＿＿＿＿＿＿　　　实验小组及成员:＿＿＿＿＿＿＿＿＿＿

饲料样品名称	编号	已恒重的称样皿重 W_0/g	烘干前称量瓶和试样质量 W_1/g	烘干后称量瓶和试样质量 W_2/g	总水分/%

2）结果计算

（1）未作预处理的样品按下式计算：

$$水分（\%）= \frac{W_1 - W_2}{W_1 - W_0} \times 100\%$$

式中　W_0——已恒重的称样瓶质量，g；

W_1——烘干前称量瓶和试样质量，如使用砂和玻璃棒，也包括砂和玻璃棒的质量，g；

W_2——烘干后称量瓶和试样质量，如使用砂和玻璃棒，也包括砂和玻璃棒的质量，g。

（2）经过预处理的样品按下式计算：

原试样总水分（\%）= 预干燥减重（\%）+［100 - 预干燥减重（\%）］× 风干试样水分（\%）

5.1.7　重复性

每个试样应取两个平行样进行测定，取其算术平均值作为结果，两个平行测定结果的相对偏差不大于 0.2\%，否则重新测定。

5.1.8　注意事项

①在整个操作过程中，拿放称量皿时应佩戴手套，不能用手直接接触称量瓶。

②样品在称样皿中的厚度不超过 4 mm，应平摊，局部厚度过高难以干燥完全，导致结果偏低。

③样品烘干时，称量皿盖要打开侧放或者放于旁边，冷却和称量时应将盖盖严；烘干的过程中不能放潮湿的物品入烘箱，以免样品再次吸入水分增重，使结果偏低。

④含脂肪高的试样（脂肪易氧化）和含糖分高的试样（易焦化），应使用真空干燥法测定水分。

⑤干燥后称量速度要快，称量时间过长使样品易吸水增重导致检测结果偏低，且先取出的先称量，尽量保证样品取出后的时间一致。

⑥干燥器内的硅胶要保持蓝色，变色必须更换。

任务 2　凯氏定氮法测定饲料中的粗蛋白

蛋白质是生命的物质基础，是生物细胞的重要组成成分，具有重要的营养生理功能，其在动物体中的作用是不能用其他的物质所替代的。蛋白质也是饲料中的重要营养指标，其含量的高低与饲料的营养价值有密切的关系。因此，饲料中蛋白质的含量一般是评定饲料营养价值和评价饲料品质的必测项目之一。

测定蛋白质的方法很多，在饲料行业常用的标准方法为 19 世纪初由丹麦人凯道尔（J. Kjedahl）建立的经典方法——凯氏定氮法，即首先测定出饲料中的含氮量，乘以一定的系数

换算成蛋白质的含量。一般蛋白质中含氮量平均为16%，因此，将饲料中含氮量换算成粗蛋白质含量的系数一般为6.25。但实际上，因为饲料组成较为复杂，含有多种原料成分，不同的成分其氮折算系数差异较大，导致粗蛋白含量与实际蛋白含量存在较大差异。GB/T 5009.5—2010（食品安全国家标准——食品中蛋白质的测定）规定氮折算蛋白质系数如下：乳及乳制品，6.38；玉米、高粱，6.24；花生，5.46；大豆及粗加工制品，5.71；肉及肉制品，6.25。

该方法是我国目前采用的国家标准方法，但该方法测定出的含氮量，除了来源于蛋白质之外，还包括铵盐、部分硝酸盐和亚硝酸盐、氨基酸、核酸、生物碱、含氮脂类以及含氮的色素等非蛋白氮化合物中的氮，不能区别蛋白氮和非蛋白氮，不法分子就是利用这一缺点在饲料中非法添加尿素、三聚氰胺等非蛋白氮以增加饲料中的粗蛋白含量，因此对于蛋白原料，除了检测其粗蛋白外，还要检测真蛋白、三聚氰胺等非蛋白氮指标。

5.2.1 适用范围

本方法适用于配合饲料、浓缩饲料和单一饲料等粗蛋白质的测定。

5.2.2 测定原理

饲料中的有机物质在催化剂（如硫酸铜或硒粉）的作用下，用浓硫酸进行消化，使蛋白质和其他无机状态的氮都转变成氨气，并被浓硫酸吸收变成硫酸铵；而非含氮物质则以二氧化碳、水、二氧化硫的气体状态逸出。消化液在浓碱的作用下进行蒸馏，释放出的氨气用硼酸吸收并结合成硼酸铵，以甲基红和溴甲酚绿作为混合指示剂，用盐酸标准溶液进行滴定，根据消耗盐酸的体积，计算出氮的含量，根据不同的饲料乘以一定的系数（通常为6.25），即为粗蛋白质的含量。上述过程的化学反应表示如下：

饲料中的蛋白氮及非蛋白氮 $+ H_2SO_{4(浓)} \xrightarrow{\triangle} (NH_4)_2SO_4 + CO_2 \uparrow + SO_2 \uparrow + H_2O$

$(NH_4)_2SO_4 + 2NaOH \xrightarrow{\triangle} Na_2SO_4 + 2H_2O + 2NH_3 \uparrow$

$NH_3 + 4H_3BO_3 \longrightarrow NH_4H_2BO_3$

$NH_4H_2BO_3 + HCl \longrightarrow NH_4Cl + H_3BO_3$

5.2.3 试剂

①硫酸：含量为98%，无氮。
②混合催化剂1：40 g 五水硫酸铜，600 g 硫酸钾或硫酸钠，磨碎混匀。
③混合催化剂2：40 g 五水硫酸铜，600 g 无水硫酸钠，0.64 g 硒粉（1‰），磨碎混匀。
④400 g/L 氢氧化钠：400 g 氢氧化钠，溶于1 000 mL 水中。
⑤20 g/L 硼酸：20 g 硼酸溶于1 000 mL 水中。
⑥混合指示剂：甲基红0.1%乙醇溶液，溴甲酚绿0.5%乙醇溶液，两溶液等体积混合，在阴凉处保存期为三个月。

⑦盐酸标准溶液:按附录 8 标定。

A. 盐酸标准溶液 $C(HCl)=0.1$ mol/L。8.3 mL 盐酸,注入 1 000 mL 蒸馏水中。

B. 盐酸标准溶液 $C(HCl)=0.02$ mol/L。1.67 mL 盐酸,注入 1 000 mL 蒸馏水中。

⑧蔗糖:分析纯。

⑨硫酸铵:分析纯,干燥。

⑩硼酸吸收液:10 g/L 硼酸水溶液 1 000 mL,加入 1 g/L 溴甲酚绿乙醇溶液 10 mL,1 g/L 甲基红乙醇溶液 7 mL,40 g/L 氢氧化钠水溶液 0.5 mL,混合,置阴凉处,保存期为一个月(全自动程序用)。

5.2.4   仪器和设备

①实验室用样品粉碎机或研钵。

②分样筛:孔径 0.45 mm(40 目)。

③分析天平:感量 0.000 1 g。

④消煮炉或电炉。

⑤滴定管:酸式,25 mL。

⑥凯氏烧瓶:100、250 mL。

⑦凯氏蒸馏装置:半微量水蒸气蒸馏式。

⑧锥形瓶:150、250 mL。

⑨容量瓶:100 mL。

⑩消煮管:250 mL。

⑪定氮仪:以凯氏原理制造的各类型半自动半微量凯氏定氮仪。

5.2.5   试样的选取和制备

选取具有代表性的试样用四分法缩减至 200 g,粉碎后全部通过 40 目筛,装于密封容器中,防止试样成分的变化。

5.2.6   测定步骤

检测流程如下:

样品制备 $\xrightarrow[\text{粉碎至 40 目}]{\text{取有代表性试样}}$ 称样 $\xrightarrow[\text{含氮量 5~80 mg}]{\text{称取 0.5~1 g 试样}}$ 加催化剂和浓硫酸 $\xrightarrow[\text{12 mL 浓硫酸}]{\text{6.4 g 催化剂 1 或 3.5 g 催化剂 2}}$

消化 $\xrightarrow[\text{或消化管 420 ℃ 消化 1 h}]{\text{凯氏烧瓶澄清后再消化 2 h}}$ 蒸馏 $\xrightarrow[\text{加入凯氏定氮仪蒸馏,硼酸吸收}]{\text{凯氏烧瓶转移至容量瓶定容}}$ 滴定

1)仲裁法(半微量凯式定氮法)

(1)试样的消煮

称取试样 0.5~1 g(含氮量 5~80 mg)准确至 0.000 2 g,放入凯氏烧瓶中,加入 6.4 g 混合催化剂 1 或 3.5 g 混合催化剂 2,与试样混合均匀,再加入 12 mL 硫酸,将凯氏烧瓶置

于电炉上加热,开始小火,待样品焦化,泡沫消失后,再加强火力(360～410 ℃)直至呈透明的蓝绿色,然后再继续加热至少2 h。

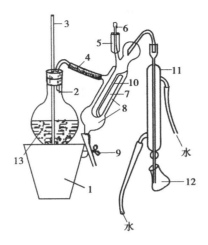

图5.2　半微量凯氏定氮仪

1—电炉;2—水蒸气出口;3—安全管;
4—水蒸气导管;5—小玻杯;6—棒状玻塞;
7—反应室;8—反应室外层;
9—橡皮管及螺丝夹;10—液体导管;
11—冷凝管;12—蒸馏液接收三角瓶;
13—水蒸气发生器

(2)氨的蒸馏——半微量蒸馏法

将试样消煮液冷却,加入20 mL 蒸馏水,用漏斗完全转入100 mL 容量瓶中,冷却后用水稀释至刻度,摇匀,作为试样分解液。将半微量蒸馏装置(见图5.2)的冷凝管末端浸入装有20 mL 硼酸吸收液和2 滴混合指示剂的锥形瓶内。蒸气发生器的水中应加入甲基红指示剂数滴,硫酸数滴,在蒸馏过程中保持此液为橙红色,否则需补加硫酸。准确移取试样分解液10～20 mL 注入蒸馏装置的反应室中,用少量蒸馏水冲洗进样入口,塞好入口玻璃塞,再加10 mL 左右的氢氧化钠溶液,小心提起玻璃塞使之流入反应室,至溶液颜色变成黑褐色,迅速将玻璃塞塞好,且在入口处加水密封,防止漏气。蒸馏4 min 降下锥形瓶使冷凝管末端离开吸收液面,再蒸馏1 min,用蒸馏水冲洗冷凝管末端,洗液均流入锥形瓶内,然后停止蒸馏。

(3)滴定

蒸馏后的吸收液立即用0.02 mol/L 盐酸标准溶液滴定,溶液由蓝绿色变成灰红色为终点。

2)定氮仪分析法(推荐方法)

(1)试样的消煮

称取0.5～1 g 试样(含氮量5～80 mg)准确至0.000 2 g,放入消化管中,加2 片消化片(仪器自备)或6.4 g 混合催化剂1 或3.5 g 混合催化剂2,12 mL 硫酸,于420 ℃下在消煮炉上消化1 h(或按仪器规定时间消化)。取出放凉后加入30 mL 蒸馏水。

(2)氨的蒸馏

采用全自动定氮仪时(见图5.3),按仪器本身常量程序进行测定。

采用半自动定氮仪时,将带消化液的管子插在蒸馏装置上,以25 mL 硼酸为吸收液,加入2 滴混合指示剂,蒸馏装置的冷凝管末端要浸入装有吸收液的锥形瓶内,然后向消煮管中加入50 mL 氢氧化钠溶液进行蒸馏。蒸馏时间以吸收液体积达到150 mL 时为宜。降下锥形瓶,用蒸馏水冲洗冷凝管末端,洗液均需流入锥形瓶内。

图5.3　全自动凯氏定氮仪及消化炉

（3）滴定

用 0.1 mol/L 的盐酸标准溶液滴定吸收液,溶液由蓝绿色变成灰红色为终点。

3）空白测定

称取蔗糖 0.5 g,代替试样,按以上步骤进行空白测定,消耗 0.1 mol/L 盐酸标准溶液的体积不得超过 0.2 mL,消耗 0.02 mol/L 盐酸标准溶液体积不得超过 0.3 mL。

4）蒸馏步骤的检验

精确称取 0.2 g 硫酸铵,代替试样,按氨的蒸馏步骤进行操作,测得硫酸铵含氮量为 $(21.19 \pm 0.2)\%$,否则应检查加碱、蒸馏和滴定各步骤是否正确。

5.2.7　测定结果记录与计算

1）数据记录

表 5.2　饲料中粗蛋白测定结果记录

标准溶液浓度:_____　　测定时间:_____　　实验小组及成员:_____

饲料样品名称	编号	风干样品重 m/g	滴定试样消耗盐酸溶液体积 V_2/mL	空白试验消耗盐酸溶液体积 V_1/mL	吸取试样分解液蒸馏用体积 V'/mL	CP%

2）粗蛋白的计算

$$粗蛋白质（\%）= \frac{(V_2 - V_1) \times C \times 0.014 \times 6.25}{m \times \dfrac{V'}{V}} \times 100\%$$

式中　V_2——滴定试样时所需标准酸溶液体积,mL;

V_1——滴定空白时所需标准酸溶液体积,mL;

C——盐酸标准溶液浓度,mol/L;

m——试样质量,g;

V——试样分解液总体积,mL;

V'——试样分解液蒸馏用体积,mL;

0.014——氮的毫摩尔质量,g/mmol;

6.25——氮换算成蛋白质的平均系数。

5.2.8　重复性

每个试样取两个平行样进行测定,以其算术平均值为结果。当粗蛋白质含量在 25% 以上时,允许相对偏差≤1%;当粗蛋白质含量为 10% ~25% 时,允许相对偏差≤2%;当粗蛋

白质含量在 10% 以下时,允许相对偏差 ≤3% 。

例:鱼粉的粗蛋白为 62% ,则允许检测结果在 62% ±0.62% 内。即:61.38% ~62.62% 。

5.2.9 影响检测效果的因素

影响样品检测效果的因素较多,如样品均匀度、样品性质、样品称量量、硫酸量、催化剂配比和用量、氢氧化钠用量、消化温度,消化时间等。

1)样品的分解条件

在消化过程中为了加速分解过程,缩短消化时间,常加入以下物质。

(1)无水硫酸钾或无水硫酸钠

无水硫酸钾的作用是提高浓硫酸的沸点,使消化效力提高。浓硫酸的沸点为 317 ℃ ,加入无水硫酸钾后,硫酸沸点可增至 325 ~341 ℃ 。

消化过程中,随着硫酸的不断分解,水分的不断蒸发,硫酸钾的浓度逐渐增大,则沸点升高,加速了对有机物的分解作用。无水硫酸钠的作用同无水硫酸钾,但不及无水硫酸钾的效果好,但因硫酸钾的成本高于硫酸钠,故饲料企业一般选用硫酸钠。

(2)催化剂

①硫酸铜:以硫酸铜作为催化剂,其反应如下:

$$C(有机物质) + 2CuSO_4 \longrightarrow Cu_2SO_4 + SO_2 \uparrow + CO_2 \uparrow$$

$$Cu_2SO_4 + 2H_2SO_4 \longrightarrow 2CuSO_4 + 2H_2O + SO_2 \uparrow$$

在有机物全部消化后,这时溶液具有清澈的蓝绿色。硫酸铜除有催化作用外,还可在下一步蒸馏时做碱性反应的指示剂。

②硒粉:催化效能较强,可大大缩短消化时间。

$$Se + 2H_2SO_4 \longrightarrow H_2SeO_3 + 2SO_2 \uparrow + H_2O$$

$$H_2SeO_3 \longrightarrow SeO_2 + H_2O$$

硒粉用量不宜过多,消化时间不可过久,同时要小心控制消化温度,否则将引起氮元素的损失。

2)氢氧化钠的作用及用量控制

在消化过程中,过量的浓硫酸使消化液呈较强的酸性,而在蒸馏过程中,需要在碱性条件下氢氧化钠才能与消化生成的硫酸铵反应生成氨气。因此在蒸馏时,加入的氢氧化钠首先要中和过量的硫酸,当溶液中的氢离子完全被中和后,氢氧化钠再与硫酸铜反应生成黑褐色沉淀,指示溶液呈碱性,略微再过量一点,停止加入,氢氧化钠开始与硫酸铵反应生成氨气,计时从硫酸铜变色开始。其间发生的反应方程如下:

$$2NaOH + H_2SO_4 \longrightarrow Na_2SO_4 + H_2O$$

$$2NaOH(过量) + CuSO_4 \rightarrow Na_2SO_4 + Cu(OH)_2$$
$$\xrightarrow{\triangle} CuO \downarrow (黑褐色) + H_2O$$

$$2NaOH + (NH_4)_2SO_4 \xrightarrow{\triangle} Na_2SO_4 + 2H_2O + 2NH_3 \uparrow$$

当氢氧化钠加入速度过快,量过大时,瞬间生成大量的氨,来不及溢出,与溶液中的硫酸铜生成稳定的深蓝色的配位化合物,呈现深蓝色溶液,如果加热也不消失,则会使测定结

果偏低,此时应终止反应,重新进行测定。生成配位化合物的反应式如下:

$$4NH_3 + Cu^{2+} \longrightarrow [Cu(NH_3)_4]^{2+}(深蓝色溶液)$$

5.2.10　注意事项

①样品的抽取一定要具有代表性,并严格按四分法制取。标准中要求样品粉碎后须全部通过40目分析筛,样品的粉碎粒度要尽量细和均匀,若粉碎细度未达到要求,会导致粗蛋白检测结果偏低。

②饼粕类(棉粕、菜粕、豆粕)须用凯氏烧瓶消化。

③样品消化过程中,一定要将凯氏烧瓶或消化管放入通风柜中,并注意控制好消化温度,不要将消化液溢出或蒸干。消煮的温度以硫酸蒸气在瓶颈上部1/3处冷却回流为宜。如果瓶壁沾有黑色固体,小心取下凯氏烧瓶冷却后,轻轻摇动凯氏烧瓶,使其内的消化液将黑色固体洗下。

④在消化过程中如果硫酸消耗过多,将影响试样的消化,一般在凯氏烧瓶口插入一个小漏斗,以减少硫酸的损失。

⑤蒸馏前应将盛有接收液的锥形瓶首先放入冷凝管下再开始加氢氧化钠,防止反应产生的氨气损失,半微量凯氏定氮法在加氢氧化钠时通过轻微转动活塞让液体慢慢流入反应室,不可将活塞提起,也不可将氢氧化钠完全加完,整个过程要保证密封,防止生成的氨从加样杯口溢出,而蒸馏完毕后应先将锥形瓶取下,然后关闭蒸气,以免接收液倒流。

任务3　饲料中粗脂肪的测定(索氏提取法)

脂肪是饲料中的三大有机物质之一,是动物体和饲料的重要组成成分,具有重要的营养生理功能。脂肪含量较高的饲料具有较高的生理热能,但该类饲料贮存过久,其中的脂肪经光、热、水、空气或微生物的作用,容易产生酸败。酸败的脂肪有刺激性异味,影响饲料的适口性,并且脂肪酸败的产物如低分子的醛、酮对动物有一定毒性,可能会引起动物的中毒。因此,准确测定饲料的脂肪具有重要的意义。

脂肪的测定方法较多,有索氏提取法、巴布科克法、盖勃氏法等,饲料脂肪的测定通常采用索氏提取法,即将试样放在特制的仪器中,用脂溶性溶剂(乙醚、石油醚等)反复抽提,可把脂肪抽提出来,抽提出的物质除脂肪外,还有一部分类脂物质也被浸出,如游离脂肪酸、磷脂、蜡、色素以及脂溶性维生素等,所以称为粗脂肪。

索氏提取法适用于脂类含量较高,结合态的脂类含量较少,能烘干磨细,不易吸湿结块的样品的测定。对于结合态脂类含量较高的试样,需要水解成为游离态的脂肪后再浸提;如果试样不易粉碎,或因脂肪含量高(超过20%)而不易获得均质的缩减的试样,应预先用石油醚浸提。

索氏提取法包括增重法(称抽提瓶重量)和减重法(称滤纸包重量)。增重法检测结果

准确性高,是仲裁法,但其实验时间长,占用设备多,故对于样品量较大的饲料企业化验室,常采用减重法做批量检测。

5.3.1　适用范围

本方法适用于各种混合饲料、配合饲料、浓缩饲料及单一饲料中粗脂肪的测定。

5.3.2　测定原理

根据脂肪不溶于水而溶于有机溶剂的特点,在特定的仪器(索氏(Soxhlet)脂肪提取器、脂肪测定仪等)中用石油醚或乙醚等有机溶剂反复浸提一定质量试样中的脂肪,被浸提出的脂肪收集于脂肪接收瓶中,根据浸提前后脂肪接收瓶质量的增加或滤纸包的质量减少之差,即可计算出饲料样品中的脂肪含量。由于提取成分除脂肪外还有有机酸、磷脂、脂溶性维生素、叶绿素等,因而测定结果称粗脂肪或乙醚提取物。

5.3.3　试剂

①石油醚:主要由具有 6 个碳原子的碳氢化合物组成,国产石油醚沸点范围一般为 $30 \sim 60$ ℃。

②丙酮。

③盐酸:$C(\mathrm{HCl}) = 3\ \mathrm{mol/L}$。

④滤器辅料:例如硅藻土,在盐酸($C(\mathrm{HCl}) = 6\ \mathrm{mol/L}$)中消煮 30 min,用水洗至中性,然后在 130 ℃下干燥。

5.3.4　仪器与设备

①索氏脂肪提取器:虹吸容积 100 mL,或用其他循环提取器。

②电热恒温水浴锅:室温至 100 ℃。

③电热鼓风干燥箱:温度能恒定在(103 ± 2)℃。

④热真空箱:温度能恒定在(80 ± 2)℃,并减压至 13.3 kPa 以下,配有引入干燥空气的装置,或内盛干燥剂,例如氧化钙。

⑤滤纸或滤纸筒:中速,脱脂。

5.3.5　试样的选取和制备

取具有代表性的样品,用四分法缩减至 200 g,粉碎至 40 目,充分混匀,装于密封容器中,防止试样成分的变化或变质。

5.3.6 测定步骤

检测流程:称样→包扎滤纸包→干燥滤纸包→抽提→干燥滤纸包(抽提瓶)→称重

1)增重法(称脂肪接收瓶重量)

(1)仪器准备

将索氏脂肪提取器洗净、烘干(索氏脂肪提取器结构如图5.4 所示)。加有金刚砂的脂肪烧瓶在(103 ± 2) ℃烘箱中烘干至恒重,称量得 M_1,同时记下烧瓶的编号。

(2)样品处理

①一般饲料样品。称取试样 1 ~ 2 g(准确至 1 mg),用滤纸包好,并用铅笔注明编号,于(103 ± 2) ℃烘箱中烘干 2 h。滤纸包长度应以可全部浸泡于石油醚中为准。

②含结合态脂肪较高的试样,包括纯动物性饲料;脂肪不经预先水解不能提取的纯植物性饲料,如谷蛋白、酵母、大豆及马铃薯蛋白以及加热处理的饲料;含有一定数量加工产品的配合饲料,其脂肪含量至少有 20% 来自这些加工产品。以上样品的水解步骤为:称1 ~ 5 g 样品 + 金刚砂和 3 mol/L 盐酸 100 mL→微沸 1 h→冷却→过滤→洗至中性→80 ℃真空干燥 60 min。

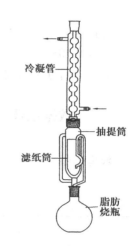

图 5.4 索氏脂肪提取器

称取试样 1 ~ 5 g(准确至 1 mg)于一个 400 mL 烧杯或300 mL 的锥形瓶中,加 3 mol/L 盐酸 100 mL 和一些金刚砂,用表面皿覆盖烧杯,或将锥形瓶与回流冷凝器连接,在电炉上或电热板上加热混合物至微沸,保持 1 h,每 10 min 旋转摇动一次,防止产物粘附于容器壁上。在室温下冷却,用加有一定量的硅藻土(防止过滤时脂肪流失)和湿润的无脂双层滤纸的布氏漏斗抽吸过滤,残渣用冷水洗涤至中性。将含有残渣的双层滤纸叠成滤纸包或放入滤纸筒内,并用铅笔注明编号,在 80 ℃电热真空箱中于真空条件下干燥 60 min,取出备用。

(3)抽提

将滤纸包放入抽提管中,并加入石油醚 60 ~ 100 mL,在 60 ~ 75 ℃的水浴中加热,使石油醚回流,控制石油醚回流次数为每小时约 10 次,提取 6 h(含油高的试样提取 7 h)或检查抽提管流出的石油醚滴在滤纸上挥发后不留下油迹为抽提终点。

(4)石油醚回收

取出滤纸包,使石油醚再回流 1 ~ 2 次,以冲洗抽提管中残留的脂肪。然后继续使脂肪烧瓶中的石油醚蒸发,当抽提管中的石油醚聚集到虹吸管 2/3 高度时,取下抽提管,将石油醚倒入回收瓶中,如此反复操作,直至烧瓶中石油醚几乎全部收完,取下烧瓶。

(5)烧瓶干燥称重

加 2 mL 丙酮至脂肪烧瓶中,转动烧瓶并在水浴上缓慢加温以除去丙酮,擦净瓶外壁,烧瓶在 103 ℃干燥箱中干燥(10 ± 0.1) min,在干燥器中冷却,称量得 M_2,准确至 0.1 mg;或蒸馏除去溶剂,烧瓶在 80 ℃电热真空箱中真空干燥 1.5 h,在干燥器中冷却,称量得 M_2,准确至 0.1 mg。

2)减重法(称滤纸包重量)(样品处理同增重法)

称取试样 1~5 g(准确至 1 mg),用滤纸包好,滤纸包长度应以可全部浸泡于石油醚中为准。用铅笔注明编号,于(103±2)℃烘箱中烘干 2 h,在干燥器中冷却 30 min,称量得 M_3,将滤纸包放入抽提管中,并加入石油醚 60~100 mL,在 60~75 ℃的水浴中加热,使石油醚回流,控制石油醚回流次数为每小时约 10 次,提取 6 h(含油高的试样提取 7 h)或检查抽提管流出的石油醚滴在滤纸上挥发后不留下油迹为抽提终点。

当脂肪浸提干净后取出滤纸包,置于干净表面皿上晾干 20~30 min,然后装入同号码称量瓶中,置(103±2)℃烘箱中烘干至恒重,在干燥器中冷却,称量得 M_4,准确至 0.1 mg。并按增重法相同方法回收石油醚。

5.3.7 数据记录与结果计算

1)数据记录

表 5.3 饲料中粗脂肪测定结果记录(增重法)

测定时间:_____ 实验小组及成员:_____

饲料样品名称	编号	风干样品重 W/g	金刚砂+烧瓶 103 ℃烘干质量 M_1/g	金刚砂+烧瓶+石油醚浸提物 103 ℃烘干质量 M_2/g	粗脂肪含量/%

表 5.4 饲料中粗脂肪测定结果记录(减重法)

测定时间:_____ 实验小组及成员:_____

饲料样品名称	编号	风干样品重 W/g	试样+滤纸包浸提前 103 ℃烘干质量 M_3/g	试样+滤纸包浸提后 103 ℃烘干质量 M_4/g	粗脂肪含量/%

2)结果计算

增重法按下式计算:

$$X(EE)(\%) = \frac{M_2 - M_1}{W} \times 100$$

式中 M_1——加有金刚砂的脂肪烧瓶质量,g;

M_2——加有金刚砂的脂肪烧瓶和石油醚浸提物的质量,g;

W——试样质量,g。

减重法按下式计算:

$$X(EE)(\%) = \frac{M_3 - M_4}{W} \times 100$$

式中　M_3——装有试样的滤纸包浸提前质量,g;

　　　M_4——装有试样的滤纸包或筒浸提后质量,g;

　　　W——试样质量,g。

5.3.8　允许差

每个试样取两平行样进行测定,以其算术平均值为结果。粗脂肪含量在 10% 以上(含 10%)允许相对偏差≤3%,粗脂肪含量在 10% 以下时,允许相对偏差≤5%。

5.3.9　注意事项

①有机溶剂是易燃品,全部操作应远离明火,更不能用明火加热。

②测定用样品、浸提器、浸提用有机溶剂都需要进行脱水处理。浸提体系中有水,会使样品中的水溶性物质溶出,导致测定结果偏高,且浸提溶剂易被水饱和(尤其是乙醚,可饱和约 2% 的水),从而影响浸提效率;样品中含水分则浸提溶剂不易渗入细胞组织内部,导致脂肪浸提不完全。

③装样品的滤纸包一定要严密,不能往外漏样品,但也不要包得太紧影响溶剂渗透。

④溶剂选择:乙醚溶解脂肪能力强于石油醚,但能被 2% 的水饱和,含水乙醚抽提能力降低,且易使非脂成分溶解而被浸提出来,使结果偏高(糖蛋白质等);乙醚若放置时间过长,会产生过氧化物,过氧化物不稳定,会导致脂肪氧化,在烘干时也有引起爆炸的危险;而且乙醚是麻醉剂,对人体有一定毒害。石油醚溶解脂肪的能力比乙醚弱些,但吸收水分比乙醚少,使用时允许样品含有微量水分,它没有胶溶现象,不会夹带胶溶淀粉、蛋白质等物质;易燃性比乙醚低。采用石油醚提取剂,测定值比较接近真实值。

⑤在浸提时,冷凝管上端最好连接一个氯化钙干燥管或塞一团干燥的脱脂棉球,可防止空气中水分进入并避免有机溶剂挥发在空气中。

⑥在浸提过程中不时观察石油醚回流速度,回流速度慢,抽提时间应延长。

⑦试样浸提完毕后需将脂肪烧瓶中石油醚在水浴上完全蒸发挥净(滤纸包在表面皿上晾干 20~30 min,使吸附的石油醚挥发干净)后再放入烘箱中,若石油醚未挥净将烧瓶(滤纸包)放入烘箱会有爆炸的危险。

⑧样品和醚浸出物在烘箱中干燥时,时间和温度要适宜,过高的温度和过长的时间容易使不饱和脂肪酸氧化增重或低级游离脂肪酸挥发失重。

⑨所有样品包装及称量操作者都要戴乳胶或一次性手套,编号要用铅笔。

⑩抽提时,滤纸包的高度不可超过虹吸管。

⑪粗脂肪的测定也可采用脂肪测定仪测定,依各仪器操作说明书进行测定。

任务4　饲料中粗纤维的测定

　　粗纤维是植物性饲料中细胞壁的主要成分,在碳水化合物中属于结构性多糖。粗纤维不是一个固定的或明确的化学实体,其主要成分为纤维素,并含有半纤维素、木质素和果胶等,是一组难以被动物消化利用的物质。粗纤维含量高的饲料一般营养价值较低,质量较差。饲料中的粗纤维还会影响其他营养物质的利用率,特别是用于单胃动物如猪和鸡时。因此,饲料中的粗纤维含量的分析检测在生产中是非常必要的。

　　饲料中粗纤维的常规测定方法是酸-碱处理法,用该方法测定粗纤维的过程中,相当数量的半纤维素溶解于酸溶液中,并有相当数量的木质素溶于碱溶液中,测定的粗纤维含量中实际是以纤维素为主,同时含有部分半纤维素和木质素的混合物。因此,酸-碱处理法所测粗纤维含量要低于实际含量,而计算得出的无氮浸出物含量则又高于实际含量。另外,粗纤维不是一种纯化合物,而是几种化合物的混合物。鉴于此,Van Soest 提出了中性洗涤纤维和酸性洗涤纤维的测定方法,分析方案如图 5.5 所示。

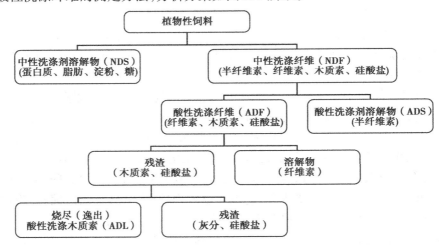

图 5.5　Van Soest 纤维素分析方案

　　利用洗涤剂纤维分析法,可以准确地获得植物性饲料中所含纤维素、半纤维素、木质素和酸不溶物灰分的含量,克服了传统的常规分析中测定组纤维时的缺点,生产上一般以中性洗涤纤维(NDF)评价糟渣类和饼粕类的加工热熟度。糟渣或饼粕热处理过程中,还原糖会与某些氨基酸的 N-末端或赖氨酸的 ε-侧链结合,使相当多的氨基酸转变为纤维的一部分,使日粮纤维水平升高。加工的热熟度与 NDF 呈正比关系,与赖氨酸呈反比关系。

5.4.1　酸-碱处理法测定饲料中的粗纤维

1)适用范围

本方法适用于测定配合饲料、浓缩饲料和单一饲料原料。

2) 测定原理

用浓度准确的酸和碱,在特定条件下消煮样品,再用乙醇、乙醚除去可溶物,经高温灼烧扣除矿物质的质量,所余质量为粗纤维。

3) 试剂

①硫酸溶液:(0.13 ± 0.005) mol/L,用基准无水碳酸钠标定。

②氢氧化钠溶液:(0.313 ± 0.005) mol/L,用基准邻苯二甲酸氢钾标定。

③酸洗石棉:将中等长度的酸洗石棉在 1 + 3 盐酸溶液中煮沸 45 min,过滤后于 550 ℃灼烧 16 h,用(0.13 ± 0.005) mol/L 硫酸溶液浸泡,且煮沸 30 min,过滤,用水洗净酸。同样用(0.313 ± 0.005) mol/L 氢氧化钠溶液煮沸 30 min,过滤,先用少量硫酸溶液洗 1 次,再用水洗净,烘干后于 550 ℃灼烧 2 h,其空白试验结果为每 1 g 石棉含粗纤维值小于 1 mg。

④95% 乙醇(分析纯)

⑤无水乙醚

⑥正辛醇(分析纯,防泡剂)

4) 仪器和设备

①实验室用样品粉碎机。

②分样筛:孔径 1 mm(18 目)。

③分析天平:感量 0.000 1 g。

④可调电炉。

⑤电热恒温箱:可控制温度在(130 ± 2)℃。

⑥高温炉:可控制温度在 550 ~ 570 ℃。

⑦消煮器:有冷凝球的 600 mL 高型烧杯或锥形瓶。

⑧抽滤装置:真空泵、吸滤瓶、漏斗和 300 目尼龙滤布。

⑨古氏坩埚:30 mL 或 50 mL。

⑩干燥器。

5) 测定步骤

①将样品用四分法缩减至 200 g,粉碎,全部通过 1 mm 筛,放入密封容器。

②称取 1 g 左右试样,准确至 0.000 2 g,用乙醚脱脂(含脂肪小于 10% 可不脱脂),放入消煮器,加入浓度准确且已沸腾的(0.13 ± 0.005 mol/L)硫酸液 200 mL 和数滴正辛醇,立即加热,应使其在 2 min 内沸腾,且连续微沸(30 ± 1) min,注意保持硫酸浓度不变,试样不应离开溶液沾到瓶壁上,随后用过滤器过滤,用沸蒸馏水洗至不含酸,取下不溶物,用浓度准确且已沸腾的(0.313 ± 0.005 mol/L)氢氧化钠溶液 200 mL 将残渣转移至原容器中,同样准确微沸 30 ± 1 min,立即在铺有石棉的古氏坩埚上抽滤,先用(0.13 ± 0.005 mol/L)硫酸溶液 25 mL 洗涤,再用煮沸的蒸馏水洗至溶液为中性,用乙醇(95%)15 mL 洗残渣,抽滤。然后将古氏坩埚和残渣放入烘箱,于 130 ℃下烘干 2 h,在干燥器中冷却至室温,称重。最后于 550 ~ 570 ℃高温炉中灼烧 30 min,在干燥器中冷却至室温后称重。

6)数据记录与结果计算

（1）数据记录

表5.5　饲料中粗纤维测定结果记录（酸碱法）

测定时间：＿＿＿＿＿＿　实验小组及成员：＿＿＿＿＿＿＿＿＿＿

饲料样品名称	编号	130 ℃烘干后坩埚及试样残渣质量 M_1/g	试样（未脱脂时）质量 M/g	灼烧后坩埚及试样残灰质量 M_2/g	粗纤维含量%

（2）结果计算

$$粗纤维（\%）= \frac{M_1 - M_2}{M} \times 100$$

式中　M_1——130 ℃烘干后坩埚及试样残渣质量，g；

　　　M_2——灼烧后坩埚及试样残灰质量，g；

　　　M——试样（未脱脂时）质量，g。

7）重复性

每个试样取两个平行样进行测定，以算术平均值为结果。粗纤维含量≤10%，绝对差值小于0.4%，粗纤维含量在10%以上，相对偏差≤4%。

8）注意事项

①硫酸和氢氧化钠的浓度要求标定，每次的微沸时间要准确。

②回流时要控制好消泡剂（正辛醇）的添加量和电炉温度，防止爆沸。控制好冷却水流量，防止冷却效果不佳而使酸或碱的浓度增大而影响结果。

③古氏坩埚下面的酸洗石棉不要放得太多，以对着太阳光照，不透光为宜即可。

④洗涤和转移时要干净彻底不要将洗涤物洒落。

5.4.2　中性洗涤纤维（NDF）的测定

1）适用范围

本方法适用于各种单一饲料和配合饲料中性洗涤纤维的测定。

2）测定原理

在一定温度下，应用中性洗涤剂处理饲料样品，使植物性饲料中大部分细胞内容物溶解于洗涤剂中，称之为中性洗涤剂溶解物（NDS），其中包括脂肪、淀粉、蛋白质和糖类等。剩余的不溶解残渣主要是细胞壁组分，称为中性洗涤纤维（NDF），其中包括半纤维素、纤维素、木质素及少量硅酸盐等杂质。

3)试剂和溶液

所用化学试剂均为分析纯。

①中性洗涤剂(3% 十二烷基硫酸钠溶液):称取 18.6 g 乙二胺四乙酸二钠 ($C_{10}H_{14}N_2O_8Na_2 \cdot H_2O$)和 6.81 g 四硼酸钠($Na_2B_4O_7 \cdot 10H_2O$),一同放入 100 mL 烧杯中,加适量蒸馏水溶解(可加热)后,再加入 30 g 十二烷基硫酸钠($C_{12}H_{25}NaSO_4$)和 10 mL 乙二醇乙醚;称取 4.56 无水磷酸氢二钠(Na_2HPO_4)置于另一烧杯中,加蒸馏水加热溶解,冷却后将上述两溶液转入 1 000 mL 容量瓶并定容至 1 000 mL。此溶液 pH 为 6.9～7.0(一般不需调整)。

②正辛醇($C_8H_{18}O$,消泡剂)。

③丙酮(CH_3COCH_3)。

④α-高温淀粉酶(活性 100 kU/g,103 ℃,工业级)。

4)仪器设备

同粗纤维的测定。

5)试样的选取和制备

取具有代表性的试样,用四分法缩减至 200 g,粉碎至过筛孔为 0.42 mm 的样品筛(40 目),充分混匀,装于密封容器中备用。

6)测定步骤

①根据饲料中纤维的含量,准确称取试样 0.5～1.0 g(准确至 0.000 2 g),置于 500 mL 锥形瓶或烧杯中,用量筒加入 100 mL 中性洗涤剂和 2～3 滴正辛醇(如果样品中脂肪和色素含量≥10%,可先用乙醚脱脂后再消煮;如果淀粉含量高,可加 0.2 mL α-高温淀粉酶)。

②装上冷凝装置,立即置于电炉上快速加热至沸,并微沸 1 h。

③将预先放在 103 ℃烘箱中烘干至恒重的 G2 玻璃坩埚安装于抽滤瓶上,将消煮好的试样趁热全部转移入玻璃坩埚并抽滤,用热水(90～100 ℃)冲洗锥形瓶和残渣,直至滤出液清澈无泡沫为止,抽干。再用丙酮洗涤残渣 3 次;试样若未脱脂,则再用乙醚洗涤 2 次。

④取下玻璃坩埚,放入 103 ℃烘箱中烘干 3 h,冷却,称量;再烘干 30 min,冷却,称量,直至两次称量之差小于 0.002 g 为恒重(M_2)。

7)数据记录与结果计算

(1)数据记录

表 5.6　饲料中中性洗涤纤维测定结果记录

测定时间:_____　实验小组及成员:_____

饲料样品名称	编号	玻璃坩埚质量 M_1/g	玻璃坩埚和剩余残渣的总质量 M_2/g	试样(未脱脂)质量 W/g	NDF 含量/%

（2）结果计算

$$X(\mathrm{NDF})(\%) = \frac{M_2 - M_1}{W} \times 100$$

式中　M_1——玻璃坩埚质量,g;

　　　M_2——玻璃坩埚和剩余残渣的总质量,g;

　　　W——试样(未脱脂)质量,g。

8）重复性

中性洗涤纤维(NDF)含量≤10%,允许相对偏差≤5%;中性洗涤纤维(NDF)含量>10%,允许相对偏差≤3%。

9）注意事项

①在样品消煮液快沸腾时立即把电炉调为小火,并不时摇动锥形瓶,防止消煮液剧烈沸腾而将样品粘到瓶壁上;消煮样品的过程中也要不时摇动锥形瓶,使样品得以充分消煮,同时避免样品粘到锥形瓶壁上而导致检测结果偏高。

②在消煮后洗涤抽滤时试样必须无损地转移到玻璃坩埚中且洗涤至中性,洗涤坩埚中的残渣时,加入的沸水不能过满,以坩埚体积的2/3为宜。

任务5　饲料中粗灰分的测定

灰分为饲料经高温灼烧后残留的无机物或矿物质的总称,主要成分为氧化物和无机盐。此外,还有混入的泥沙等杂质,因此在饲料分析检测中称为"粗灰分"。粗灰分测定的方法为高温灼烧法。

5.5.1　适用范围

本方法适用于各种混合饲料、配合饲料、浓缩料和单一饲料中粗灰分的测定。

5.5.2　测定原理

灰分即为饲料中的无机物质。将一定质量的试样在550 ℃灼烧后,所得残渣,用质量分数表示。残渣中主要是氧化物,盐类等矿物质,也包括混入饲料中的砂石、土等,故称粗灰分。

5.5.3　仪器设备

①实验室用样品粉碎机。

②分析天平:分度值0.000 1 g。

③高温炉(马弗炉):有高温计且可控制炉温在(550±20)℃。

④坩埚:瓷质,容积50 mL或30 mL。

⑤干燥器:用氯化钙或变色硅胶为干燥剂。

5.5.4　试样的选取和制备

取具有代表性的试样,用四分法缩减至200 g,粉碎至过筛孔为0.42 mm的样品筛(40目),充分混匀,装于密封容器中备用。

5.5.5　测定步骤

①坩埚恒重:将坩埚洗净烘干,编号,放入(550±20)℃高温炉中灼烧30 min,在干燥器中冷却至室温,称量。再重复灼烧,冷却,称量,直至2次质量之差小于0.000 5 g为恒重。

②称样、炭化、灼烧:用已恒重的坩埚称取试样2~5 g,准确至0.000 2 g。将坩埚盖上3/4的盖,放在电炉上小心炭化完全,再放入550 ℃的高温炉中灼烧3 h。取出,在空气中冷却约1 min,在干燥器中冷却至室温后称量。再同样灼烧1 h,冷却,称量,直至2次质量之差小于0.001 g为恒重。

5.5.6　数据记录及结果计算

1)数据记录

表5.7　饲料中粗灰分测定结果记录

测定时间:_____　实验小组及成员:_____

饲料样品名称	编号	已恒重空坩埚的质量 M_0/g	试样质量 M/g	550 ℃灼烧后样品质量 M_2/g	粗灰分含量 X/%

2)结果计算

$$X(\text{Ash})(\%) = \frac{M_2 - M_0}{M} \times 100$$

式中　M_0——已恒重空坩埚的质量,g;

M_2——灰化后坩埚和灰分的总质量,g;

M——试样质量,g。

5.5.7 重复性

每个试样应取两个平行样进行测定,以其算术平均值为结果。粗灰分含量在 5% 以上时,允许相对偏差≤1%;粗灰分含量在 5% 以下时,允许相对偏差≤5%。

5.5.8 注意事项

①新坩埚编号,将带盖的坩埚洗净烘干后,用记号笔蘸 5 g/L 氯化铁墨水溶液(称0.5 g $FeCl_3 \cdot 6H_2O$ 溶于 100 mL 蓝墨水中)编号,然后于高温炉中 550 ℃ 灼烧 30 min 即可。

②试样开始炭化时,温度应逐渐上升,防止火力过大而使部分样品颗粒被逸出的气体带走。

③为了避免试样氧化不足,不应把试样压得过紧,试样应蓬松地放在坩埚内。

④测定某些含糖量较高的单一饲料时,灰化样品易膨胀溢出坩埚,应预先滴加数滴纯度较高的植物油再灰化。

⑤灼烧温度不宜超过 600 ℃,否则部分磷、硫等易生成挥发物质而损失,温度过高还会使熔融物包裹炭粒,不利于炭化。

⑥灼烧残渣颜色与试样中各元素含量有关,含铁高时为红棕色,含锰高为淡蓝色。但有明显黑色炭粒时,为炭化不完全,应延长灼烧时间。

⑦从高温炉中取出灰化后的样品时,坩埚钳一定要先在炉口预热 1 min 以上再夹取坩埚,且在炉口停 1 min 左右使温度略降再取出,以免骤冷导致坩埚碎裂。

复习思考题)))

一、名词解释

1. 粗蛋白　　2. 粗灰分　　3. 粗脂肪　　4. 总水分

二、填空题

1. 在凯氏定氮法中,加入硫酸的作用是(　　　　　),在消化过程中,消化液的颜色变化过程应是(　　　　),消化完全时颜色为(　　　　　)色。

2. 凯氏定氮法测定粗蛋白,在蒸馏前加氢氧化钠时,当反应液颜色变成黑褐色,是因为(　　　　　　　　),此时应该(　　　　　)(停止/继续)加氢氧化钠,当反应液颜色变为深蓝色时,是因为(　　　　　　　),此时应该(　　　　　　　　)。在滴定吸收氨后的硼酸溶液时,需要用(　　　)标准溶液。

3. 粗脂肪测定的经典方法叫(　　　　　　)法,根据测定步骤不同,又分为(　　　)法和(　　　　　)法。在测定过程中,检查油脂是否抽提完全的方法是(　　　　　　　　　)。

4. 凯氏定氮法测定粗蛋白主要步骤应包括(　　　　)、(　　　　)和(　　　　)。若用此方法测定某样品,平行测定某样品含氮量分别为 2.08%、2.12%,则此样品粗蛋白的平均含量等于(　　　),相对偏差等于(　　　　　)。

5.饲料中的粗蛋白包括(　　　　　)和(　　　　　　　　),测定粗蛋白的经典方法叫(　　　　　　),若用此方法平行测定某样品中含氮量分别为 3.08%、3.12%,则此样品平均粗蛋白的含量等于(　　　　　　),其分析结果相对偏差为(　　　)。

6.减重法测定粗脂肪的主要原理是(　　　　),测定所需经典装置称为(　　　　　　),其中虹吸管的作用是(　　　　　);在测定过程中检查油脂是否浸提完全的方法是(　　　　)。

7.在凯氏定氮法中,加入硫酸铜的主要作用是为了(　　　　　)和(　　　),加入硫酸钾是为了(　　　　　　　　)。

8.范氏纤维分析方法中,将植物性饲料中的粗纤维分为(　　　　)、(　　　　)、(　　　　)。

9.饲料概略养分分析法将饲料中的营养成分分为(　　　)、(　　　　)、(　　　)、(　　　)、(　　　)和(　　　)六大成分。

三、选择题

1.用凯氏定氮法测定饲料中粗蛋白含量,所用到的化学试剂不包括(　　　)。
　　A.硫酸铜　　　　B.硼酸　　　　C.氢氧化钠　　　　D.EDTA 标准溶液

2.饲料常规营养成分分析不包括(　　　)。
　　A.水分　　　　　B.粗纤维　　　C.维生素　　　　　D.粗蛋白

3.减重法测定粗脂肪,最后烘干称量(　　　),烘干的温度为(　　　)℃。
　　A.抽提瓶,105　　B.抽提瓶,550　C.滤纸包,105　　D.滤纸包,550

4.酸性洗涤纤维不包括(　　　)。
　　A.木质素　　　　B.硅酸盐　　　C.纤维素　　　　　D.半纤维素

5.饲料粗灰分的测定是将试样在(　　　)℃烧灼,使构成饲料的(　　　)氧化,剩余物质为粗灰分。
　　A.550,有机物　　B.225,盐类　　C.550,盐类　　　　D.225,有机物

6.以下哪项不属于测定饲料粗灰分的使用仪器(　　　)。
　　A.高温炉　　　　B.坩埚　　　　C.电炉　　　　　　D.烘箱

7.饲料总水分包括(　　　)。
　　A.饲料中所有水分　B.结合水　　　C.吸附水　　　　　D.游离水

8.用凯氏定氮法测定饲料中粗蛋白含量,所用到的化学试剂不包括(　　　)。
　　A.硫酸铜　　　　B.硼酸　　　　C.氢氧化钠　　　　D.EDTA 标准溶液

四、判断题

1.在测定饲料水分过程中,饲料烘干的时间越长越准确。　　　　　　　　(　　　)

2.在测定饲料灰分过程中,试样开始炭化时,应部分揭开坩埚盖,温度逐渐上升,防止火力过大。　　　　　　　　　　　　　　　　　　　　　　　　(　　　)

3.酸-碱处理法所测粗纤维含量要低于实际含量。　　　　　　　　　　　(　　　)

4.鱼粉中粗灰分过高或过低都有可能掺假。　　　　　　　　　　　　　(　　　)

5. 油脂是指饲料中油和脂肪的总称。　　　　　　　　　　　　　　　（　　）

6. 在饲料分析中,无氮浸出物不需要专门进行测定。　　　　　　　　（　　）

7. 减重法测定饲料中的粗脂肪,将滤纸包中的粗脂肪抽提完全后,可立即放入烘箱干燥。　　　　　　　　　　　　　　　　　　　　　　　　　　　　（　　）

8. 测定粗灰分时,样品在高温炉中灼烧结束后,应打开炉门,迅速将样品放到干燥器中。　　　　　　　　　　　　　　　　　　　　　　　　　　　　（　　）

五、问答题

1. 试述凯氏定氮法的基本原理、主要步骤,分析该方法的主要优缺点及可能的补救措施。

2. 试分析在测定饲料粗灰分时,如何减少坩埚破损率?

3. 饲料中粗脂肪的测定方法有哪些? 其主要步骤和原理有何异同?

六、案例分析

2008 年 6 月,很多食用三鹿集团生产的婴幼儿奶粉的婴儿被发现患有肾结石,随后在其奶粉中发现化工原料三聚氰胺。事件引起各国的高度关注和对乳制品安全的担忧。中国国家质检总局公布对国内的乳制品厂家生产的婴幼儿奶粉的三聚氰胺检验报告后,事件迅速恶化,包括部分国内著名企业在内的 22 个厂家 69 批次产品中都检出三聚氰胺。试分析不法商人为什么要在奶粉或原料奶中添加三聚氰胺,如何避免类似事件发生?

项目6
矿物元素检测

项目导读:按动物体含量或需要量不同,饲料中的必需矿物元素分为常量和微量矿物元素两大类。微量矿物一般在动物体内含量低于0.01%,常量矿物元素一般高于0.01%。在本项目的学习中,将分别介绍常见常量及微量矿物元素的检测方法。

模块1　饲料中常量矿物元素的检测

任务1　饲料中钙的测定(快速测定法)

饲料中矿物元素又因为矿物元素添加剂和饲料中的矿物元素两类对象成分不同,含量不同,检测方法也有很大差异(见图6.1)。其中钙、磷是动物体必需的矿物元素,在现代动物生产条件下,钙、磷已成为配合饲料必须考虑且添加量较大的重要营养元素,同时钙的吸收与钙-磷的比值和维生素D的含量有密切关系,通常认为钙-磷最佳比值在2∶1左右。因此饲料中钙、磷的测定对于评定饲料营养价值,为饲料配方制定提供科学依据有着非常重要的意义,钙、磷含量是饲料质量检测的重要指标,是饲料标签的保证值。钙的定量测定方法主要有高锰酸钾法和EDTA配位滴定法,前者准确性高,但分析周期长,所以目前饲料企业一般采用乙二胺四乙酸二钠(EDTA)配位滴定快速测定法。

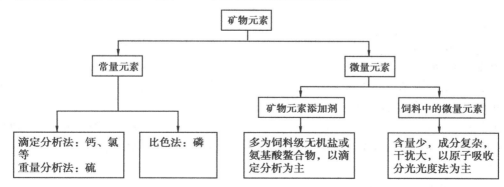

图6.1　矿物元素检测方法比较

6.1.1　适用范围

本方法适用于配合饲料、浓缩饲料和单一饲料中钙的快速测定。

6.1.2　测定原理(钙红指示剂法)

将试样中有机物破坏,钙变成溶于水的离子,用三乙醇胺、乙二胺、盐酸羟胺和淀粉溶液去除干扰离子的影响,加入钙红指示剂(以 H_2In 表示其化学式),在碱性溶液中用 EDTA 标准溶液(以 H_2Y^{2-} 表示其化学式)滴定分解溶液中的钙。

钙红指示剂,在碱性溶液中为蓝色,与钙离子反应生成紫红色配位化合物,稀溶液时呈酒红色,反应如下:

$$Ca^{2+} + H_2In \longrightarrow CaIn + 2H^+(酒红色)$$

碱性条件下,以 EDTA 溶液进行滴定,H_2Y^{2-} 逐渐夺取 CaIn 配位化合物中的 Ca^{2+} 而生成更稳定的配位化合物 CaY^{2-}(无色),反应如下:

$$CaIn + H_2Y^{2-} \longrightarrow CaY^{2-} + H_2In$$
$$酒红色　　　　　　无色　　蓝色$$

直到 CaIn 完全转变为 CaY^{2-},同时游离出蓝色的 H_2In^{2-}。当溶液由酒红色变为纯蓝色时,即为滴定终点。终点颜色变化敏锐,易于观察。

钙红指示剂为黑色粉末,在水溶液和乙醇溶液中均不稳定,一般与干燥的 NaCl 混合后使用(混合比例为 1∶100)。

6.1.3　试剂

①盐酸溶液:1 +3。

②10 g/L 淀粉溶液:称取 10 g 可溶性淀粉加入 500 mL 的烧杯中,加 5 mL 水润湿,加 995 mL 的沸水搅拌,煮沸,冷却备用。

③三乙醇胺溶液:1 +1。

④乙二胺溶液:1 +1。

⑤氢氧化钾溶液:200 g/L。称取 20 g 氢氧化钾溶于 100 mL 水中。

⑥盐酸羟胺。

⑦钙黄绿素-甲基百里香酚蓝指示剂:0.1 g 钙黄绿素与 0.1 g 甲基麝香草酚蓝与 0.03 g 百里香酚酞、5 g 氯化钾研细混匀,贮存于磨口瓶中备用。

⑧钙标准溶液(1 mg/mL)的配制:称取 0.249 7 g 于 105 ~ 110 ℃ 干燥 3 h 且冷却的基准碳酸钙,溶于 40 mL(1 +3)盐酸中加热赶除二氧化碳,冷却,用水转移至 100 mL 容量瓶中,稀释至刻度,定容。

⑨1 g/L 的孔雀石绿指示剂。

⑩钙红指示剂:钙羧酸指示剂 + 氯化钠 =1 +99,存放在称量皿中密闭。

⑪乙二胺四乙酸二钠(EDTA)标准溶液(C(EDTA) =0.01 mol/L)。

a. 配制:称取 3.8 g EDTA 于 200 mL 烧杯中,加 200 mL 水,加热溶解,冷却后转移入 1 000 mL 容量瓶中,加水稀释定容至刻度。

b. 标定:准确吸取钙标准溶液 10.00 mL,用 EDTA 按试样测定方法进行测定。

c. 计算:

$$T(\text{EDTA/Ca}) = \frac{\rho \times V}{V_0}$$

式中　T——EDTA 标准溶液对钙的滴定度,g/mL;

　　　ρ——钙标准溶液的质量体积比浓度,g/mL;

　　　V——所取钙标准溶液的体积,mL;

　　　V_0——EDTA 标准溶液消耗的体积,mL。

6.1.4　仪器和设备

①实验室用样品粉碎机。

②分样筛:孔径 0.45 mm(40 目)。

③分析天平:分度值 0.000 1 g。

④高温炉:有高温计且可控制炉温在 (550 ± 20) ℃。

⑤坩埚:瓷质,容积 50 mL 或 30 mL。

⑥容量瓶:100 mL。

⑦滴定管:酸式。

⑧玻璃漏斗:直径 6 cm。

⑨移液管:5 mL、10 mL。

⑩烧杯:200 ~ 250 mL。

⑪定量滤纸:中速,7 ~ 9 cm。

⑫凯氏烧瓶:250 mL

6.1.5　测定步骤

1)试样的分解

(1)干法(推荐法)

将称取试样 1 ~ 5 g 于坩埚中,准确至 0.000 2 g,在电炉上低温小心炭化至无烟后,放入 (550 ± 20) ℃高温炉中灼烧 2 ~ 3 h(以残渣无炭粒为准,或测定粗灰分后连续进行),取出冷却,加入盐酸溶液(1 + 3)10 mL 和浓硝酸数滴,小心微沸。将此溶液过滤转入 100 mL 容量瓶中,并以热水洗涤坩埚及滤纸,冷却至室温后,用蒸馏水稀释至刻度,摇匀,为试样分解液。矿物质原料则称适量样品直接用盐酸溶液(1 + 3)溶解,不需炭化和灼烧。

(2)湿法

称取试样 1 ~ 2 g 于 250 mL 凯氏烧瓶中,精确至 0.000 2 g,加入硝酸(GB 623,分析纯) 10 mL,加热煮沸,至二氧化氮黄烟逸尽,冷却后加入 70% ~ 72% 高氯酸(GB 623,分析纯) 10 mL,小心煮沸至溶液无色,不得蒸干(危险!),冷却后加蒸馏水 50 mL,且煮沸驱逐二氧化氮,冷却后转入容量瓶,蒸馏水稀释定容至刻度,摇匀,为试样分解液。

2)测定

钙黄绿素指示剂法:准确移取试样分解液 5～10 mL(含钙量 2～25 mg)。加水 50 mL,加淀粉溶液(1%)10 mL、三乙醇胺 2 mL、乙二胺 1 mL、1 滴孔雀石绿,滴加氢氧化钾溶液至无色,再过量 10 mL,加 0.1 g 盐酸羟胺(每加一种试剂都须摇匀)。加钙黄绿素少许,在黑色背景下立即用 EDTA 标准滴定溶液滴定至绿色荧光消失,呈现紫红色为滴定终点,同时做空白实验。

钙红指示剂法:准确移取试样分解液 5～25 mL(含钙量 2～25 mg)。加水 50 mL,加淀粉溶液(1%)10 mL、三乙醇胺 2 mL、乙二胺 1 mL、1 滴孔雀石绿,滴加氢氧化钾溶液至无色,再过量 10 mL,加 0.1 g 盐酸羟胺(每加一种试剂都须摇匀)。加钙红指示剂(钙红指示剂 + 氯化钠 = 1 + 99)少许,立即用 EDTA 标准溶液滴定,溶液由酒红色变为纯蓝色为滴定终点,同时做空白试验。

6.1.6　分析结果记录与计算

1)结果记录

表6.1　饲料中钙测定结果记录

标准溶液浓度:＿＿＿＿＿　测定时间:＿＿＿＿＿　实验小组及成员:＿＿＿＿＿＿＿＿＿＿＿

饲料样品名称	编号	样品质量 M/g	空白值 V_0/mL	消耗 EDTA 标准溶液体积 V/mL	吸取分解液体积 $V_{吸}$/mL	饲料中钙含量/%

2)计算公式

$$Ca(\%) = \frac{T \times (V - V_0)}{M \times \dfrac{V_{吸}}{V_{样}}} \times 100$$

式中　T——EDTA 标准溶液对钙的滴定度,(Ca/EDTA)g/mL;

$\quad\quad$ V——测定试样所用 EDTA 标准溶液体积,mL;

$\quad\quad$ V_0——空白试验时 EDTA 标准溶液的消耗体积,mL;

$\quad\quad$ M——试样质量,g;

$\quad\quad$ $V_{样}$——样品分解液总体积,mL;

$\quad\quad$ $V_{吸}$——吸取分解液体积,mL。

所得结果应精确至小数点后 2 位。

6.1.7　测定条件

①溶液为碱性:加入孔雀石绿并用氢氧化钾调节溶液 pH 值大于 12,可排除 Mg^{2+} 的干扰。

$$Mg^{2+} + 2OH^- \Longrightarrow Mg(OH)_2 \downarrow$$

②加三乙醇胺,与样品中的 Al^{3+}、Fe^{3+}、Mn^{2+} 等离子结合,可作为掩蔽剂,消除这些离子对测定的干扰。

③加盐酸羟胺作还原剂,将 Fe^{3+} 还原为 Fe^{2+},主要排除 Fe^{3+} 的干扰。

$$4Fe^{3+} + 2HONH_3Cl \Longrightarrow 4Fe^{2+} + N_2O + H_2O + 4H^+ + 2HCl$$

④加乙二胺作为有机溶剂,加入淀粉溶液起分散的作用,增加指示剂的溶解度,消除指示剂的僵化,可使终点颜色变化更敏锐。

6.1.8　注意事项

①继灰分测定之后分析钙的含量,先加盐酸 10 mL,浓硝酸数滴,小心煮沸 10 min,一要防止试液溅出来,二要防止试液被煮干,以微沸为宜。

②加 0.1 g 盐酸羟胺量不好控制,可将盐酸羟胺配成 100 g/L 的溶液,加此溶液 1 mL 即可。

③经常检查蒸馏水的空白值。

④终点的判断要准确统一,用空白试样对比观察。

⑤钙红指示剂在水溶液和乙醇溶液中均不稳定,一般与干燥的 NaCl 混合后使用(混合比例为 1 + 99)。

6.1.9　允许偏差

每个试样称取 2 个平行样进行测定,计算相对偏差,含钙量在 10% 以上,允许相对偏差≤2%;含钙量为 5% ~ 10% 时,允许相对偏差≤3%;含钙量为 1% ~ 5% 时,允许相对偏差≤5%;含钙量 1% 以下,允许相对偏差≤10%,以其算术平均值为测定结果。

任务 2　饲料中磷的测定

饲料中的磷包括无机磷和植酸磷,合称为总磷。总磷的含量是饲料检测的重要指标,是饲料标签的保证值。但由于猪、禽等单胃动物消化道缺乏植酸酶,植酸磷吸收率极低,所以总磷含量难以准确评价磷的营养价值。水溶性磷含量的测定,可以反映饲料中无机磷的含量,为饲料配方和营养价值评定提供更科学的依据。

6.2.1　饲料中总磷的测定

1)适用范围

本方法适用于测定混合饲料和单一饲料原料中总磷含量。

2)测定原理

将试样中有机物破坏,使磷元素游离出来,在酸性溶液中,用钒钼酸铵处理,生成黄色的络合物,在波长 400 nm 下进行比色测定,根据朗伯—比尔定律,计算出分解液中磷的浓度,进而计算出饲料中磷的含量。

3)试剂

①盐酸:1+1。

②浓硝酸。

③高氯酸。

④钒钼酸铵显色剂:称取偏钒酸铵 1.25 g,加水 200 mL 加热溶解,冷却后再加入硝酸 250 mL。另取钼酸铵 25 g,加蒸馏水 400 mL 加热溶解,在冷却条件下将此溶液倒入上一溶液,用蒸馏水定容至 1 000 mL,避光保存,如生成沉淀则不能使用。

⑤磷标准溶液:将磷酸二氢钾在 105 ℃ 干燥 1 h,在干燥器中冷却后称 0.219 5 g,溶解于蒸馏水中,定量转入 1 000 mL 容量瓶中,加硝酸 3 mL,用蒸馏水稀释至刻度,摇匀,即成 50 μg/mL 的磷标准溶液。

4)仪器和设备

①实验室用样品粉碎机。

②分样筛:孔径 0.45 mm(40 目)。

③分析天平:分度值 0.000 1 g。

④可见光分光光度计:721 或 722 型。

⑤比色皿:1 cm,玻璃材质。

⑥高温炉:可控制炉温在(550±20)℃。

⑦坩埚:瓷质,容积 50 mL 或 30 mL。

⑧容量瓶:100、50 mL。

⑨移液管、吸量管:1~10 mL。

5)测定步骤

(1)样品的前处理

①干法(不适用于含磷酸二氢钙[$Ca(H_2PO_4)_2$]的饲料):称取试样 1~5 g 于坩埚中,准确至 0.000 2 g,在电炉上低温小心炭化至无烟后,放入(550±20)℃高温炉中灼烧 2~3 h(以残渣无炭粒为准,或测定粗灰分后连续进行),取出冷却,加入盐酸溶液(1+3)10 mL 和浓硝酸数滴,小心微沸。将此溶液过滤转入 100 mL 容量瓶中,并以热水洗涤坩埚及滤纸,冷却至室温后,用蒸馏水稀释至刻度,摇匀,即为试样分解液。

②湿法:称取试样 1~5 g 于 250 mL 凯氏烧瓶中,精确至 0.000 2 g,加入硝酸(GB 623,

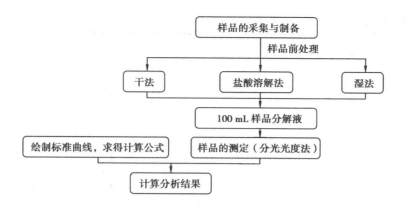

图 6.2 饲料中总磷的测定流程图

分析纯)10 mL,加热煮沸,至二氧化氮黄烟逸尽,冷却后加入 70% ~72% 高氯酸(GB623,分析纯)10 mL,小心煮沸至溶液无色,不得蒸干(危险!),冷却后加蒸馏水 50 mL,且煮沸驱逐二氧化氮,冷却后转入容量瓶,蒸馏水稀释定容至刻度,摇匀,即为试样分解液。

③盐酸溶解法(适用于微量元素预混料):称取试样 0.2 ~1 g(精确至 0.000 2 g)于 100 mL 烧杯中。缓缓加入盐酸 10 mL,使其全部溶解,冷却后转入 100 mL 容量瓶中,用水稀释至刻度,摇匀,即为试样分解液。

(2)工作曲线绘制

①标准系列溶液的配制。准确取磷酸标准液 0 mL、2 mL、4 mL、6 mL、8 mL、10 mL 于 50 mL 容量瓶中,各加钒钼酸铵显色剂 10 mL,用水稀释至刻度,摇匀,常温下放置 10 min 以上,以 0 mL 溶液为参比,用 1 cm 比色皿,在 420 nm 波长下用分光光度计测定各标准溶液的吸光度。以磷含量为横坐标,吸光度为纵坐标,用 Excel 绘制标准曲线。

②绘制标准曲线,得出计算公式。新建 Excel 表格,在第一行依次输入标准溶液浓度,第二行依次输入标准溶液吸光度值→选中所得数据区→鼠标单击"图表向导"插入图表→鼠标单击"标准类型"→选中"XY 散点图"(见图 6.3(a))→选系列产生在"行"→点击"完成"得到散点图(见图 6.3(b))(可视情况对该图表进行编辑)。

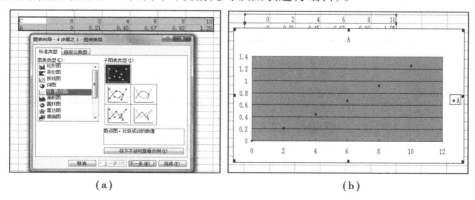

(a)   (b)

图 6.3 绘制散点图

选中所绘散点图→点击"图表"按钮→选"添加趋势线"(见图 6.4(a))→点击"选项"→选中设置截距 = "0""显示公式""显示 R^2 值"(见图 6.4(b))→单击确定,即得到 XY 计算公式(见图 6.4(c))。公式前面所显数值即为 K 值,由 $A = KC$ 计算出所测样品溶液中蛋

白质的浓度,R^2 值则可反映公式可靠性的高低。

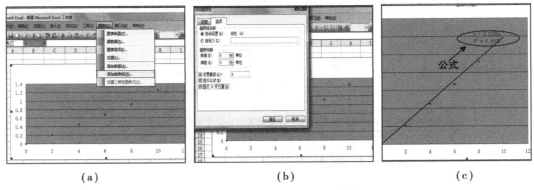

|(a)|(b)|(c)|

图 6.4 添加趋势线,得出计算公式

(3)试样的测定

准确移取试样分解液 5 mL(含磷量 50 ~ 750 μg)于 50 mL 容量瓶中,加入钒钼酸铵显色剂 10 mL,用蒸馏水稀释至刻度,摇匀,放置 10 min 以上。以空白溶液为参比,在 400 nm 波长下测出试样分解液的吸光度,并用步骤(2)所得公式计算出测定液中磷的浓度。

6)数据记录及结果计算

(1)数据记录

表 6.2 标准曲线测定记录

管 号	0	1	2	3	4	5
$V_{磷标准液}$/mL	0	2	4	6	8	10
$C_{磷标准液}$/(μg·mL^{-1})	0	2	4	6	8	10
$V_{钒钼酸铵}$/mL	10	10	10	10	10	10
A_{400} nm						
计算公式($A = KC$)						
相关系数 R^2						

表 6.3 饲料中总磷含量测定记录

标准溶液浓度:_____ 测定时间:_____ 实验小组及成员:_____

饲料样品名称	编号	样品质量 M/g	吸取分解液体积 $V_{吸}$/mL	$V_{钒钼酸铵}$/mL	测定样品磷的吸光度 A	比色法测定液总磷浓度 C/(μg·mL^{-1}) ($C = A/K$)	饲料中总磷含量/%
				10			
				10			

（2）结果计算

样品中总磷的含量（P%）按下式计算：

$$P(\%) = \frac{C \times V \times 10^{-6}}{M \times \dfrac{V_{吸}}{V_{样}}} \times 100$$

式中　M——试样的质量，g；

C——分光光度法所测试样分解稀释液总磷浓度，$\mu g/mL$，由标准曲线所得公式（$C = A/K$）计算得到；

V——分解液显色定容后的总体积，此方法中为 50 mL；

$V_{吸}$——比色测定时所移取试样分解液的体积，mL；

$V_{样}$——原试样分解液的总体积，此方法中为 100 mL；

M——试样质量，g。

7）测定条件及注意事项

①加钒钼酸铵显色剂定容后，夏季放置 10 min，冬天由于气温低，放置 20 min 后测定吸光度。

②磷标准溶液最好应放置 15 天以上再绘制标准曲线，如果发现有沉淀物要重配或过滤后重新绘制标准曲线（测定标准曲线的相关系数 $R^2 \geqslant 0.999$ 才能使用）。

③每次测定前检查波长是否正确，并用空白试剂测定每个比色皿的吸光度。

④通过控制称样量和稀释倍数保控制磷含量最好在 0.5 mg/mL 以下，保证样品的吸光值应尽量控制在标准曲线的中间段。

⑤国标法配制标准系列溶液及样品溶液用 50 mL 容量瓶，在实际工作中根据情况可选用 25 mL、10 mL 容量瓶，所取溶液体积按比例折算，相对误差会有所增加。

8）允许偏差

每个试样称取 2 个平行样进行测定，计算相对偏差，含磷量 0.5% 以下，允许相对偏差 $\leqslant 10\%$；含磷量 0.5% 以上，允许相对偏差 $\leqslant 3\%$，计算平均值为测定结果。

6.2.2　水溶性磷的测定方法

1）适用范围

本方法适用于矿物质原料中水溶性磷的测定。

2）测定原理

用水溶解试样，过滤除去不溶物，在酸性介质中，试液中的磷酸根全部与加入的喹钼柠酮形成磷酸喹啉沉淀，将沉淀过滤，干燥，称重，根据沉淀的质量可得出磷的含量。

3）试剂

喹钼柠酮溶液：

a. 称取 70 g 钼酸钠溶解于 150 mL 水中；

b. 称取 60 g 柠檬酸溶解于 150 mL 水中和 85 mL 浓硝酸中；

c.搅拌下将 A 倒入 B 中;

d.在 100 mL 水中加入 35 mL 浓硝酸和 5 mL 喹啉;

e.将溶液 D 倒入 C 中,放置 24 h 后,过滤,再加入 280 mL 丙酮,用水稀释至 1 000 mL,混匀,在聚乙烯瓶中贮存。

4)仪器和设备

①分析天平:分度值 0.000 1 g。

②定性滤纸。

③玻璃坩埚。

④烘箱。

5)测定步骤

称取 0.5 g 试样(精确至 0.000 2 g),置于研钵中,加少量水研磨助溶,每次约 25 mL,连续研磨数次,使试样充分溶解,水溶液全部移入 250 mL 的容量瓶中,振荡 30 min,用水稀释至刻度,摇匀。干过滤,弃除初滤液,用移液管移取 20 mL 滤液于 250 mL 的烧杯中,加入 10 mL 硝酸(1 +1),加入水至总体积约 100 mL,加热至 75 ℃时,加入 50 mL 喹钼柠酮溶液,微沸 1 min 后,盖上表面皿,保温 30 s,在加入试剂和加热过程中,不得使用明火,不得搅拌,以免凝结成块。在冷却过程中,搅拌 4 ~ 5 次,用预先在(180 ±5)℃烘干至恒重的玻璃坩埚中抽滤,用倾斜法洗涤沉淀 6 次,每次用水约 30 mL,将玻璃坩埚连同沉淀置于烘箱中,在(180 ±5)℃烘干至恒重。取出,在干燥器中冷却至室温,称重。同时作空白试验。

6)数据记录及结果计算

(1)数据记录

表6.4　饲料中水溶性磷含量测定记录

标准溶液浓度:_____　测定时间:_____　实验小组及成员:_____

饲料样品名称	编号	样品质量 m/g	试验中生成喹钼柠啉烘干后质量 m_1/g	空白试验生成的喹钼柠喹啉的质量 m_2/g	饲料中水溶性磷含量/%

(2)结果计算

以质量分数表示的 P 含量按下式计算:

$$水溶性磷(\%) = \frac{(m_1 - m_2) \times 0.014}{m \times (20/250)} \times 100$$

式中　m_1——试验中生成喹钼柠啉的质量,g;

m_2——空白试验生成的喹钼柠喹啉的质量,g;

m——试样的质量,g;

0.014——喹钼柠喹啉换算成磷的系数。

7）允许偏差

取平行测定结果的算术平均为测定结果,平均测定结果的相对偏差≤0.1%。

任务3 饲料中水溶性氯化物的测定

以阴离子形式存在的氯元素是细胞间体液的常规成分,在调节体液渗透压、水平衡和酸碱平衡中起着主要作用,氯离子是胃酸的重要组成成分,这种酸对于维生素 B_{12} 和铁的正常吸收、淀粉酶的激活,抑制随着饲料进入胃中的微生物的生长,都是必要的。氯不足时,畜禽食欲不振、消化障碍、生长受阻,严重缺乏导致碱毒症,甚至死亡。但当猪、禽吃了过量的食盐后,也会中毒,甚至死亡,仔猪的致死量为每千克体重2.2 g,小鸡致死量为每千克体重4 g。氯的主要来源是食盐、鱼粉和肉粉。氯含量测定是饲料标签的保证值的要求,目前生产上定量检测氯含量主要用沉淀滴定法,根据所用指示剂不同,又分为佛尔哈德法和摩尔法。

6.3.1 佛尔哈德法（硫氰酸铵返滴定法）——原料推荐使用

1）适用范围

本方法适用于测定各种配合饲料、浓缩饲料和单一饲料原料中水溶性氯化物含量。检测范围氯元素含量为0~60 mg。

2）测定原理

在酸性条件下,先加已知过量的硝酸银标准溶液于澄清的待测溶液中,用硫酸铁作指示剂,再用硫氰酸铵标准返滴定过量的硝酸银,根据所消耗的硫氰酸铵标准溶液的体积,计算出氯化物含量作为饲料中盐分的估计（见图6.5）,反应如下:

$$Ag^+ + Cl^- = AgCl\downarrow（白色）$$

剩余过量的硝酸银与硫氰酸铵发生如下反应:

$$Ag^+ + SCN^- = AgSCN\downarrow（白色）$$

当滴定达终点时,稍过量的 SCN^- 与硫酸铁中的 Fe^{3+} 反应生成 $[Fe(SCN)]^{2+}$ 红色配位化合物（量少时为橙红色）,指示终点的到达,反应如下:

$$Fe^{3+} + SCN^- = [Fe(SCN)]^{2+}（红色或橙红色）$$

由上述反应式和图6.5可知分析结果计算依据:

饲料中氯的物质的量 = 过量硝酸银物质的量 – 滴定消耗硫氰酸铵的物质的量

3）试剂

①硝酸银标准溶液0.02 mol/L:称取3.4 g硝酸银溶于1 000 mL水中,贮存于棕色瓶中。

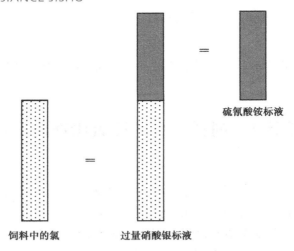

图 6.5　硫氰酸铵返滴定法测定原理示意图

②硝酸银与硫氰酸铵溶液的体积比:吸取 0.02 mol/L 硝酸银溶液 20.00 mL,加硝酸 4 mL,指示剂 2 mL,在剧烈摇动下用硫氰酸铵溶液滴定,滴至终点为持久的淡红色,由此计算两溶液的体积比 F,即

$$F = \frac{20.00}{V_2} \times 100$$

式中　F——硝酸银与硫氰酸铵溶液的体积比;

　　　 20.00——硝酸银溶液的体积,mL;

　　　 V_2——硫氰酸铵溶液的体积,mL。

③浓硝酸:分析纯。

④硫酸铁(60 g/L):称取硫酸铁 60 g 加水微热溶解后,稀释配成 1 000 mL 溶液。

⑤硫酸铁指示剂:250 g/L 的硫酸铁水溶液,过滤后与等体积的浓硝酸混合均匀。

⑥硫氰酸铵溶液(0.02 mol/L):称取 1.52 g 硫氰酸铵溶于 1 000 mL 水中。

⑦氨水:1 + 19 水溶液。

4) 仪器和设备

①实验室用样品粉碎机。

②分样筛:孔径 0.45 mm(40 目)。

③分析天平:感量 0.000 1 g。

④酸式滴定管:A 级 25 mL。

⑤玻璃漏斗:ϕ6 cm。

⑥滤纸:快速定性 ϕ12.5 cm。

⑦移液管:50、25、20 mL。

⑧容量瓶:100、1 000 mL。

5) 测定步骤

称取样品适量(食盐含量高的如鱼粉、浓缩料等称取 2 g 左右,食盐含量低的如配合饲料等称取 5 g 左右),准确至 0.000 2 g。准确加入硫酸铁溶液 50 mL,氨水 100 mL 振摇 15

min 以上,放置 10 min 用干的快速滤纸过滤。

准确吸取滤液 50 mL 于 100 mL 容量瓶中,加浓硝酸 10 mL,待白烟散尽后,准确加入硝酸银标准溶液 20 mL,用力振荡使沉淀凝结,用水稀释至刻度,摇匀,静置 5 min,过滤于 150 mL 锥形瓶中。吸取试样滤液 50.00 mL,加硫酸铁指示剂 10 mL,立即用硫氰酸铵溶液滴定至溶液呈淡橙红色,30 s 内不褪色为滴定终点。

6)数据记录及结果计算

(1)数据记录

表6.5　饲料中氯化钠含量测定记录(佛尔哈德法)

标准溶液浓度:_____　测定时间:_____　实验小组及成员:_____

饲料样品名称	编号	样品质量 m/g	$V_{硝酸银}$/mL	$V_{硫氰酸铵}$/mL	饲料中水溶性氯化钠含量/%

$$Cl^{-}(\%) = \frac{(V_1 - V_2 \times F \times 100/50) \times C \times 150 \times 0.035\,5}{m \times 50} \times 100$$

$$NaCl(\%) = \frac{(V_1 - V_2 \times F \times 100/50) \times C \times 150 \times 0.058\,45}{m \times 50} \times 100$$

式中　m——样品质量,g;

V_1——硝酸银溶液体积,mL;

V_2——滴定消耗的硫氰酸铵的体积,mL;

F——硝酸银和硫氰酸铵溶液体积比;

C——硝酸银标准溶液的物质的量浓度,mol/L;

0.035 5——氯的毫摩尔质量,g/mmol;

0.058 45——氯化钠的毫摩尔质量,g/mmol。

所得结果表示至 2 位小数。

7)注意事项

①在标定硝酸银标准溶液或滴定试样滤液时,要求快滴轻摇。当到达理论变色点时,溶液呈橙红色,如用力过分剧烈摇动沉淀,则橙色又消失,再加硫氰酸铵标准溶液时,橙色又出现。如此反复进行,给测定结果造成极大误差。其原因在于硫氰酸银沉淀的溶度积远小于氯化银沉淀的溶度积,因此在滴定终点时氯化银饱和溶液中的 Ag^+ 浓度与 SCN^- 浓度的乘积超过了硫氰酸银的溶度积[$K_{SP}(AgSCN)$],便析出了硫氰酸银沉淀。随着沉淀的析出,溶液中 SCN^- 的浓度下降,[$Fe(SCN)$]$^{2+}$ 分解,不断与氯化银沉淀反应生成硫氰酸银。

$$AgCl + [Fe(SCN)]^{2+} \Longrightarrow AgSCN\downarrow + Fe^{3+} + Cl^-$$

终点产生的橙红色开始褪色,继续滴定至橙红色,必然会多消耗硫氰酸铵标准溶液,从

而造成较大的误差。在滴定前先滤去氯化银沉淀,再用硫氰酸铵标准溶液滴定滤液中过量银离子,可减少上述现象产生的误差。

②本法是通过测定氯离子来计算饲料中氯化钠含量的,但由于饲料中氨基酸、维生素等添加剂都可能带入氯离子,因此测定的氯化钠含量往往比其实际含量高。

8)允许偏差

每个试样,应取两个平行样进行测定,以其算术平均值为结果。当氯化钠含量在3%以上时,允许相对偏差≤5%;当氯化钠含量在3%以下时,允许绝对误差≤0.05%。

6.3.2 摩尔法——铬酸钾作指示剂法(快速测定法)

1)测定原理

将试样用水溶解,过滤,使氯离子进入水溶液中,在中性或弱酸性溶液中硝酸银与氯离子反应生成氯化银沉淀,用铬酸钾指示终点,根据消耗硝酸银标准溶液的体积计算出试样中水溶性氯化物的含量。反应式如下:

$$Ag^+ + Cl^- =\!=\!= AgCl \downarrow$$

当沉淀完全后,稍过量的硝酸银标准溶液与溶液中的铬酸钾指示剂反应生成铬酸银的砖红色沉淀(量少时为橙色)。

$$2Ag^+ + CrO_4^{2-} =\!=\!= Ag_2CrO_4 \downarrow (橙色)$$

指示理论终点的到达。

2)试剂

①铬酸钾:饱和或者10%。

②硝酸银标准溶液:见硝酸银标准溶液的配制和标定规范。

3)仪器和设备

①实验室用样品粉碎机。

②分样筛:孔径0.45 mm(40目)。

③分析天平:感量0.000 1 g。

④棕色酸式滴定管:A级50 mL。

⑤移液管:20 mL。

⑥量筒:200 mL。

⑦锥形瓶:150 mL。

4)测定步骤

称取试样5 g左右,准确至0.001 g,准确加蒸馏水200 mL,振摇20 min,放置溶液澄清后,准确移取上层清液20 mL,加蒸馏水50 mL,10%铬酸钾指示剂1 mL(饱和铬酸钾2滴),用硝酸银标准溶液滴定至呈现砖红色,且1 min不褪色为终点(同时作空白测定)。

5）数据记录及结果计算

（1）数据记录

表6.6 饲料中氯化钠含量测定记录（摩尔法）

标准溶液浓度：_____ 测定时间：_____ 实验小组及成员：_____

饲料样品名称	编号	样品质量 m/g	$V_{硝酸银}$/mL	饲料中水溶性氯化钠含量/%

（2）计算公式

$$氯化钠（\%） = \frac{(V - V_0) \times C \times 0.058\ 44}{m \times 20/200} \times 100$$

式中 V——滴定样品时所消耗硝酸银溶液，mL；

V_0——滴定空白时所消耗硝酸银标准溶液，mL；

C——硝酸银标准溶液的物质的量浓度，mol/L；

0.058 44——氯化钠的毫摩尔质量，g/mmol；

m——试样质量，g。

6）测定条件及注意事项

①控制好 K_2CrO_4 指示剂的浓度：因为 K_2CrO_4 溶液的浓度过高，会使终点过早到达，结果偏低。反之 K_2CrO_4 溶液过稀，会使终点推迟，结果偏高，一般加入 2 mL 5% K_2CrO_4 溶液或加入 1 mL 10% K_2CrO_4 溶液即可。

②控制好溶液的酸度：此沉淀反应在中性或碱性介质进行。在酸性介质中进行会生成 $HCrO_4^-$ 离子，不生成 Ag_2CrO_4 沉淀。

$$Ag_2CrO_4 \downarrow + H^+ === 2Ag^+ + HCrO_4^-$$

在强碱性溶液中不生成 AgCl 沉淀。

$$2Ag^+ + 2OH^- === Ag_2O \downarrow（黑）+ H_2O$$

因此摩尔法滴定的最适宜 pH 范围是 6.5～10.5。

③快速法测定时，要求慢滴快摇。在滴定终点以前，溶液中还有没反应完的少量 Cl^- 会被 AgCl 沉淀吸附，使 Ag_2CrO_4 过早出现而误认为是到达终点。因此滴定过程中应充分摇动，使被 AgCl 沉淀吸附的 Cl^- 解析出来。

④每次必须做空白试验，样品滴定的结果终点颜色要看空白试验的颜色。

模块 2　矿物添加剂的检测

任务 4　饲料级氧化锌含量的检测

6.4.1　适用范围

本方法适用于饲料添加剂氧化锌含量的检测。

6.4.2　测定原理

在试验溶液中,以二甲酚橙为指示剂,用 EDTA 标准溶液滴定锌离子,根据 EDTA 标准溶液的消耗量,计算出氧化锌含量。

6.4.3　试剂

①碘化钾。
②盐酸溶液:1 + 1。
③氨水溶液:1 + 1。
④氟化钾溶液:200 g/L。
⑤硫脲饱和溶液。
⑥乙酸—乙酸钠缓冲溶液:pH = 6(100 g 乙酸钠溶于水,加 5.7 mL 冰乙酸,稀释至 1 L)。
⑦乙二胺四乙酸二钠标准溶液:$C(\text{EDTA}) = 0.05$ mol/L。
⑧二甲酚橙指示液:2 g/L,有效期一周。

6.4.4　测定步骤

称取约 0.2 g 试样(精确至 0.000 2 g),置于 250 mL 锥形瓶中,加入 10 mL 盐酸溶液,加热使试样全部溶解,冷却后加 10 mL 水,5 mL 氟化钾溶液,2 滴二甲酚橙指示液,摇匀。用氨水溶液调节至试验溶液恰呈现红色,加 10 mL 硫脲饱和溶液,20 mL 乙酸—乙酸钠缓冲溶液,4 g 碘化钾,摇匀。用 EDTA 标准溶液滴定至溶液呈亮黄色为终点。

6.4.5 结果计算

①以质量百分数表示的氧化锌(ZnO)含量 X_1 按下式计算:

$$X_1(\%) = \frac{V \times C \times 0.081\ 39}{m} \times 100$$

②以质量百分数表示的氧化锌(以 Zn)含量 X_2 按下式计算:

$$X_2(\%) = \frac{V \times C \times 0.065\ 39}{m} \times 100$$

式中 V——滴定试验溶液所消耗 EDTA 标准滴定溶液的体积,mL;

C——EDTA 标准滴定溶液的实际浓度,mol/L;

m——试样的质量,g;

0.081 39——氧化锌的毫摩尔质量,g/mmol;

0.065 39——锌的毫摩尔质量,g/mmol。

6.4.6 注意事项

①严格按照分析方法添加各种掩蔽剂,不少加、漏加。
②准确调节被滴溶液的 pH 值。
③指示剂的滴加量严格控制。
④滴定速度应匀速快滴成点滴状,充分振摇。
⑤注意二甲酚橙指示剂的保质期。

6.4.7 允许偏差

两个平行样测定值相对偏差不得超过 0.2%,以其算术平均值报告结果。

任务5 饲料级硫酸锌含量的检测

6.5.1 适用范围

适用于饲料级一水硫酸锌和七水硫酸锌含量的测定。

6.5.2 测定原理

将硫酸锌用硫酸溶液溶解,加适量水,加入氟化铵溶液、硫脲、抗坏血酸作为掩蔽剂,以

乙酸—乙酸钠溶液调节 pH 值为 5~6,以二甲酚橙为指示剂,用乙二胺四乙酸二钠标准溶液滴定。

6.5.3 试剂

①碘化钾。

②抗坏血酸。

③乙酸—乙酸钠缓冲溶液(pH = 5.5):称取乙酸钠 200 g,溶于水,加 10 mL 冰乙酸,稀释至 1 000 mL,摇匀。

④EDTA 标准溶液:0.05 mol/L。

⑤二甲酚橙指示剂:2 g/L,使用期不超过 1 周。

⑥硫脲溶液:200 g/L。

⑦氟化铵溶液:200 g/L。

⑧硫酸溶液:1 + 1。

6.5.4 仪器和设备

①分析天平:感量 0.000 1 g。

②锥形瓶:250 mL。

③酸式滴定管:50 mL。

6.5.5 测定步骤

称取 0.18 g 七水硫酸锌试样,称准至 0.000 2 g,置于 250 mL 锥形瓶中,加少量水润湿。滴加两滴硫酸溶液使试样溶解,加 50 mL 水、10 mL 氟化铵溶液、2.5 mL 硫脲溶液、0.2 g 抗坏血酸,摇匀溶解后加入 15 mL 乙酸—乙酸钠缓冲溶液和 5 滴二甲酚橙指示剂,用乙二胺四乙酸二钠标准溶液滴定至溶液由红色变为亮黄色即为终点。同时作空白试验。

6.5.6 结果计算

以质量百分数表示的七水硫酸锌($ZnSO_4 \cdot 7H_2O$)含量(X_1)按下式计算:

$$X_1(\%) = \frac{C \times (V_1 - V_0) \times 0.287\ 6}{m} \times 100$$

以质量百分数表示的一水硫酸锌($ZnSO_4 \cdot H_2O$)含量(X_2)按下式计算:

$$X_2(\%) = \frac{C \times (V_1 - V_0) \times 0.179\ 5}{m} \times 100$$

以质量百分数表示的锌含量(X_3)按下式计算:

$$X_3(\%) = \frac{C \times (V_1 - V_0) \times 0.065\ 39}{m} \times 100$$

式中 C——乙二胺四乙酸二钠标准溶液的实际浓度,mol/L;

      V_1——滴定试验溶液消耗乙二胺四乙酸二钠标准溶液的体积,mL;

      V_0——滴定空白溶液消耗乙二胺四乙酸二钠标准溶液的体积,mL;

      m——试样质量,g;

      0.287 6——七水硫酸锌的毫摩尔质量,g/mmol;

      0.179 5——一水硫酸锌的毫摩尔质量,g/mmol;

      0.065 39——锌的毫摩尔质量,g/mmol。

6.5.7 注意事项

①严格按照分析方法添加各种掩蔽剂,不少加、漏加。

②试样要充分溶解。

③滴定速度应匀速快滴成点滴状,充分振摇。

6.5.8 允许误差

平行测定结果的相差:七水硫酸锌和一水硫酸锌不大于0.2%,锌不大于0.15%。

任务6 饲料级碘酸钙含量的测定

6.6.1 适用范围

本方法适用于饲料级碘酸钙含量的测定。

6.6.2 原理

在酸性溶液中,碘酸根离子被碘离子还原成游离碘,然后用硫代硫酸钠标准溶液滴定析出的碘。根据消耗硫代硫酸钠标准溶液的体积,计算试样中硫酸铜的含量。

6.6.3 试剂

①高氯酸。

②碘化钾。

③硫代硫酸钠标准溶液:0.1 mol/L。

④淀粉指示剂:10 g/L。

6.6.4 仪器和设备

①分析天平:感量0.000 1 g。
②容量瓶:250 mL。
③刻度吸管:10 mL。
④碘量瓶:250 mL。
⑤酸式滴定管:50 mL。

6.6.5 测定步骤

称取0.6 g试样(精确至0.000 2 g),置于250 mL碘量瓶中,加入10 mL高氯酸及10 mL水,微热溶解试样,冷却后加入1 mL高氯酸、3 g碘化钾,盖住瓶口,暗处放置5 min,用硫代硫酸钠标准溶液滴定,近终点时加2 mL淀粉指示液继续滴定至蓝色消失,即为终点,同时做空白试验。

6.6.6 结果计算

以质量分数表示的碘酸钙[$Ca(IO_3)_2$]含量(X_1)按下式计算:

$$X_1(\%) = \frac{C \times (V - V_0) \times 0.032\ 49}{m} \times 100$$

以质量分数表示的碘(以I计)含量(X_2)按下式计算:

$$X_2(\%) = \frac{C \times (V - V_0) \times 0.021\ 15}{m} \times 100$$

式中 C——硫代硫酸钠标准溶液的实际浓度,mol/L;

V——试样消耗硫代硫酸钠标准溶液的体积,mL;

V_0——空白消耗硫代硫酸钠标准溶液的体积,mL;

m——试样质量,g;

0.032 49—碘酸钙的毫摩尔质量,g/mmol;

0.021 15—碘的毫摩尔质量,g/mmol。

6.6.7 允许偏差

平行测定结果的相对偏差不大于0.3%。

任务7 饲料级硫酸锰的测定

6.7.1 适用范围

本方法适用于饲料级硫酸锰含量的测定。

6.7.2 测定原理

在磷酸介质中,于 220~240 ℃下用硝酸铵将试样中的二价锰定量氧化成三价锰,以 N-苯代邻氨基苯甲酸作指示剂,用硫酸亚铁铵标准溶液滴定。

6.7.3 试剂

①磷酸。

②硝酸铵。

③重铬酸钾标准溶液:0.1 mol/L。准确称取在 120 ℃烘至恒重的基准重铬酸钾约 4.9 g(精确至 0.000 2 g),置于 1 000 mL 容量瓶中,加适量水溶解后,稀释至刻度,摇匀。

④N-苯代邻氨基苯甲酸指示剂:2 g/L。称取 0.2 g N-苯代邻氨基苯甲酸,溶于少量水中,加 0.2 g 无水碳酸钠,低温加热溶解后加水至 100 mL,混匀。

⑤硫磷混酸:在 700 mL 水中加入 150 mL 硫酸、150 mL 磷酸,混匀。

⑥硫酸亚铁铵标准溶液:$C[Fe(NH_4)_2(SO_4)_2] = 0.1$ mol/L。

硫酸亚铁铵标准溶液的标定应与样品测定同时进行。

配制:称取 40 g 硫酸亚铁铵,加入(1+4)硫酸溶液 300 mL,溶解后加 700 mL 水,摇匀。

标定:移取 25 mL 重铬酸钾标准溶液于锥形瓶中,加 10 mL 硫磷混酸,加水至 100 mL,用硫酸亚铁铵标准溶液滴定至橙黄色消失。加入 2 滴 N-苯代邻氨基苯甲酸指示剂,继续滴定至溶液显亮绿色为终点。

$$[Fe(NH_4)_2(SO_4)_2] = \frac{V_1 \times m}{49.03 \times V}$$

式中 m——称取重铬酸钾的实际质量,g;

49.03——重铬酸钾($1/6K_2Cr_2O_7$)的摩尔质量,g/mol;

V_1——移取重铬酸钾标准溶液的体积,mL;

V——滴定消耗硫酸亚铁铵标准溶液的体积,mL。

6.7.4 仪器和设备

①分析天平:感量 0.000 1 g。

②电炉。

③刻度吸管:10 mL。

④锥形瓶:500 mL。

⑤酸式滴定管:50 mL。

6.7.5 测定步骤

称取 0.5 g 试样(精确至 0.000 2 g),置于 500 mL 锥形瓶中,用少量水润湿,加入20 mL 磷酸,摇匀后加热煮沸,至液面平静并微冒白烟(此时温度为220 ~ 240 ℃),移离热源,立即加入 2 g 硝酸铵并充分摇匀,让黄烟逸尽。冷却到约 70 ℃后,加 100 mL 水,充分摇动,使盐类溶解,冷却至室温。用硫酸亚铁铵标准溶液滴定至浅红色,加入 2 滴 N-苯代邻氨基苯甲酸指示剂,继续滴定至溶液显亮绿色为终点。

6.7.6 结果计算

以质量分数表示的硫酸锰($MnSO_4 \cdot H_2O$)含量(X_1)按下式计算:

$$X_1(\%) = \frac{C \times V \times 0.169\ 0}{m} \times 100$$

以质量分数表示的锰(Mn)含量(X_2)按下式计算:

$$X_2(\%) = \frac{C \times V \times 0.054\ 94}{m} \times 100$$

式中 V——试样消耗硫酸亚铁铵标准溶液的体积,mL;

C——硫酸亚铁铵标准溶液浓度,mol/L;

m——试样的质量,g;

0.169 0——硫酸锰($MnSO_4 \cdot H_2O$)的毫摩尔质量,g/mmol;

0.054 94——锰的毫摩尔质量,g/mmol。

6.7.7 允许偏差

两个平行样测定值相对偏差不得超过 0.2%,以其算术平均值报告结果。

任务8 饲料级硫酸亚铁的测定

6.8.1 适用范围

本方法适用于饲料级一水硫酸亚铁含量的测定。

6.8.2 测定原理

在酸性介质中,用高锰酸钾滴定硫酸亚铁发生如下反应:

$$5Fe^{2+} + MnO_4^- + 8H^+ \longrightarrow 5Fe^{3+} + Mn^{2+} + 4H_2O$$

在硫酸溶液中,反应是迅速和定量进行的。通常加入磷酸使其与Fe^{3+}生成无色络合物而削除Fe^{3+}的颜色。高锰酸钾自身用来作指示剂。

6.8.3 试剂

①浓硫酸。
②浓磷酸。
③高锰酸钾标准溶液:0.1 mol/L。

6.8.4 仪器和设备

①分析天平:感量0.000 1 g。
②刻度吸管:10 mL。
③碘量瓶:250 mL。
④棕色酸式滴定管:50 mL。

6.8.5 测定步骤

称取约0.3 g试样(精确至0.000 2 g),置于250 mL三角瓶中,溶于50 mL不含氧的水中,加5 mL浓硫酸,加2 mL磷酸,用高锰酸钾标准溶液滴定至溶液呈粉红色,在30 s内不褪色即为终点。同时做空白试验。

6.8.6 结果计算

以质量分数表示的一水硫酸亚铁($FeSO_4 \cdot H_2O$)含量(X_1)按下式计算:

$$X_1(\%) = \frac{C \times (V_1 - V_0) \times 0.169\ 9}{m} \times 100$$

以质量分数表示的七水硫酸亚铁($FeSO_4 \cdot 7H_2O$)含量(X_2)按下式计算:

$$X_2(\%) = \frac{C \times (V_1 - V_0) \times 0.278\ 0}{m} \times 100$$

以质量分数表示的铁(Fe)含量(X_3)按下式计算:

$$X_3(\%) = \frac{C \times (V_1 - V_0) \times 0.055\ 85}{m} \times 100$$

式中 C——硫代硫酸钠标准溶液的实际浓度,mol/L;

V——滴定试液消耗的硫代硫酸钠标准溶液的体积,mL;

V_0——空白试验消耗的硫代硫酸钠标准溶液的体积,mL;

m——饲料的质量,g;

0.169 9——一水硫酸亚铁($FeSO_4 \cdot H_2O$)的毫摩尔质量,g/mmol;

0.278 0——七水硫酸亚铁($FeSO_4 \cdot 7H_2O$)的毫摩尔质量,g/mmol;

0.055 85——铁(Fe)的毫摩尔质量,g/mmol。

6.8.7　$FeSO_4 \cdot H_2O$ 中的游离酸

称取试样 10 g(准确至 0.000 2 g)于 100 mL 容量瓶中,加入 100.0 mL 异丙醇,振摇 5 min,过滤,取滤液 50.0 mL 于三角瓶中,加入 3 滴酚酞指示剂,用氢氧化钠标准溶液滴定至粉红色为终点。同时做空白试验。

$$游离酸(\%) = \frac{C \times (V_1 - V_0) \times 0.049 04}{m \times 50} \times 100$$

6.8.8　稳定性试验

方法一:称取 5 g 样品与 200 mL 高形烧杯中,加入 100 mL 去离子水,搅拌 2 min,静置观察 1 h,看上层清液颜色变化情况。

方法二:取 200 g $CaHPO_4$、200 g $MnSO_4$、200 g $CuSO_4$、200 g $FeSO_4$、200 g $ZnSO_4$,混匀后,装入透明无色塑料袋内,扎紧口,置于 50~60 ℃烘箱内烘 12 h,观察变色情况,合格应无明显变红色或浅黄红色情况。

6.8.9　允许偏差

取平行测定结果的算术平均值为测定结果。平行测定结果的相对偏差不大于 0.3%。

任务9　饲料级亚硒酸钠的测定

6.9.1　适用范围

本方法适用于饲料级亚硒酸钠含量的测定。

6.9.2　测定原理

在强酸性条件下,亚硒酸钠与碘化钾发生氧化还原反应产生游离碘,以淀粉为指示剂,用硫代硫酸钠标准溶液滴定析出的碘。根据消耗硫代硫酸钠标准溶液的体积,计算试样中亚硒酸钠的含量。

6.9.3　试剂

①碘化钾。
②三氯甲烷。
③硫代硫酸钠标准溶液:0.1 mol/L。
④淀粉指示剂:5 g/L。
⑤盐酸溶液:1 + 1。

6.9.4　仪器和设备

①分析天平:感量 0.000 1 g。
②容量瓶:100 mL。
③刻度吸管:5 mL、10 mL。
④碘量瓶:250 mL。
⑤棕色酸式滴定管:50 mL。
⑥烘箱:能控制温度在 105～110 ℃。

6.9.5　测定步骤

称取 0.1 g 预先在 105～110 ℃下烘至恒重的试样(精确至 0.000 2 g),置于 250 mL 碘量瓶中,加入 100 mL 水溶解,加入 2 g 碘化钾、10 mL 三氯甲烷和 5 mL 盐酸溶液,摇匀,在暗处放 5 min,用硫代硫酸钠标准溶液滴定,直至溶液呈现淡黄色,加 2 mL 淀粉指示液,强力振荡 1 min,继续滴定至蓝色消失即为终点。

6.9.6　结果计算

以质量分数表示的亚硒酸钠(Na_2SeO_3)含量(X_1)按下式计算:

$$X_1(\%) = \frac{C \times (V_1 - V_2) \times 0.043\ 23}{m} \times 100 = \frac{4.323(V_1 - V_2) \times C}{m}$$

以质量分数表示的亚硒酸钠(以 Se 计)含量(X_2)按下式计算:

$$X_2(\%) = \frac{C \times (V_1 - V_2) \times 0.019\ 74}{m} \times 100 = \frac{1.974(V_1 - V_2) \times C}{m}$$

式中　C——硫代硫酸钠标准溶液的实际浓度,mol/L;

　　　V_1——试样消耗硫代硫酸钠标准溶液的体积,mL;

　　　V_2——空白消耗硫代硫酸钠标准溶液的体积,mL;

　　　m——试样质量,g;

0.043 23——亚硒酸钠的毫摩尔质量,g/mmol;

0.019 74——硒的毫摩尔质量,g/mmol。

6.9.7　允许偏差

平行测定结果的相对偏差不大于0.1%。

任务10　饲料级硫酸铜的测定

6.10.1　适用范围

本方法适用于饲料级硫酸铜含量的测定。

6.10.2　测定原理

将试样溶解于水,在微酸性条件下,加入适量的碘化钾与二价铜作用,析出等当量的碘,以淀粉为指示剂,用硫代硫酸钠标准溶液滴定析出的碘。根据消耗硫代硫酸钠标准溶液的体积,计算试样中硫酸铜的含量。

6.10.3　试剂

①碘化钾。
②冰乙酸。
③硫代硫酸钠标准溶液:0.1 mol/L。
④淀粉指示剂:5 g/L。

6.10.4　仪器和设备

①分析天平:感量0.000 1 g。
②容量瓶:100 mL。
③刻度吸管。
④碘量瓶:250 mL。
⑤酸式滴定管:50 mL。

6.10.5　测定步骤

称取 1 g 试样(精确至 0.000 2 g),置于 250 mL 碘量瓶中,加入 100 mL 水溶解,加入 4 mL 冰乙酸,加 2 g 碘化钾,暗处放置 10 min,用硫代硫酸钠标准溶液滴定,直至溶液呈现淡黄色,加 2 mL 淀粉指示剂继续滴定至蓝色消失,即为终点。

6.10.6　结果计算

以质量分数表示的硫酸铜(CuSO$_4$·5H$_2$O)含量(X_1)按下式计算:

$$X_1(\%) = \frac{C \times V \times 0.249\ 7}{m} \times 100 = \frac{24.97V \times C}{m}$$

以质量分数表示的硫酸铜(以 Cu 计)含量(X_2)按下式计算:

$$X_2(\%) = \frac{C \times V \times 0.063\ 55}{m} \times 100 = \frac{6.355 \times V \times C}{m}$$

式中　C——硫代硫酸钠标准溶液的实际浓度,mol/L;

　　　V——滴定时消耗硫代硫酸钠标准溶液的体积,mL;

　　　m——试样质量,g;

　　　0.249 7——五水硫酸铜的毫摩尔质量,g/mmol;

　　　0.063 55——铜的毫摩尔质量,g/mmol。

6.10.7　注意事项

严格按照碘量法一切注意事项操作。

6.10.8　允许偏差

平行测定结果的相对偏差不大于 0.2%。

模块3　原子吸收分光光度仪在饲料微量元素检测中的应用

微量元素(trace elements),指动物体内含量低于 0.01% 矿物质元素。在现代动物生产中,微量元素是饲料重要的组成部分,微量元素的使用添加也是饲料配方重要考虑指标,在饲料检测中,饲料微量元素成分测定是饲料营养价值和饲料配方评价的重要内容。尤其是对 Cu、Fe、Zn、Mn 等微量元素常常重点监控。饲料中的微量元素由于含量少,干扰成分多,常规化学手段难以完成,故主要借助仪器分析,常用仪器有原子吸收分光光度

仪、原子荧光光度仪、氢化物发生器等,其中在饲料行业使用最多的为原子吸收分光光度仪。原子吸收分光光度法测定饲料微量元素工作流程如图6.6所示。

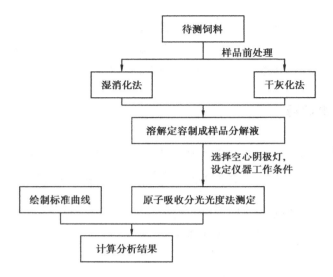

图6.6　原子吸收分光光度法测定饲料微量元素工作流程

任务11　原子吸收分光光度法测定饲料中的 Cu、Fe、Zn、Mn

6.11.1　测定原理

将试样经前处理后,溶解定容,设定好每种元素测定条件后,分别导入原子吸收分光光度计中,用火焰原子吸收分光光度法测量每种元素的吸光度,并利用标准曲线计算出样品含量。

6.11.2　试剂

（1）$C = 0.6$ mol/L 的盐酸

（2）铁标准溶液

①0.1 mg/mL 铁标准贮备液制备:称取 702.2 mg 硫酸亚铁铵 $[(NH_4)_2SO_4 \cdot FeSO_4 \cdot 6H_2O]$ 于高型烧杯中,加入 100 mL 水、125 mL 0.6 mol/L 的盐酸,完全溶解后转移入 1 L 容量瓶中,加水稀释至刻度,混匀。

②铁标准溶液制备:准确吸取铁标准贮备液 0、4 mL、6 mL、8 mL、10 mL、15 mL,分别置于 6 个 100 mL 容量瓶中,用 1 : 100 稀盐酸稀释定容至刻度,分别得到 0、4 μg/mL、6 μg/mL、8 μg/mL、10 μg/mL、15 μg/mL 铁标准溶液系列。

（3）铜标准溶液

①0.1 mg/mL 铜标准贮备液制备：称取 392.9 mg 硫酸铜（$CuSO_4 \cdot 5H_2O$）于高型烧杯中，加入 100 mL 水、125 mL 0.6 mol/L 的盐酸，完全溶解后转移入 1 L 容量瓶中，加水稀释至刻度，混匀。

②铜标准中间溶液：准确吸取铜标准溶液 20.0 mL 于 100 mL 容量瓶中，用 1∶100 稀盐酸稀释定容至刻度，混匀，得到 20 μg/mL 铜标准中间溶液。

③铜标准溶液制备：准确吸取铜标准中间液 0 mL、2.5 mL、5.0 mL、10.0 mL、15.0 mL、20 mL，分别置于 6 个 100 mL 容量瓶中，用水稀释定容至刻度，分别得到 0、0.5 μg/mL、1.0 μg/mL、2 μg/mL、3 μg/mL、4 μg/mL 铜标准溶液系列。

（4）锌标准溶液

①0.1 mg/mL 锌标准贮备液制备：称取 439.8 mg 硫酸锌（$ZnSO_4 \cdot 7H_2O$）于高型烧杯中，加入 100 mL 水、125 mL 0.6 mol/L 的盐酸，完全溶解后转移入 1 L 容量瓶中，加水稀释至刻度，混匀。

②锌标准中间溶液：准确吸取锌标准溶液 20.0 mL 于 100 mL 容量瓶中，用 1∶100 稀盐酸稀释定容至刻度，混匀，得到 20 μg/mL 锌标准中间溶液。

③锌标准溶液制备：准确吸取锌标准中间液 0 mL、1.0 mL、2.5 mL、5.0 mL、7.5 mL、10 mL，分别置于 6 个 100 mL 容量瓶中，用水稀释定容至刻度，分别得到 0、0.2 μg/mL、0.5 μg/mL、1.0 μg/mL、1.5 μg/mL、2.0 μg/mL 锌标准溶液系列。

（5）锰标准溶液

①0.1 mg/mL 锰标准贮备液制备：称取 307.7 mg 硫酸锰（$MnSO_4 \cdot H_2O$）于高型烧杯中，加入 100 mL 水、125 mL 0.6 mol/L 的盐酸，完全溶解后转移入 1 L 容量瓶中，加水稀释至刻度，混匀。

②锰标准中间溶液：准确吸取锰标准溶液 20.0 mL 于 100 mL 容量瓶中，用 1∶100 稀盐酸稀释定容至刻度，混匀，得到 20 μg/mL 锰标准中间溶液。

③锰标准溶液制备：准确吸取锰标准中间溶液 0 mL、2.5 mL、5.0 mL、10.0 mL、20 mL、25.0 mL，分别置于 6 个 100 mL 容量瓶中，用水稀释定容至刻度，分别得到 0、0.5 μg/mL、1.0 μg/mL、2.0 μg/mL、4.0 μg/mL、5.0 μg/mL 锰标准溶液系列。

6.11.3　仪器设备

①原子吸收分光光度计。
②高型烧杯。
③容量瓶：100 mL、1 000 mL。
④吸量管：10 mL、20 mL。
⑤量筒：100 mL、200 mL。

6.11.4 样品的测定

1)样品处理

(1)湿法

准确称取粒度为 120 目 1.000 0 g 饲料试样于凯氏烧瓶中,加 HNO_3 浸泡(6~8 h),再加入 $HClO_4$,酸配比($HNO_3 + HClO_4 = 10 + 1$),酸总量为 24.00 mL,在通风橱中的可调温电热套中加热,待大量棕色气体逸出,直至有 $HClO_4$ 白雾逸出,溶液清亮时为止,取下冷却。用 0.1 mol/L HNO_3 洗瓶壁并微热使结晶溶解,最后用去离子水转移到 50 mL 的容量瓶中,过滤备用。同时平行做一份空白试验。

(2)干灰化法

称取 1.000 0 g 制备好的试样,精确到 0.001 g 置于瓷坩埚中,碳化至无烟时,放入马弗炉内灰化 1 h 取出,冷却加硝酸,再放入马弗炉内灰化 2 h,冷却后加 10 mL 6 mol/L 盐酸溶液,定容至 50 mL 容量瓶中,过滤,待用。同时平行做一份空白试验。

2)工作条件的选择

对 4 种元素的火焰原子吸收的工作条件分别进行了优化选择,最佳工作条件见表 6.7。

表 6.7　原子吸收测定铁、铜、锌、锰的最佳工作条件

项 目	Fe	Cu	Zn	Mn
灯电流/mA	5.0	4.0	5.0	5.0
4.0 波长/nm	248.3	324.8	213.9	279.3
279.5 狭缝/nm	0.2	0.5	1.0	0.2
燃烧器高度	6.0	6.0	6.0	6.0
燃烧器位置	5.0	5.0	5.0	5.0
燃气流量	1 500	1 700	1 100	1 500
积分时间	1.0	1.0	1.0	1.0

3)标准曲线的绘制

在仪器最佳工作条件下,分别对各个标准溶液系列进行测定,制作各元素的标准曲线。每个标准溶液重复测定 3 次。

4)试样的测定

按标准曲线相同方法,将试样分解液导入,依次测定铜、铁、锌、锰吸光度值,根据标准曲线计算待测元素浓度。

6.11.5 注意事项

每个元素指标在测定时,均是设定好条件后测定标准曲线,再测样品,结束后再重新设

定条件,开始下一种元素的测定。许多进口分光光度计,在确定待测元素并选定空心阴极灯后,会自动设置测定条件。

6.11.6 允许偏差

每个试样平行测定两次,以其算术平均值作为结果,两个测定结果的相对偏差不大于15%。

复习思考题)))

一、选择题

1. 直接法配制 100 mg/mL 磷标准溶液,称取磷酸二氢钾的方法是(   )。
   A. 直接称量法　　　　B. 差减称量法　　　C. 指定质量称量法　　D. 都可以

2. 在 EDTA 快速法测定饲料中钙的含量时,所用标准溶液是(   )。
   A. 高锰酸钾　　　　　B. 乙二胺四乙酸二钠　C. 盐酸　　　　　　　D. 硝酸银

3. 磷标准溶液的配制方法是(   )。
   A. 直接法　　　　　　B. 间接法　　　　　　C. 标定法　　　　　　D. 湿法

4. 测定饲料中水溶性氯化物时,氯含量在(   )以内,称取样品 3 g 左右。
   A. 0.8% ~ 1.6%　　　B. 1.6% 以上　　　　C. 0.8% 以内　　　　D. 0.6%

5. 原子吸收分光光度法测定饲料中的钙、铜、铁、锌等矿物元素,用干法处理样品时,试样放在马弗炉中在(   )摄氏度下进行灰化。
   A. 250 ± 15　　　　　B. 105 ± 15　　　　　C. 65 ± 15　　　　　D. 550 ± 15

二、填空题

1. EDTA 快速测定某饲料中的钙,分别称取样品 5.012 0 g、5.112 5 g,经干法灰化后,用盐酸溶解定容至 100 mL,分别取其中 10.00 mL 用 EDTA 快速测定法测定,滴定至终点时,平行测定样品所消耗 EDTA 标准溶液分别为 4.85 mL、5.06 mL,已知 EDTA 对钙的滴定度为 0.002 5 g/mL,计算公式为:

$$Ca(\%) = \frac{TV_0}{m(V_1/V_2)} \times 100$$

则饲料中的钙含量分别为(   )、(   ),分析结果相对偏差为(   )。

2. 分光光度法测定饲料中的磷,其中所用到的磷标准溶液要用(   )法配制,原因是(   );EDTA 测定饲料中的钙所用的 EDTA 标准溶液要用(   )法配制,原因是(   )。

3. 在配位滴定法快速测定钙的方法中,加入三乙醇胺的作用是(   ),加入乙二胺的作用是(   ),加入氢氧化钾的作用是(   )。

4. 原子吸收分光光度法主要用于测定饲料中的(   ),此方法需用(   )或(   )法对样品进行前处理。

5. 用分光光度法测定某饲料原料中总磷含量。称取饲料样品两份:$m_1 = 0.452\ 3$ g,$m_2 = 0.483\ 2$ g,经干法分解后,分别转入 100 mL 容量瓶中定容至刻度。各分解液 2 mL

于 50 mL 容量瓶中,加入显色剂,定容。以空白液为参比溶液,在 400 nm 波长下用分光光度计测定其吸光度 $A_1 = 0.022$,$A_2 = 0.026$。通过绘制标准曲线得到 $A = 3.2442\ C$(C:溶液浓度,单位为 $\mu g/mL$)。该饲料原料的总磷含量平均值为( )(用% 表示),相对偏差( ),该计算结果可以反映分析结果的( )。

三、判断题

1. 在饲料磷的测定过程中,分光光度计的设定为波长为 560 nm。 (   )

2. 在饲料磷的测定过程中,配制的钼酸铵溶液要避光保存,否则形成沉淀不能使用。

(   )

3. 饲料企业测定饲料中钙最常用的是高锰酸钾法。 (   )

4. EDTA 快速测定钙含量时,需先加草酸以生成草酸钙沉淀。 (   )

5. 饲料中的矿物元素检测主要用分光光度法。 (   )

6. 铁的饲料添加剂中铁含量和配合饲料中铁含量的测定方法不同。 (   )

7. 利用佛尔哈德法测定的氯化钠含量往往比其实际含量高。 (   )

四、问答题

1. 简述饲料中总磷的测定原理和主要步骤。

2. 简述佛尔哈德法测定饲料中水溶性氯化物的测定原理。

3. 饲料中钙的测定方法有几种,快速测定法原理是什么?

项目7
饲料中维生素与氨基酸的测定

项目导读: 维生素是动物代谢所必需的、需要量极少的一类低分子有机化合物;氨基酸则是构成蛋白质的基础有机小分子。由于它们类型多,检测方法复杂,又有一定共性,在本项目中基于高职学生的学习特点,将二者合并介绍,在让学生学习和掌握主要氨基酸、维生素化学检测原理方法的同时,重点介绍了高效液相色谱法检测饲料中维生素 A、D、E 的原理和方法。

维生素和必需氨基酸在单胃动物体内一般不能合成,必须由饲粮提供,所以在现代动物生产中,均为动物饲粮配方中要考虑的重要营养成分,也是饲料纯养分测定的重要指标。二者尽管营养作用不同,但作为有机小分子,在检测方法尤其是仪器分析上有一定的共性特征,在检测时,基于不同的对象,方法存在较大差异。饲料级添加剂氨基酸为成分较为单一的有机化合物,检测的干扰成分较少,结构相似,性质也相似,通常采用化学分析,主要是滴定分析法进行检测;饲料中的氨基酸主要作为蛋白质的组成成分而存在于高分子化合物中,成分复杂,含量少,分离难度大,必须借助氨基酸分析仪、高效液相色谱仪等现代分析仪器进行检测;而饲料中的维生素是其按营养作用进行分类的,在化学结构上几乎没有共性,且检测程序复杂,除维生素 C、氯化胆碱等少数维生素添加剂用化学方法检测外,多数以仪器分析,如高效液相色谱法、分光光度法、荧光检测法为主进行检测,但由于分光光度法显色不稳定,灵敏度低,结果重复性差,而荧光法干扰大,准确性均较差,所以生产企业及质检部门主要以高效液相色谱法进行检测。

模块1　主要维生素、氨基酸的化学检测

任务1　饲料级 L-赖氨酸盐酸盐的测定

7.1.1　适用范围

本方法适用于测定以淀粉、糖质为原料,经发酵提取制得的 L-赖氨酸盐酸盐的含量。

7.1.2 检测原理

在非水溶液介质中,L-赖氨酸盐酸盐与乙酸汞反应生成氯化汞沉淀,用高氯酸标准溶液定量滴定电离出的乙酸盐,根据消耗高氯酸的体积计算 L-赖氨酸盐酸盐的含量。

7.1.3 试剂和溶液

①甲酸(HG 3—1296—80)。

②冰乙酸(GB 676—78)。

③乙酸汞(HG 3—1096—77):60 g/L 冰乙酸溶液。

④α-萘酚苯基甲醇指示剂:0.2%(m/V)冰乙酸指示剂:0.2 g α-萘酚苯基甲醇溶于 100 mL 冰乙酸中。

⑤0.1 mol/L 高氯酸(HClO$_4$)的冰乙酸标准溶液:配制及标定见附录。

7.1.4 仪器和设备

①分析天平。

②酸式滴定管,25 mL。

③锥形瓶,250 mL。

7.1.5 测定方法

试样预先在(103 ± 2)℃烘箱内干燥至恒重,称取干燥试样 0.1 ~ 0.2 g,称准至 0.000 2 g,加 3 mL 甲酸和 50 mL 冰乙酸,再加入 5 mL 乙酸汞的冰乙酸溶液。加入 10 滴 α-萘酚苯基甲醇指示剂,用 0.1 mol/L 高氯酸标准溶液滴定,试样由橙黄色变为黄绿色即为滴定终点。用同样方法另作空白试验。

7.1.6 结果计算

计算公式如下:

$$L\text{-赖氨酸盐酸盐含量}(\%) = \frac{C \times (V - V_0) \times 0.182\ 7}{m} \times 100$$

式中　V——滴定试样时消耗的高氯酸标准溶液体积,mL;

　　　V_0——空白试验时消耗的高氯酸标准溶液体积,mL;

　　　0.182 7——赖氨酸盐酸盐的毫摩尔质量,g/mol;

　　　m——试样的质量,g;

　　　C——高氯酸标准溶液的浓度,mol/L。

7.1.7　注意事项

①严格按照非水滴定法的一切注意事项操作。

②空白试验与试样试验应用同一瓶试剂测定,避免因试剂带来的误差,提高检测准确性。

7.1.8　允许偏差

两个平行样测定值相对偏差不得超过 0.2%,以其算术平均值报告结果。

任务2　饲料级原料 DL-蛋氨酸的测定

7.2.1　适用范围

本方法适用于以甲硫基丙醛、氯化物、硫酸及氢氧化钠为主要原料生产的 DL-蛋氨酸。

7.2.2　检测原理

在中性介质中准确加入过量的碘溶液,将两个碘原子加到蛋氨酸的硫原子上,过量的碘溶液用硫代硫酸钠标准溶液回滴。

7.2.3　试剂和溶液

①磷酸氢二钾溶液:500 g/L。

②磷酸二氢钾溶液:200 g/L。

③碘化钾溶液:200 g/L,储存于棕色瓶中。

④碘溶液 $C(1/2I_2) = 0.1$ mol/L:称取 13 g 碘及 35 g 碘化钾溶于水中,稀释至 1 000 mL,摇匀,保存于棕色具塞瓶中。

⑤硫代硫酸钠标准溶液,$C(Na_2S_2O_3) = 0.100\ 0$ mol/L:按附录制备并标定。

⑥淀粉溶液:10 g/L。

7.2.4　仪器和设备

①分析天平:感量 0.000 1 g。

②碘量瓶:500 mL。

③棕色酸式滴定管:25 mL。

7.2.5 测定步骤

将试样在(103±2)℃下干燥至恒量,准确称取干燥试样0.1~0.5 g(准确至0.000 1 g)放入500 mL碘量瓶中,加70 mL水、10 mL磷酸氢二钾溶液、10 mL磷酸二氢钾溶液、10 mL碘化钾溶液,充分振荡溶解之后,准确加入0.1 mol/L碘溶液20 mL,加盖摇匀,在暗处放置30 min后取出,用0.05 mol/L硫代硫酸钠溶液滴定过量的碘,到溶液呈淡黄色时加1~2 mL淀粉指示剂,继续用0.05 mol/L硫代硫酸钠溶液滴定至溶液无色。同时按同样方法用水作空白试验。

7.2.6 结果计算

$$DL\text{-}蛋氨酸含量(\%) = \frac{C \times (V - V_0) \times 0.149\ 2}{m} \times 100$$

式中　V——试样消耗的0.1 mol/L硫代硫酸钠溶液的体积,mL;

V_0——空白消耗的0.1 mol/L硫代硫酸钠溶液的体积,mL;

m——试样的质量,g;

0.149 2——DL-蛋氨酸的毫摩尔质量,g/mmol。

7.2.7 注意事项

①严格按照碘量法的一切注意事项操作。
②将试样在(103±2)℃下干燥至恒量后称取,计算结果时必须扣除水分,按其干基计。
③试样一定要充分溶解,避免结果偏低。
④加碘液时必须准确快速,避免增大误差。

7.2.8 允许偏差

取平行测定结果的算术平均值为测定结果,两次平行测定结果的绝对差值不得大于0.1%。

任务3　饲料级原料L-苏氨酸的测定

7.3.1 适用范围

本方法适用于测定以淀粉、糖质为原料,经发酵提取制成的L-苏氨酸含量。

7.3.2 **检测原理**

在非水溶液介质中,以高氯酸标准溶液滴定试样,进行中和反应,根据消耗高氯酸的体积计算 L-苏氨酸的含量。

7.3.3 **试剂**

①甲酸(HG 3—1296—80)。
②冰乙酸(GB 676—78)。
③α-萘酚苯基甲醇指示剂:0.2%(m/V)冰乙酸指示剂。
④0.1 mol/L 高氯酸的冰乙酸标准溶液:配制与标定见附录。

7.3.4 **仪器和设备**

①分析天平:感量 0.000 1 g。
②锥形瓶:250 mL。
③刻度吸管:10 mL。
④酸式滴定管:50 mL。

7.3.5 **测定步骤**

称取预先在(103 ± 2)℃干燥至恒重的试样 0.1 ~ 0.2 g,称准至 0.000 1 g,加 3 mL 无水甲酸溶解后,加冰乙酸 50 mL,再加 10 滴 0.2% α-萘酚苯基甲醇指示剂,用 0.1 mol/L 高氯酸标准溶液滴定至溶液从橙黄色变为黄绿色,同时做空白试验。

7.3.6 **结果计算**

$$L\text{-苏氨酸含量}(\%) = \frac{C \times (V - V_0) \times 0.119\ 1}{m} \times 100$$

式中　V——滴定试样时消耗的高氯酸标准溶液体积,mL;

　　　V_0——空白试验时消耗的高氯酸标准溶液体积,mL;

　　　m——试样的质量,g;

　　　C——高氯酸标准溶液的浓度,mol/L;

　　　0.119 1——L-苏氨酸毫摩尔质量,g/mmol。

7.3.7 **注意事项**

①严格按照非水滴定法的一切注意事项操作。

②甲酸溶解试样一定要充分,尤其是赖氨酸。

③空白试验与试样试验应用同一瓶试剂测定,避免因试剂带来的误差,提高检测准确性。

7.3.8　允许偏差

取平行测定结果的算术平均值为测定结果,两次平行测定结果的相对偏差不得大于0.3%。

任务4　饲料级原料色氨酸的测定

7.4.1　适用范围

本方法适用于饲料原料中色氨酸含量的测定。

7.4.2　测定原理

在非水溶液介质中,以高氯酸标准溶液滴定试样,进行中和反应,根据消耗高氯酸的体积计算色氨酸的含量。

7.4.3　试剂和溶液

①60 g/L 氯化汞乙酸溶液。

②α-萘酚苯基甲醇指示剂:0.2% 冰乙酸溶液。

③0.1 mol/L 高氯酸的冰乙酸标准溶液:配制与标定见附录。

7.4.4　仪器设备

①分析天平:感量 0.000 1 g。

②三角瓶:250 mL 。

③刻度吸管:10 mL。

④酸式滴定管:25 mL。

7.4.5　测定步骤

称取样品 0.1 g,称准至 0.000 1 g,加 3 mL 甲酸溶解后,加冰乙酸 50 mL,再加 10 滴

0.2%α-萘酚苯基甲醇指示剂,用0.1 mol/L高氯酸的冰乙酸标准溶液滴定至溶液从橙黄色变为黄绿色,同时做空白试验。

7.4.6 结果计算

$$色氨酸含量(\%) = \frac{C \times (V - V_0) \times 0.204\ 2}{m} \times 100$$

式中 V——滴定试样时消耗的高氯酸标准溶液体积,mL;

V_0——空白试验时消耗的高氯酸标准溶液体积,mL;

m——试样的质量,g;

C——高氯酸标准溶液的浓度,mol/L;

0.204 2——色氨酸($C_4H_9NO_3$)的毫摩尔质量,g/mmol。

7.4.7 注意事项

①严格按照非水滴定法的一切注意事项操作。

②甲酸溶解试样一定要充分。

③空白试验与试样试验应用同一瓶试剂测定,避免因试剂带来的误差,提高检测准确性。

7.4.8 允许偏差

每个试样,应取两个平行样进行测定,以其算术平均值为结果,两个平行样测定值相对偏差不得超过0.3%,否则应重做。

任务5 饲料级维生素C的检测

7.5.1 适用范围

适用于维生素C含量的测定。

7.5.2 检测原理

在酸性溶液中,维生素C与碘标准溶液发生氧化还原反应,根据消耗碘标准溶液的体积,计算试样中维生素C的含量。

7.5.3 试剂

①碘。
②冰乙酸溶液:60 g/L 水溶液。
③0.1 mol/L 碘标准溶液:配制与标定见附录。
④淀粉指示剂:10 g/L。

7.5.4 仪器和设备

①分析天平:感量 0.000 1 g。
②碘量瓶:250 mL。
③酸式滴定管:25 mL。

7.5.5 测定步骤

称取 0.2 g 试样(精确至 0.000 2 g),置于 250 mL 碘量瓶中,加入新煮沸的冷水100 mL及 10 mL 6% 冰乙酸使其溶解,加 1 mL 淀粉指示液,立即用碘标准溶液滴定至蓝色在 30 s内不褪。

7.5.6 结果计算

以质量分数表示的维生素 C 含量(X_1)按下式计算:

$$X_1(\%) = \frac{C \times V \times 0.176\,1}{m} \times 100$$

式中 C——碘标准溶液的浓度,mol/L;

  V——样品消耗碘标准溶液的体积,mL;

  m——试样质量,g;

  0.176 1——维生素 C 的毫摩尔质量,g/mmol。

7.5.7 注意事项

如果维生素 C 采用包被或者采用微囊技术,则在称完样品之后,加 10 mL 95% 乙醇溶液,振荡 5 min 后,再进行试验(同以上方法中叙述的,依次加入试剂)。

7.5.8 允许偏差

每个试样,应取两个平行样进行测定,以其算术平均值为结果,两个平行样测定值相对偏差不得超过 0.3% ,否则应重做。

任务6　饲料级氯化胆碱的检测

适用范围:本标准适用于以三甲胺盐酸水溶液与环氧乙烷反应生成的氯化胆碱水剂及其粉剂制品。

7.6.1　非水滴定法

1)测定原理

在非水溶液介质中,氯化胆碱与乙酸汞反应生成氯化汞沉淀,在乙酸介质中以高氯酸对生成的乙酸盐进行滴定,根据消耗高氯酸的体积计算氯化胆碱的含量。

2)试剂

①冰乙酸。

②乙酸酐。

③乙酸汞溶液:50 g/L(称取 5 g 乙酸汞研细,加 100 mL 温热的冰乙酸溶解.本溶液应置于棕色瓶内,密闭保存)。

④结晶紫指示液:称取 0.2 g 结晶紫,加 100 mL 冰乙酸。

⑤高氯酸标准溶液:$C(HClO_4) = 0.1$ mol/L。

3)仪器和设备

①分析天平:感量为 0.000 1 g。

②三角瓶:250 mL。

③酸式滴定管:25 mL。

4)测定步骤

称取约 0.3 g 试样(精确至 0.000 2 g),加 20 mL 冰乙酸,2 mL 乙酸酐,10 mL 乙酸汞溶液和一滴结晶紫指示液,摇匀。用高氯酸标准溶液滴定至溶液呈纯蓝色,同时做空白试验。

5)结果计算

以质量分数表示的氯化胆碱含量(X_1)按下式计算:

$$X_1(\%) = \frac{C \times (V - V_0) \times 0.139\ 6}{m} \times 100$$

式中　C——高氯酸标准溶液的实际浓度,mol/L;

V——试样消耗高氯酸标准溶液的体积,mL;

V_0——空白消耗高氯酸标准溶液的体积,mL;

m——试样的质量,g;

0.139 6——氯化胆碱的毫摩尔质量,g/mmol。

6)注意事项

①严格按照非水滴定法的一切注意事项操作。

②氯化胆碱容易吸潮,造成结果偏低。保管时应严格密封。

③同时在称取样品时,因为它的吸潮性,容易黏附在称量纸上,可将称量纸拆小称量,一起将纸与样品置于三角瓶中或者直接用三角瓶盛放药品进行称量。

④加入冰乙酸后应延长溶解时间,避免加热。

⑤溶解样品时应密封三角瓶,以免冰乙酸挥发,使结果偏低。

7) 允许偏差

取两次平行测定结果的算术平均值为测定结果。两次平行测定结果相对偏差不得大于0.2%。

7.6.2 雷氏盐重量法

1) 检测原理

氯化胆碱能与雷氏盐反应生成粉红色沉淀,用稀酸、强碱消除可能存在的干扰因素,在冰水浴环境下缓慢加入雷氏盐甲醇溶液,与氯化胆碱生成沉淀,根据沉淀的质量可就算氯化胆碱的含量。

2) 试剂

①硫酸:$C(1/2H_2SO_4) = 2$ mol/L。

②硫酸:$C(1/2H_2SO_4) = 10$ mol/L。

③氢氧化钠:40%(m/V)。

④甲基红指示剂:0.1%。

⑤雷氏盐甲醇溶液:2%(要求现配现用)。

3) 仪器和设备

①电动振荡器。

②真空泵。

③抽滤瓶和G4坩埚。

④电烘箱:能控制温度在(103±2)℃。

⑤电热水浴锅。

4) 测定步骤

称取经(103±2)℃干燥恒重的粉样1 g(准确至0.000 1 g)于100 mL的容量瓶中,加水70 mL置于70 ℃的恒温水浴锅中,加热15 min取出于振荡器上振荡10 min,冷却至室温,定容。干过滤,弃去初滤液约20 mL,吸取滤液10 mL置于100 mL的高型烧杯中,加2 mol/L的硫酸10 mL并盖一倒置的漏斗,放电炉上煮沸,保持微沸5 min。冷却,加5 mL40%氢氧化钠煮沸5 min,冷却后用水冲洗漏斗和烧杯内壁,以甲基红为指示剂,用10 mol/L的硫酸调节pH至4~6,将烧杯放冰箱中冷却5 min,边搅拌边加入雷氏盐甲醇溶液20 mL,放冰箱中反应30 min,不时搅拌,静置陈化30 min。将沉淀无残留地转移至已恒重的G4坩埚中,减压过滤,用清水洗涤。沉淀和坩埚放入(103±2)℃的烘箱中恒重。取出,冷却,称量。

5）结果计算：

$$X = \frac{M_1 - M_2}{M} \times 10 \times 0.330\,45 \times 100 = \frac{M_1 - M_2}{M} \times 330.45$$

式中　X——试样中氯化胆碱的含量,%；

　　　M——试样质量,g；

　　　M_1——烘干后的沉淀和 G4 坩埚的质量,g；

　　　M_2——空 G4 坩埚的质量,g；

　　　10——稀释倍数；

　　　0.330 45——为氯化胆碱摩尔质量与雷氏盐-氯化胆碱沉淀产物摩尔质量的比值。

6）注意事项

①氯化胆碱易吸潮,称取样品时,用称量皿称取再转移至 100 mL 容量瓶,减少误差。

②煮酸碱时,一定要倒置漏斗使其回流,小火微沸。以免蒸干,影响结果。

③加雷氏盐时,平行样之间应加相等体积,减少误差。

④放置冰箱 30 min,每隔 4 ~ 5 min 搅拌一次,防止结冰,造成结果偏低。

⑤抽滤样品时,烧杯一定要冲洗干净,减少误差。

7）允许偏差

每个试样,应取两个平行样进行测定,以其算术平均值为结果。两个测定结果相对偏差不得超过 0.5% 。

模块2　高效液相色谱法测定饲料中维生素、氨基酸应用举例

任务 7　饲料中维生素 A 和维生素 E 的测定

7.7.1　适用范围

本法适用于各种食物和饲料中维生素 A 和维生素 E 的测定。

7.7.2　检测原理

样品的维生素 A 及维生素 E 经皂化提取以后,用 HPLC 法测定维生素 A 及维生素 E 的含量。

7.7.3　仪器

①高效液相色谱仪(带紫外检测器)。
②恒温水浴锅。
③旋转蒸发器。
④高纯氮气。
⑤高速离心机。

7.7.4　试剂

本实验所用试剂皆为分析纯,所用水皆为蒸馏水。
①无水乙醇。
②10%抗坏血酸溶液(m/V),临用前配制。
③50%氢氧化钾溶液(W/V)。
④无水乙醚(不含过氧化物)。
　　A.过氧化物检查方法:用5 mL乙醚加1 mL 10%碘化钾溶液,振摇1 min,如有过氧化物则放出游离碘,水层呈黄色或加4滴0.5%淀粉溶液,水层呈蓝色。该乙醚需处理后使用。
　　B.去除过氧化物的方法:乙醚用5 g/L硫代硫酸钠溶液振摇,静置,分取乙醚层,再用蒸馏水振摇洗涤两次,重蒸,弃去首尾5%部分,收集馏出的乙醚,再检查过氧化物是否符合规定。
⑤pH 1～14试纸。
⑥无水硫酸钠。
⑦甲醇:色谱纯或分析纯,重蒸后使用。
⑧重蒸水　蒸馏水中加入少量高锰酸钾重蒸后使用。
⑨苯并(e)芘标准液:称取苯并(e)芘(纯度98%),用乙醇配制成1 mL相当于5 μg苯并(e)芘的内标溶液。
⑩维生素A标准液:视黄醇用乙醇溶解维生素A标准品,使其浓度大约为1 mL相当于1 mg视黄醇。临用前用紫外分光光度法标定其准确浓度。
⑪维生素E标准液:α-生育酚,β-生育酚,δ-生育酚。用脱醛乙醇分别溶解以上三种维生素E标准品,使其浓度大约为1 mL相当于1 mg。临用前用紫外分光光度法分别标定此三种维生素E的准确浓度。

7.7.5　操作步骤

本实验需避光操作。

1)样品皂化

称取样品于三角瓶中,加30 mL无水乙醇,振摇三角瓶,使样品分散均匀。加入5 mL

10%抗坏血酸和苯并(e)芘标准液 2 mL,混匀。最后加入 10 mL 氢氧化钾边加边振摇。于沸水浴上回流 30 min 使样品皂化完全。皂化后立即放入冰水中冷却。

2)样品萃取

将皂化后的样品移入 500 mL 分液漏斗中,用 50 mL 水分 2 次洗皂化瓶,洗液并入分液漏斗中。用 100 mL 无水乙醚分两次洗皂化瓶及残渣,乙醚液并入分液漏斗中。轻轻振摇分液漏斗 2 min,静置分层,弃去水层。然后每次用约 100 mL 水将乙醚液洗至中性,洗 4~5 次。

3)浓缩

将乙醚提取液经无水硫酸钠(约 5 g)滤入 150 mL 旋转蒸发瓶内,用约 15 mL 乙醚冲洗分液漏斗及无水硫酸钠 2 次,并入蒸发瓶内,并将其接在旋转蒸发器上,于 55 ℃ 水浴中减压蒸馏并回收乙醚,待瓶中乙醚剩下约 2 mL 时,取下蒸发瓶,立即用氮气将乙醚吹干。加入 2 mL 乙醇溶液,充分混合,溶解提取物。将乙醇液移入塑料离心管中,于离心机上以 3 000 转/min 离心 5 min。上层清液供色谱分析。

4)标准曲线的制备

将维生素 A 和维生素 E 标准品配制成标准溶液(约 1 mg/mL),制备标准曲线前用紫外分光光度法标定其准确浓度。标准浓度的标定方法:取维生素 A 和维生素 E 标准液若干微升,分别稀释至 10.00 mL 乙醇中,并分别按给定波长测定各维生素的吸光值。用比吸光系数计算该维生素的浓度。测定条件如表 7.1 所示。

表 7.1　各维生素测定条件

标　准	比吸光系数 $E_1\%/cm$	波　长 λ/nm
视黄醇	1 835	325
α-生育酚	71	294
γ-生育酚	92.8	298
δ-生育酚	91.2	298

标准溶液浓度计算如下:

$$X_1 = A/E \times 1/100 \times 10.00/S \times 10^{-3}$$

式中　X_1——某维生素浓度,mg/mL;

　　A——维生素的平均紫外吸光值;

　　S——加入标准的量,μL;

　　E——某种维生素 1% 比吸光系数;

　　$10.00/S \times 10^{-3}$——标准液稀释倍数。

本法采用外标两点法进行定量。把一定量的维生素 A、维生素 E 及内标苯并(e)芘液混合均匀,选择合适的灵敏度,使上述物质的各峰高约为满量程的 70%,作为高浓度点,高浓度的 1/2 为低浓度点(内标苯并(e)芘的浓度值不变),用此二种浓度的混合标准进行色谱分析。液相色谱分析仪器所需条件:分析柱:C18,4.6 mm×25 cm;流动相:甲醇：水 = 98:2,混匀,临用前脱气;紫外检测器波长:300 nm;进样量:10~

20 μL;流速:1.0 ~ 1.5 mL/min。

7.7.6　计算

$$X = \frac{C}{m} \times V \times \frac{100}{1\ 000}$$

式中　X——某种维生素的含量,mg/100 g;

　　　C——由标准曲线上查到某种维生素含量,μg/mL;

　　　V——样品浓缩定容体积,mL;

　　　M——样品质量,g;

用外标法进行计算,按计算公式计算或由电脑主机得出结果。

7.7.7　注意事项

①维生素 A 极易被破坏,实验操作应在微弱光线下进行,或用棕色玻璃仪器。

②在皂化过程中,应每 5 min 摇一下皂化瓶,使样品皂化完全。

③提取过程中,振摇不应太剧烈,避免溶液乳化而不易分层。

④洗涤时,最初水洗轻摇,逐次振摇强度可增加。

⑤无水硫酸钠如有结块,应烘干后使用。

⑥在旋转蒸发时,乙醚溶液不应蒸干,以免被测样品含量有损失。

⑦用高纯氮吹干时,氮气不能开的太大,避免样品吹出瓶外,结果偏低。

任务8　饲料中维生素 D₃ 的测定

7.8.1　适用范围

本方法适用于配合饲料、浓缩饲料、复合预混料和维生素预混料中维生素 D₃ 的测定,测量范围为每千克样品中含维生素 D₃(胆钙化醇)的量在 500 IU 以上。

7.8.2　检测原理

用碱溶液皂化试验样品,乙醚提取未皂化的化合物,蒸发乙醚,残渣溶解于甲醇并将部分溶液注入高效液相色谱净化柱中除去干扰物,收集含维生素 D₃ 淋洗液馏分,蒸发至干,溶解于正己烷中,注入高效液相色谱分析柱,用紫外检测器在 264 nm 处测定,通过外标法计算维生素 D₃ 的含量。当样品中维生素 D₃ 标示量超过每千克 10 000 IU/kg 时,可省去高效液相色谱净化柱,试验溶液直接注入色谱分析柱分析。

7.8.3　试剂和材料

除特殊注明外,本标准所用提取试剂均为分析纯,流动相为色谱纯,水为超纯水。

①无水乙醚:无过氧化物。

a. 过氧化物检查方法:用 5 mL 乙醚加 1 mL 10 g/L 碘化钾溶液,振摇 1 min,如有过氧化物则放出游离碘,水层呈黄色。若加 5 g/L 淀粉指示液,水层呈蓝色。则该乙醚需处理后使用。

b. 去除过氧化物的方法:乙醚用 5 g/L 硫代硫酸钠溶液振摇,静置,分取乙醚层,再用蒸馏水振摇洗涤两次,重蒸,弃去首尾 5% 部分,收集馏出的乙醚,再检查过氧化物是否符合规定。

②乙醇。

③正己烷:重蒸馏(或光谱纯)。

④1,4-二氧六环。

⑤甲醇:优级纯。

⑥2,6-二叔丁基对甲酚(BHT)。

⑦无水硫酸钠。

⑧氢氧化钾溶液 500 g/L。

⑨5 g/L 抗坏血酸乙醇溶液:取 0.5 g 抗坏血酸结晶纯品溶解于 4 mL 温热的蒸馏水中,用乙醇稀释至 100 mL,临用前配制。

⑩氯化钠溶液 100 g/L。

⑪维生素 D_3 标准溶液。

a. 维生素 D_3 标准贮备液:准确称取 50.0 mg 维生素 D_3(胆钙化醇)结晶纯品于 50 mL 棕色容量瓶中,用正己烷溶解并稀释至刻度,4 ℃ 保存。该贮备液的浓度为每毫升含 1 mg 维生素 D_3。

b. 维生素 D_3 标准工作液:准确吸取维生素 D_3 标准贮备液,用正己烷按 1∶100 比例稀释,该标准溶液浓度为每毫升含 10 μg(400 IU)维生素 D_3。

⑫酚酞指示剂乙醇溶液 10 g/L。

⑬氮气 99.9%。

7.8.4　仪器设备

①实验室常用设备。

②圆底烧瓶,带回流冷凝器。

③恒温水浴或电热套。

④旋转蒸发器。

⑤超纯水器(或全磨口玻璃蒸馏器)。

⑥高效液相色谱仪:带紫外检测器。

7.8.5 试样的制备

选取有代表性的饲料样品至少 500 g,四分法缩减至 100 g,磨碎,全部通过 40 目孔筛,混匀,装入密闭容器中避光低温保存备用。

7.8.6 分析步骤

1)试验溶液的制备

(1)皂化

称取试样,配合饲料 10～20 g,浓缩饲料 10 g,精确至 0.001 g,维生素预混料或复合预混料 1～5 g,精确至 0.000 1 g,置入 250 mL 圆底烧瓶中,加 50～60 mL 抗坏血酸乙醇溶液,使试样完全分散、浸湿。再加入 10 mL 氢氧化钾溶液,混合均匀,置于沸水浴上回流 30 min,不时振荡防止试样粘附在瓶壁上。皂化结束,分别用 5 mL 乙醇,5 mL 水自冷凝管顶端冲洗其内部,取出烧瓶冷却至约 40 ℃。

(2)提取

定量转移全部皂化液于盛有 100 mL 乙醚的 500 mL 分液漏斗中,用 30～50 mL 蒸馏水分 2～3 次冲洗圆底烧瓶并入分液漏斗,加盖,放气,随后混合,激烈振荡 2 min,静置分层。转移水相于第二个分液漏斗中,分次用 100 mL、60 mL 乙醚重复提取两次,弃去水相,合并三次乙醚相。用氯化钠溶液 100 mL 洗涤一次,再用蒸馏水每次 100 mL 洗涤乙醚提取液至中性,初次水洗时轻轻旋摇(防止乳化),乙醚提取液通过无水硫酸钠脱水,转移到 250 mL 棕色容量瓶中,加 100 mgBHT 使之溶解,用乙醚定容至刻度。以上操作均在避光通风柜内进行。

(3)浓缩

从乙醚提取液中分取一定体积(依据样品标示量、称样量和提取液量确定分取量)置于旋转蒸发器烧瓶中,在水浴温度 50 ℃、部分真空的条件下蒸发至干或用氮气吹干。残渣用正己烷溶解,并稀释至 10 mL,使其获得的溶液中每毫升含维生素 D_3 2～10 μg(80～400 IU),离心或通过 0.45 μm 过滤膜过滤,收集清液用于高效液相色谱分析柱分析。

(4)使用高效液相色谱净化柱提取

用 5 mL 甲醇溶解圆底烧瓶中的残渣,向高效液相色谱净化柱中注射 0.5 mL 甲醇溶液(以维生素 D_3 标准甲醇溶液流出时间)收集含维生素 D_3 的馏分于 50 mL 小容量瓶中,蒸发至干(或用氮气吹干),溶解于正己烷中。所测样品的维生素 D_3 标示量在每千克超过 10 000 IU 范围时,可以不使用高效液相色谱净化柱直接用分析柱分析。

2)测定

(1)高效液相色谱分析条件

①正相色谱

柱长:25 cm、内径 4 mm 不锈钢柱。

固定相:硅胶柱,粒度 5 μm。

流动相:正己烷 +1,4-二氧六环(93 +7),恒量流动。

流速:1 mL/min。

温度:室温。

进样体积:10 ~ 20 μL。

检测器:紫外检测器,使用波长 264 nm。

②反相色谱

柱长:15 cm,内径4 mm 不锈钢柱。

固定相:ODS 或 C18,粒度 5 μm。

移动相:甲醇 + 水(95 +5),恒量流动。

流速:1 mL/min。

温度:室温。

进样体积:10 ~ 20 μL。

检测器:紫外检测器,使用波长 264 nm。

(2)定量测定

按高效液相色谱仪说明书调整参数和灵敏度,使用外标法定量测定。

7.8.7 结果的计算与表述

浓度计算:

$$X = \frac{A}{E} \times \frac{1}{100} \times \frac{10.00}{S} \times 10^{-3}$$

式中 X——维生素浓度,mg/mL;

A——维生素的平均紫外吸光值;

S——加入标准的量,μL;

E——维生素1%比吸光系数;

$10.00/S \times 10^{-3}$——标准液稀释倍数。

测定结果用算术平均值表示,保留有效数3 位。

7.8.8 允许偏差

同一分析者对同一试样同时两次测定(或重复测定)所得结果相对偏差如表7.2 所示。

表7.2 同一试样平行测定结果相对偏差

每千克试样中含维生素 D_3 的量,IU	允许相对偏差(%)
$1.00 \times 10^3 \sim 1.00 \times 10^5$	±20
$1.00 \times 10^5 \sim 1.00 \times 10^6$	±15
$>1.00 \times 10^6$	±10

复习思考题 》》》

一、名词解释

1.氨基酸   2.维生素

二、选择题

1.测定饲料中的蛋氨酸时,用(   )作标准溶液进行滴定。
    A.硫代硫酸钠溶液   B.氢氧化钠溶液   C.盐酸溶液   D.硝酸银溶液

2.HPLC 是指(   )。
    A.高效液相色谱法   B.原子分光光度吸收法
    C.离子交换法   D.氨基酸自动分析

3.下列用于饲料中维生素测定的方法中,检测灵敏度最高,结果相对较准的方法是(   )。
    A.分光光度法   B.高效液相色谱法
    C.荧光检测法   D.化学分析法

4.饲料级添加剂维生素 C 含量常用的检测方法为(   )。
    A.分光光度法   B.酸碱滴定法
    C.荧光检测法   D.氧化还原滴定法

三、填空题

1.测定饲料中蛋氨酸时,用(   )作为指示剂。

2.高效液相色谱仪主要由(   )、(   )、(   )、(   )、(   )、(   )和(   )组成。

3.饲料级添加剂氨基酸通常用(   )法进行检测,而配合饲料中的氨基酸则主要以(   )和(   )检测为主。

4.脂溶性维生素包括(   )、(   )、(   )和(   )。视黄醇是指维生素(   ),生育酚是指维生素(   )。

四、问答题

1.简述采用饲料级 L-赖氨酸盐酸盐的检测原理和主要步骤。

2.饲料中维生素的测定通常采用哪些方法,各自的优缺点是什么?

3.试述高效液相色谱法测定饲料中维生素 D_3 含量的原理和主要步骤。

项目8
配合饲料加工质量检测

项目导读：要生产质优价廉的饲料产品，选用优质可靠的饲料原料，并根据原料的实际养分含量和动物的营养需要设计最佳配方，仅是生产配合饲料的基础。在此基础上还必须通过科学合理的加工，才能生产出质量稳定并利于动物消化吸收的饲料产品。衡量配合饲料加工质量的主要指标，通常包括配合饲料粉碎粒度、配合饲料混合均匀度、颗粒饲料粉化率、颗粒饲料含粉率和颗粒饲料淀粉糊化度等。

模块1 配合饲料和微量元素预混合饲料混合均匀度的测定

饲料混合均匀度是指饲料中各组分分布的均匀程度，用变异系数表示。饲料混合均匀度是评定饲料加工质量的重要指标。农业部《饲料生产企业设立现场审核表》之"现场审核内容"中规定：配合饲料混合均匀度的变异系数要求不大于7%，预混合饲料的变异系数要求不大于5%。实际工作中一般配合饲料混合均匀度的变异系数要求不大于10%，预混合饲料的变异系数要求不大于7%，个别品种如蛋鸡复合预混料要求不大于5%。若饲料中各组分混合不均匀，必然会影响饲料产品的质量和动物的生产性能。变异系数越大，则表明饲料的成分在产品中的分布越不均匀。特别是添加到饲料中的微量添加剂成分，如果不能比较均匀的分布在产品中，一方面导致一部分动物食入不足，降低了饲料的使用效果；另一方面导致部分动物食入过量，严重时可能会引起动物的中毒。因此，保证饲料产品的混合均匀度，对确保饲料产品的质量至关重要。

任务1 配合饲料混合均匀度的测定

从理论上讲，只要是饲料中存在的组分，检测其含量就可以反映饲料混合的均匀性。但是由于某些因素的影响，比如检测方法本身操作过程较复杂、容易产生误差，或检测成本较高等因素限制其不能成为检测混合均匀度的方法。目前用于测定配合饲料混合均匀度的方法主要是氯离子选择性电极法和甲基紫法，其中氯离子选择性电极法是仲裁法，另外饲料中总磷的测定过程较简单，误差较小，可以作为生产企业推荐方法。

混合均匀度测定的样品应单独采取和制备。每一批饲料产品抽取 10 个有代表性的原始样品,每个样品的采集量约为 200 g。取样点的确定应考虑各方位的深度、袋数或料流的代表性,但每一个样品应由一点集中取样。取样时不允许有任何翻动或混合。将每个样品在实验室内充分混合,颗粒饲料样品需粉碎通过 1.4 mm 筛孔。

8.1.1 氯离子选择电极法(仲裁法)

1)适用范围

本方法适用于配合饲料、浓缩饲料、精料补充料混合均匀度的测定,也适用于混合机混合性能的测试。

2)测定原理

通过氯离子选择电极的电极电位对溶液中氯离子的选择性响应来测定氯离子的含量,以同一批次饲料的不同试样中氯离子含量的差异来反映饲料的混合均匀度。

3)溶液和试剂

①硝酸溶液:浓度约为 0.5 mol/L,吸取浓硝酸 35 mL,用水稀释至 1 000 mL。

②硝酸钾溶液:浓度约为 2.5 mol/L,称取 252.75 g 硝酸钾于烧杯中,加水微热溶解,用水稀释至 1 000 mL。

③氯离子标准溶液:称取经 550 ℃灼烧 1 h 冷却后的氯化钠 8.2440 g 于烧杯中,加水微热溶解,转入 1 000 mL 容量瓶中,用水稀释至刻度,摇匀,溶液中含氯离子 5 mg/mL。

4)仪器设备

①氯离子选择电极。

②双盐桥甘汞电极。

③酸度计或电位计:精度 0.2 mV。

④磁力搅拌器。

⑤烧杯:100 mL、250 mL。

⑥移液管:1 mL、5 mL、10 mL。

⑦容量瓶:50 mL。

⑧分析天平:感量 0.000 1 g。

5)测定步骤

(1)标准曲线绘制

精确吸取氯离子标准溶液 0.1、0.2、0.4、0.6、1.2、2.0、4.0 和 6.0 mL 于 50 mL 容量瓶中,加入 5 mL 硝酸溶液和 10 mL 硝酸钾溶液,用水稀释至刻度,摇匀,即可得到氯离子标准系列(见表 8.1)。将它们分别倒入 100 mL 的干燥烧杯中,放入磁力搅拌子一粒,以氯离子选择电极为指示电极,甘汞电极为参比电极,搅拌 3 min。在酸度计或电位计上读取电位值(mV),以溶液的电位值为纵坐标,氯离子浓度为横坐标,绘制标准曲线。

表8.1 电极法标准曲线的绘制记录

测定时间：_____ 实验小组及成员：_____

标准溶液编号	1	2	3	4	5	6	7	8
氯离子体积/mL	0.1	0.2	0.4	0.6	1.2	2.0	4.0	6.0
氯离子浓度/(mg/mL)	0.01	0.02	0.04	0.06	0.12	0.2	0.4	0.6
硝酸体积/mL	5	5	5	5	5	5	5	5
硝酸钾溶液体积/mL	10	10	10	10	10	10	10	10
电位值/mV								

（2）试液制备

准确称取试样 10.00 ± 0.05 g 置于 250 mL 烧杯中，准确加入 100 mL 水，搅拌 10 min，静置澄清，用干燥的中速定性滤纸过滤，滤液作为试液备用。

（3）试液的测定

准确吸取试样滤液 10 mL，置于 50 mL 容量瓶中，加入 5 mL 硝酸溶液和 10 mL 硝酸钾溶液，用水稀释至刻度，摇匀，然后倒入 100 mL 的干燥烧杯中，放入磁力搅拌子一粒，以氯离子选择电极为指示电极，甘汞电极为参比电极，搅拌 3 min。在酸度计或电位计上读取电位值（mV），从标准曲线上求得氯离子浓度的对应值 X。按此步骤依次测定出同一批次的 10 个试液中的氯离子浓度 $X_1, X_2, X_3, \cdots, X_{10}$。

6）结果计算

①试液氯离子浓度平均值 $\overline{X}$ 按下式计算：

$$\overline{X} = \frac{X_1 + X_2 + X_3 + \cdots + X_{10}}{10}$$

②试液氯离子浓度的标准差 S 按下式计算：

$$S = \sqrt{\frac{(X_1 - \overline{X})^2 + (X_2 - \overline{X})^2 + (X_3 - \overline{X})^2 + \cdots + (X_{10} - \overline{X})^2}{10 - 1}}$$

③混合均匀度值按下式计算：

$$CV = \frac{S}{\overline{X}} \times 100$$

计算结果精确到小数点后两位。

8.1.2 甲基紫法

1）适用范围

本方法主要适用于混合机和饲料加工工艺中混合均匀度的测定。

2）检测原理

本法以甲基紫色素作为示踪物，在大批饲料加入混合机后，再将甲基紫与添加剂一起

加入混合机,混合规定时间然后取样,以比色法测定样品中的甲基紫含量,以同一批次饲料的不同试样中甲基紫含量的差异来反映饲料的混合均匀度。

3) 试剂

①甲基紫(生物染色剂)。

②无水乙醇。

4) 仪器设备

①分光光度计:带 5 mm 比色皿。

②标准筛:筛孔净孔尺寸 100 μm。

③分析天平,感量 0.000 1 g。

④烧杯 100 mL、250 mL。

5) 示踪物的制备与添加

将测定用的甲基紫混匀并充分研磨,使其全部通过 100 μm 的标准筛,按照混合机混合一批饲料量的十万分之一的用量,在加入添加剂的工段投入甲基紫。

6) 测定步骤

称取试样 10.00 ± 0.05 g 放在 100 mL 的小烧杯中,加入 30 mL 无水乙醇,不时地加以搅动,烧杯上盖一表面皿。30 min 后用中速定性滤纸过滤,以无水乙醇液作空白调节零点,用分光光度计,以 5 mm 比色皿在 590 nm 的波长下测定滤液的吸光度。

7) 数据记录及结果计算

以同一批次 10 个试样测得的吸光度值为 X_1、X_2、X_3、…、X_{10},分别计算其平均值 $\overline{X}$,标准差 S 和变异系数值(同氯离子电极法)。

表 8.2　甲基紫法测定配合饲料混合均匀度记录表

测定时间:＿＿＿＿＿　实验小组及成员:＿＿＿＿＿＿＿＿＿＿

样品编号	1	2	3	4	5	6	7	8	9	10
吸光度 A										

8) 注意事项

①同一批饲料的 10 个样品测定时应尽量保持操作的一致性,以保证测定值的稳定性和重复性。

②由于出厂的各批甲基紫的甲基化程度不同,色调可能有差别,因此,测定混合均匀度所用的甲基紫,必须用同一批次的并加以混匀,才能保证同一批饲料中各样品测定值的可比性。

③配合饲料中若添加苜蓿粉、槐叶粉等含有叶绿素的组分时,则不能用甲基紫法测定混合均匀度。

8.1.3　磷测定法

同饲料中总磷的测定方法,以同一批次 10 个试样测得的总磷含量为 X_1、X_2、X_3、$\cdots$、X_{10},分别计算其平均值,标准差 S 和变异系数值。

任务2　微量元素预混合饲料混合均匀度的测定

8.2.1　适用范围

本方法适用于含铁盐的微量元素预混合饲料混合均匀度的检测。

8.2.2　检测原理

本法通过盐酸羟胺将样品液中的 Fe^{3+} 还原成 Fe^{2+},再与显色剂邻菲啰啉反应,生成橙红色的络合物,用比色法测定铁的含量,以同一批次试样中铁含量的差异来反映所测定产品的混合均匀度。

8.2.3　溶液和试剂

以下试剂除特别注明外,均为分析纯。水为蒸馏水,符合 GB/T 6682 的三级用水规定。
①浓盐酸。
②盐酸羟胺溶液(100 g/L):称取 10 g 盐酸羟胺溶于水中,再用水稀释至 100 mL,摇匀,保存于棕色瓶中并置于冰箱内保存。
③乙酸盐缓冲溶液(pH 约为 4.5):称取 8.3 g 无水乙酸钠溶于水中,再加 12 mL 冰乙酸,并用水稀释至 100 mL,摇匀。
④邻菲啰啉溶液(1 g/L):称取 0.1 g 邻菲啰啉溶于约 80 mL80 ℃的水中,冷却后用水稀释至 100 mL,摇匀,保存于棕色瓶中并置于冰箱内保存。

8.2.4　仪器和设备

①分析天平:感量 0.1 mg。
②分光光度计:带 1 cm 比色皿。

8.2.5　样品的采集和制备

本法所需样品应单独采制。每一批饲料抽取 10 个有代表性的原始样品,每个样品的数量 50~100 g。样品的采集应考虑代表性,但每一个样品应由一点集中取样。取样时不允许有任何翻动或再混合。将上述每个样品在实验室内充分混匀,称取 1~10 g(视含铁量而不同,以所测试液吸光度值在 0.2~0.8 以内为准)试样进行测定。

8.2.6　测定步骤

称取试样 1~10 g(准确至 ±0.000 2 g)于 250 mL 烧杯中,加少量水湿润,慢慢滴加 20 mL 浓盐酸,防样液溅出,充分摇匀后再加入 50 mL 水搅匀,充分转移到 250 mL 容量瓶,用水稀释至 250 mL 定容,摇匀,过滤。移取 1 mL 滤液(含铁量约在 40 μg 以下,否则要少称样或少用上层清液)于 50 mL 容量瓶中,加入盐酸羟胺溶液 1 mL,充分混匀,5 min 后加入乙酸盐缓冲液 5 mL,摇匀,再加入邻菲啰啉溶液 1 mL(对于高铜的预混合饲料邻菲啰啉溶液可酌情提高用量至 3~5 mL),用水稀释至 50 mL,充分混匀,放置 30 min,以试剂空白作参比,用分光光度计在 510 nm 波长处测定试液的吸光度值。按此步骤依次测定出同一批次的 10 个试液中的吸光度值 A_1、A_2、A_3、$\cdots$、A_{10}。

8.2.7　数据记录及结果计算

1)数据记录

表 8.3　微量元素预混料混合均匀度记录表

测定时间:_____　实验小组及成员:_____

样品编号	1	2	3	4	5	6	7	8	9	10
吸光度 A										

2)结果计算

由于试液中铁离子含量与其吸光度值存在线性关系,所以以下计算直接以试液吸光度值进行。

①单位质量的吸光度值 X_i

单位质量的吸光度值 X_i 按下式计算:

$$X_i = \frac{A_i}{m_i}$$

式中　A_i——第 i 个试样的吸光度值;

　　　m_i——第 i 个试样的质量,g。

②单位质量的吸光度值平均值 $\overline{X}$ 按下式计算:

$$\overline{X} = \frac{X_1 + X_2 + X_3 + \cdots + X_{10}}{10}$$

③单位质量的吸光度值的标准差 S 按下式计算：

$$S = \sqrt{\frac{(X_1 - \overline{X})^2 + (X_2 - \overline{X})^2 + (X_3 - \overline{X})^2 + \cdots + (X_{10} - \overline{X})^2}{10 - 1}}$$

④混合均匀度值以同一批次 10 个试液单位质量的吸光度值的变异系数 CV 表示，按下式计算：

$$CV = \frac{S}{\overline{X}} \times 100$$

计算结果保留到小数点后两位。

8.2.8　注意事项

①试样中加入浓盐酸时必须慢慢滴加，以防样液溅出。
②对于高铜的预混合饲料可酌情将显色时的邻菲罗啉溶液的用量提高至 3～5 mL。
③只测样品混合均匀度时可直接用试样溶液的吸光度计算。需计算铁含量时，则以定量分析纯铁丝或硫酸亚铁铵做标准曲线，从标准曲线上求得样品液的铁含量。

模块2　其他加工指标的检测

任务3　配合饲料粉碎粒度的测定

粉碎是所有配合饲料产品加工中的必要手段，既是满足动物采食、消化饲料所必需，又是实现后续配料、混合、制粒加工的前提条件。但不同的饲养对象和产品种类，饲料粉碎粒度有不同的要求，饲料粉碎粒度过大，影响饲料混合均匀度，也不利于动物的消化吸收；若粒度太细，能耗过高，粉尘增加，污染环境，同时由于静电的原因会影响颗粒的流动性，影响饲料混合均匀度。本测定方法主要参考国家标准《配合饲料粉碎粒度测定法（GB 5917—86）》。

8.3.1　适用范围

本方法适用于配合饲料、浓缩饲料、精料补充料、添加剂预混合饲料、单一饲料、饲料添加剂的粉碎粒度测定。

8.3.2　测定原理

用规定的标准试验筛在振筛机上或人工对试料进行筛分，测定各层筛上留存物料质量，计算其占试料总质量的百分数。

8.3.3　仪器

①标准编织筛:采用金属丝编织的标准试样筛,筛框直径为 200 mm,高度为 50 mm;筛目(目/英寸)为 4、6、8、12、16。根据不同饲料产品、单一饲料等的质量要求,选用相应规格的两个标准试验筛、一个盲筛(底筛)及一个筛盖。

②振筛机:采用拍击式电动振筛机,筛体振幅(35±10)mm,振动频率为(220±20)次/min,拍击次数(150±10)次/min,筛体的运动方式为平面回转运动。

③天平:感量为 0.01 g。

8.3.4　测定步骤

①将标准试样筛和盲筛按筛孔尺寸由大到小上下叠放,并放入电动振筛机上。

②从原始样品中称取试样 100 g,放入叠放好的组合试验筛的顶层筛内,开动振筛机连续筛 10 min(若无电动振筛机,可用手工筛理 5 min,筛理时应使试验筛做平面回转运动,振幅为 25~50 mm,振动频率为 120~180 次/min)。

③筛分完后将各层筛上物分别称重(精确到 0.1 g),并记录结果。

8.3.5　结果计算

按下式计算各层筛上物的质量分数:

$$X = \frac{m_1}{m} \times 100$$

式中　X——某层试料筛上留存物料质量占试样总质量的百分数,%;

　　　m_1——某层试验筛上留存的物料质量,g;

　　　m——试料的总质量,g。

每个试样平行测定两次,测定结果以算术平均值表示,保留至小数点后一位。

8.3.6　注意事项

①电动振筛机筛分法为仲裁法。

②试料过筛的总质量损失不得超过 1%,第二层筛筛下物质量的两个平行测定值的相对偏差不超过 2%。

③筛分时若发现有未经粉碎的谷粒、种子及其他大型杂质,应加以称重并记载。

任务4 颗粒饲料含粉率和粉化率的测定

颗粒饲料含粉率是指颗粒饲料中所含粉料质量占其总质量的百分比。粉化率是指颗粒饲料在特定条件下产生的粉末质量占其总质量的百分比。含粉率和粉化率是评定颗粒饲料的两个重要指标。颗粒饲料含粉率过高,在动物饲养过程中易造成饲料浪费。粉化率过高,在贮运中易破碎、分离,造成营养成分的损失;粉化率过低,则畜禽消化困难,还会增加能耗和成本。所以国家标准《颗粒饲料通用技术条件》中规定颗粒饲料的含粉率不大于4%,粉化率不大于10%。

8.4.1 适用范围

本方法适用于一般颗粒饲料含粉率和粉化率的测定。

8.4.2 检测原理

本法通过粉化仪对颗粒产品的翻转摩擦后成粉料的测定,反映颗粒饲料的硬度。

8.4.3 仪器设备

①标准筛一套。
②顶击式标准筛振筛机:频率220次/min,行程25 mm。
③粉化仪:双箱体式。
④天平:感量0.1 g。

8.4.4 样品制备

测定含粉率及粉化率通常是在颗粒冷却后立即测定。当颗粒温度降至周围环境温度的 ±5 ℃时测定,从各批颗粒饲料中取出有代表性的实验室样品1.2 kg左右。

8.4.5 测定步骤及结果计算

1)含粉率测定步骤及计算

①将样品用四分法分为两份,每份约600 g(m_1),放于2.0 mm的筛格内,在振筛机上筛理5 min或用手工筛(每分钟110～120次,往复范围10 cm),将筛下物称重(m_2)。

②含粉率按下式计算:

$$\Phi_1 = \frac{m_2}{m_1} \times 100$$

式中　Φ_1——含粉率,%;

　　　m_2——2.0 mm 筛下物质量,g;

　　　m_1——样品质量,g。

③允许偏差:两次测定结果相对平均偏差不大于1%,以其算术平均值报告结果,数值表示至一位小数。

2)粉化率测定步骤及计算

①将样品用四分法分为两份,每份约600 g,放于规定筛孔的筛格(按表8.4选用)内,在振筛机上预筛5 min,也可用手工筛。从筛上物中分别称取样品500 g(m_3)两份,各装入粉化仪的两个回转箱内,盖紧箱盖,开动机器,使箱体回转500转,停机后取出样品,放于规定筛孔的筛格内(见表8.4),在振筛机上筛理5 min或用手工筛,将筛下物称量(m_4)(如同时需测含粉率,则可在预筛是时用2.00及规定筛孔的筛格相叠使用)。

表8.4　不同颗粒直径规定用筛孔尺寸(mm)

颗粒直径	2.5	3.0	3.5	4.0	4.5	5.0	6.0	8.0
筛孔尺寸	2.0	2.8	2.8	3.4	4.0	4.0	5.6	6.7

②粉化率按下式计算:

$$\Phi_2 = \frac{m_4}{m_3} \times 100$$

式中　Φ_2——粉化率,%;

　　　m_3——回转后筛下物质量,g;

　　　m_4——回转前样品质量,g。

③允许偏差:两次测定结果之相对平均偏差不大于1%,以其算术平均值报告结果,数值表示至一位小数。

任务5　颗粒饲料淀粉糊化度的测定

淀粉糊化度是指淀粉中糊化淀粉量与全部淀粉量之比的百分数。动物特别是幼龄动物如乳仔猪对淀粉的消化率与饲料中淀粉的糊化度有密切关系。这是由于幼龄动物特别是早期断奶仔猪消化器官尚未发育成熟,消化酶活性很低,而淀粉糊化使淀粉晶体结构被不可逆地破坏掉,在动物小肠内迅速吸水膨胀,使得淀粉酶的作用面积和穿透能力大增,淀粉水解的速度和消化程度均提高;同时,糊化淀粉大幅度提高了 α-淀粉酶的敏感度,使其作用更迅速。此外,糊化淀粉还会刺激幼畜胃内产生乳酸,可抑制病原微生物的增殖,从而减轻和消除仔猪下痢。正是由于糊化淀粉可以改善饲料风味、刺激动物采食、提高动物对淀粉的消化吸收,使其在幼畜料、特种饲料、水产饲料中被大量应用。目前有关淀粉糊化度检测方法的报道较多,主要有酶解法、快速黏度分析法、近红外光谱分析法等,本文主要讲酶解法。

8.5.1 适用范围

本方法适用于经挤压、膨化等工艺制得的各种颗粒饲料中淀粉糊化度的测定,也适用于经膨化制得的饲料原料中淀粉糊化度的测定。

8.5.2 测定原理

淀粉酶在适当的 pH 值和温度下,能在一定的时间内,定量地将糊化淀粉转化成还原糖,转化的糖量与淀粉的糊化程度成比例关系。用铁氰化钾法测其还原糖量,即可计算出淀粉的糊化度。

8.5.3 试剂和溶液

①10% ($V : V$)磷酸盐缓冲液(pH =6.8)。
甲液:溶解 71.64 g 磷酸氢二钠($Na_2HPO_4 \cdot 12H_2O$)于蒸馏水中,并稀释至 1 000 mL。
乙液:溶解 31.21 g 磷酸二氢钠($Na_2H_2PO_4 \cdot 2H_2O$)于蒸馏水中,并稀释至 1 000 mL。
取甲液 49 mL 与乙液 51 mL 合并为 100 mL,再加入 900 mL 蒸馏水即为 10% (V/V)磷酸盐缓冲液。

②60 g/Lβ-淀粉酶溶液:溶解 6.0 g/Lβ-淀粉酶(pH =6.8,40 ℃时活力大于 10 万 IU,细度为 80% 以上通过 60 目)于 100 mL10% 磷酸盐缓冲液中成乳浊液(β-淀粉酶贮于冰箱内,用时现配)。

③10% 硫酸溶液:将 10 mL 浓硫酸用水稀释至 100 mL。

④120 g/L 钨酸钠(分析纯)溶液:溶解 12.0 g 钨酸钠于 100 mL 水中。

⑤0.1 mol/L 碱性铁氰化钾溶液:溶解 32.9 g 铁氰化钾和 44.0 g 无水碳酸钠于水中并稀释至 1 000 mL,贮于棕色瓶内。

⑥醋酸盐溶液:溶解 70.0 g 氯化钾和 40.0 g 硫酸锌于水中加热溶解,冷却至室温,再缓缓加入 200 mL 冰乙酸并稀释至 1 000 mL。

⑦100 g/L 碘化钾溶液:溶解 10.0 g 碘化钾于 100 mL 水中,加入几滴饱和氢氧化钠溶液,防止氧化,贮于棕色瓶内。

⑧0.1 mol/L 硫代硫酸钠溶液:溶解 24.82 g 硫代硫酸钠和 3.8 g 硼酸钠于水中,并稀释至 1 000 mL,贮于棕色瓶内(此液放置 2 周后使用)。

⑨10 g/L 淀粉指示剂:溶解 1.0 g 可溶性淀粉于煮沸的水中,再煮沸 1 min,冷却,稀释至 100 mL。

8.5.4 仪器和设备

①分析天平:感量 0.1 mg。

②多孔恒温水浴锅:可控温度(40 ±1)℃。

③定性滤纸:中速,直径7 ~9 cm。

④碱式滴定管:25 mL(刻度0.1 mL)。

⑤移液管:2、5、15、25 mL。

⑥玻璃漏斗。

⑦容量瓶:100 mL。

8.5.5　试样的选取和制备

选取具有代表性的试样,用四分法缩减至50 g左右,粉碎至40目,装于密封容器中,试样应低温保存(4 ~10 ℃)。

8.5.6　测定步骤

①分别称取试样1 g准确至0.2 mg(淀粉含量不大于0.5 g)2份,置于2只150 mL三角瓶中,标上A、B。另取一只150 mL三角瓶,不加试样,作空白,并标上C。在这3只三角瓶中分别加入40 mL10%磷酸盐缓冲液。

②将A置于沸水中煮30 min,取出快速冷却至60 ℃以下。

③将A、B、C置于(40 ±1)℃恒温水浴锅中预热3 min后,分别加入5.0 mLβ-淀粉酶溶液,保温[(40 ±1)℃]1 h(每隔15 min轻轻摇匀一次)。

④1 h后,将三角瓶取出,分别加入2 mL硫酸溶液,摇匀,再加入2 mL120 g/L钨酸钠溶液,摇匀,并将它们分别全部转移到3只100 mL容量瓶中(用蒸馏水洗涤三角瓶3次以上,洗涤液也转移至相应的容量瓶内)。最后用蒸馏水定容至100 mL,并贴上标签。

⑤振摇容量瓶,静置2 min后,用中速定性滤纸过滤。滤液为试样测定液。

⑥分别吸取上述滤液5 mL,放入洁净的150 mL三角瓶内,再加入15 mL碱性铁氰化钾溶液,摇匀后置于沸水浴中准确加热20 min后取出,用冷水快速冷却至室温,再缓慢加入25 mL醋酸盐溶液,并摇匀。

⑦加入5 mL碘化钾溶液摇匀,立即用0.1 mol/L硫代硫酸钠溶液滴定,当溶液颜色变成淡黄色时,加入几滴淀粉指示剂,继续滴定至蓝色消失。各三角瓶分别逐一滴定,并记下相应的滴定量。

8.5.7　结果计算

①所测试样糊化度按下式计算:

$$糊化度 = \frac{V - V_2}{V - V_1} \times 100\%$$

式中　V——空白滴定量,mL;

　　　V_1——完全糊化试样溶液滴定量,mL;

　　　V_2——试样溶液滴定量,mL。

②精密度:每个试样取两个平行样进行测定,以其算术平均值为结果。糊化度在 50%以下时,不超过 10%;糊化度在 50%以上时,相对误差不超过 5%。

8.5.8　注意事项

①准确配制淀粉酶溶液:淀粉酶在贮存期间内会有不同程度的失活,一般每贮藏 3 个月需测一次酶活力。为了保证样品酶解完全,以酶活力 8 万 IU,酶用量 300 mg 为准,如酶的活力降低,酶用量则按比例加大。

②加入碘化钾溶液摇匀后,立即滴定。

③在滴定时,指示剂不要过早地加入,否则会影响测定结果,同一样品滴定时,应在变到一样的淡黄色时加入淀粉指示剂。

任务 6　蛋白质溶解度的测定

蛋白质溶解度(PS)是指在一定量的氢氧化钾溶液中溶解的蛋白质的质量分数。蛋白质溶解度和脲酶活性均为评定大豆蛋白加工质量的常用指标,通过蛋白质的溶解度可以了解大豆制品的加热程度。一般来讲,蛋白质溶解度随加热时间的增加而递减。以大豆加工为例:生大豆的 PS 为 100%,当检测 $PS > 85\%$ 时,则判断大豆加工过生;当 $PS < 75\%$ 时,大豆加工过熟;$PS \approx 80\%$ 时,大豆加工质量较好。

8.6.1　适用范围

本方法适用于大豆粕、菜籽饼粕、棉籽饼粕等油料饼粕。

8.6.2　检测原理

氢氧化钾蛋白溶解度可以反映大豆粕加热过度的情况,不同加热程度的大豆粕,氢氧化钾蛋白溶解度不同。先测定大豆粕样品在规定的条件下,可溶于氢氧化钾溶液中的粗蛋白质含量;再测定同一大豆粕样品中总的粗蛋白质含量,计算出氢氧化钾蛋白质溶解度。

8.6.3　试剂

0.2% 氢氧化钾溶液:2.44 g 氢氧化钾溶解于水中,稀释并定容至 1 L。

其余试剂与凯氏定氮法相同。

8.6.4 仪器与设备

①实验室用样品粉碎机。
②样品筛:孔径 0.25 mm。
③磁力搅拌器。
④离心机:转速为 2 700 r/min 以上。
其余仪器设备与凯氏定氮法相同。

8.6.5 试样的选取和制备

取具有代表性的饼粕样品,用四分法缩减至 200 g 左右,粉碎后过 0.25 mm 孔径的样品筛(60 目),充分混匀,装于密封容器中备用。

8.6.6 测定步骤

检测流程:称样→加碱液搅拌→离心→移取离心上层清液→消化→蒸馏→滴定。
称取试样 1.5 g,精确到 0.1 mg,置于 250 mL 高型烧杯中,加入 75.00 mL 0.2% KOH 溶液,在磁力搅拌器上搅拌 20 分钟,将溶液转移至离心管中,以 2 700 r/min 的速度离心 10 min,过滤,取滤液 15 mL,放入消化管或凯氏烧瓶中,按粗蛋白质测定步骤,用凯氏定氮法测定其中的蛋白质含量,同时测定同一试样总的粗蛋白质含量。

8.6.7 数据记录与结果计算

1)数据记录

表 8.5　饲料中蛋白质溶解度测定结果记录

标准溶液浓度:_____　测定时间:_____　实验小组及成员:_____

饲料样品名称	编号	风干样品重 m/g	测定总蛋白消耗盐酸溶液体积 V_2/mL	测定可溶性蛋白消耗盐酸溶液体积 V'_2/mL	可溶性蛋白含量 W_1/%	总蛋白含量 W_2/%

2)结果计算

氢氧化钾蛋白质溶解度 X,数值以质量分数表示,按下式计算:

$$X = \frac{W_1}{W_2} \times 100$$

式中 W_1——试样溶于氢氧化钾溶液中的粗蛋白质含量,%;

$\qquad$ W_2——试样总的粗蛋白质含量(以平均结果来计算),%。

计算结果表示到小数点后一位。

8.6.8 允许偏差

在同一实验室,由同一操作人员完成的两个平行测定结果,相对平均偏差不大于2%;以两次平行测定结果的算术平均值为测定结果。

例:一样品的检测结果是80%,允许结果在(80±1.6)%内,即78.4% ~81.6%。

8.6.9 注意事项

①样品粉碎后须过60目筛,粉碎粒度须达到要求,过粗结果偏低,过细结果偏高。

②氢氧化钾溶液的浓度要准确,浓度偏高结果偏高,浓度偏低结果也会偏低。

③搅拌速度的大小对结果影响十分大,速度快结果高,因搅拌器转速没有标示,且标准中也没有对转速做出规定,实际上很难统一。

④搅拌时间长短对结果也有影响,时间长结果高,操作时注意控制搅拌时间准确。

⑤搅拌温度控制在室温20 ~25 ℃,温度偏高结果偏高,温度偏低结果也会偏低。

⑥加入的75 mLKOH 和移取的15 mL 样液要准确。

⑦其余注意事项与粗蛋白测定相同。

任务7 渔用配合饲料水中稳定性的测定

水产颗粒饲料的水中稳定性(溶失率)是指饲料入水浸泡一定时间后,保持组成成分不被溶解和不散失的性能,一般以单位时间内饲料在水中的散失量与饲料质量之比来表示,也可用饲料在水中不溃散的最少时间来表示。颗粒饲料在水中稳定性的高低,与其加工质量有关,加工质量不好,饲料投到水中会很快溶失掉,造成饲料浪费,利用率差,而且污染水质。所以国家标准对不同种类鱼饲料的水中稳定性均作了相应的规定,如鲤鱼颗粒饲料 5 min 内溶失率≤10% 。

8.7.1 适用范围

本测定方法适用于渔用粉末配合饲料、颗粒配合饲料与膨化配合饲料水中稳定性测定。

8.7.2 测定原理

通过对渔用粉末、颗粒饲料和膨化饲料在一定的温度水中浸泡一定时间后,测定其在水中的溶失率来评定饲料在水中的稳定性。

8.7.3 仪器设备

①分析天平:感量为 0.01 g。
②电热鼓风干燥箱。
③恒温水浴箱。
④立式搅拌器。
⑤量筒:20 mL、500 mL。
⑥温度计:精度为 0.1 ℃。
⑦金属筛网盘:高 6.5 cm,直径为 12 cm,金属筛网孔径应小于被测饲料的直径。

8.7.4 测定步骤

1)粉末饲料水中稳定性的测定

准确称取 2 份试样各 200 g(准确到 0.1 g),倒入盛有 200 ~ 240 mL 蒸馏水的搅拌器中,在室温条件下低速(103 r/min)搅拌 10 min。搅拌完毕后取出,平分 2 份,取其中一份放置静水中,在水温(25 ± 2)℃浸泡 1 h,捞出后放入烘箱中在 103 ℃恒温下烘至恒重后,准确称重(m_2)。同时,称一份未浸水的同样饲料,置于 103 ℃烘箱内烘干至恒重,称重(m_1),测出饲料水分含量。

2)颗粒饲料水中稳定性测定

称取试样 10 g(准确至 0.1 g),放入已备好的原筒形网筛内。网筛置于盛有水深为 5.5 cm 的容器中,水温为(25 ± 2)℃,浸泡(硬颗粒饲料浸泡时间 5 min,膨化饲料浸泡时间为 20 min)后,把网筛从水中缓慢提至水面,又缓慢沉入水中,使饲料离开筛底,如此反复 3 次后取出网筛,斜放沥干吸附水,把网筛内饲料置于 103 ℃烘箱内烘干至恒重,称重(m_2)。同时,称一份未浸水的同样饲料,置于 103 ℃烘箱内烘干至恒重,称重(m_1),测出饲料水分含量。

8.7.5 数据记录及结果计算

1)数据记录

表 8.6 鱼用饲料水稳定性测定结果记录

测定时间:_____ 实验小组及成员:_____

样品名称	编号	试样质量 m_1/g	烘干后的筛盘内饲料质量 m_2/g	试样的含水率/%

2）结果计算

粉末及颗粒饲料水中稳定性均以溶失率 W 表示,按下式计算:

$$W = \frac{m_1(1-X) - m_2}{m_1(1-X)} \times 100$$

式中　m_1——试样质量,g;

　　　m_2——烘干后的筛盘内饲料质量,g;

　　　X——试样的含水率,%。

8.7.6　允许偏差

每个试样应取两个平行样进行测定,以其算术平均值为结果,结果表示至一位小数,允许相对平均偏差≤4%。

复习思考题)))

一、名词解释

1. 饲料混合均匀度　　　2. 饲料粉化率　　　　3. 饲料含粉率

4. 淀粉糊化度　　　　　5. 蛋白质溶解度

二、选择题

1. 下列哪项不是测定饲料粉化率和含粉率的常用仪器?（　　　）

　　A. 金属筛　　　　B. 振筛机　　　　C. 粉化仪　　　　D. 鼓风干燥箱

2. 下列哪项不是用选择性电极法测定配合饲料混合均匀度常用的仪器?（　　　）

　　A. 电位计　　　　　　　　　　B. 磁力搅拌器

　　C. 氯离子选择性电极　　　　　D. 分光光度计

3. 实验室中常用测定颗粒饲料淀粉糊化度的方法是（　　　）。

　　A. 甲基紫法　　　B. 电极法　　　C. 淀粉酶法　　　D. 胃蛋白酶法

4. 在预混饲料混合均匀度的测定过程中,用（　　　）为显色剂。

　　A. 甲基紫　　　　B. 邻菲罗啉　　　C. 钼酸铵　　　D. 过氧化氢

5. 氯离子选择性电极法是通过测定饲料中（　　　）含量的差异来反映饲料的混合均匀度。

　　A. 钠　　　　　　B. 钾　　　　　　C. 氟　　　　　　D. 氯

6. 通过测定铁的含量来测定预混饲料混合均匀度时,分光光度计的波长设定为（　　　）。

　　A. 510 nm　　　B. 260 nm　　　C. 560 nm　　　D. 420 nm

7. 当检测大豆制品蛋白质溶解度在（　　　）时,加工质量较好。

　　A. >85%时　　　B. <75%　　　C. ≈80%　　　D. 100%

三、填空题

1. 测定配合饲料的粉碎粒度时候,筛分时若发现未经粉碎的谷粒与种子时,应该

(   )。

2. 测预混合饲料混合均匀度时,浓盐酸目的是溶解样品中的(   )。

3. 预混饲料混合均匀度的测定是根据预混合料中(   )含量的差异来反映各组分分布的均匀性。

4. 颗粒饲料淀粉糊化度是用铁氰化钾测定淀粉糊化转化的(   )量,且与淀粉糊化程度成比例关系,从而计算出淀粉的糊化度。

5. 微量饲料添加剂如果不能均匀分布在产品中,一方面(   ),另一方面可导致(   )。

6. 衡量配合饲料加工质量的主要指标通常包括配合(   )、(   )、(   )、(   )、(   )和(   )等。

7. 国家标准规定,颗粒饲料中的含粉率不大于(   ),粉化率不大于(   )。

四、判断题

1. 添加剂预混料对混合均匀度要求更高。   (   )

2. 物料的粒度越细,表面积越大,动物越容易消化吸收。因此,粉碎粒度越细越好。   (   )

3. 配合饲料混合均匀度测定时,饲料中若含有叶绿素成分则不能用甲基紫法测定。   (   )

4. 饲料混合均匀度的测定的样品可与一般检测同时取样和制备。   (   )

五、问答题

1. 简述淀粉糊化度测定对幼龄动物饲料利用的意义。

2. 简述颗粒饲料粉化率和含粉率测定的意义。

项目9
饲料中有毒有害物质的检测

项目导读: 饲料在生长(饲用植物)与生产、加工、贮存等过程中都可能出现某些有毒有害物质,有些不法商人在利益驱使下也可能非法添加违禁物质。饲料中有毒有害物质超标的现象越来越严重,给畜产品安全造成的隐患,所产生的一系列负面影响也日益突出。本项目重点讲述饲料中有毒有害物质的来源、分类,并按类型介绍饲料中有毒有害物质的检测方法,以提高从业人员对饲料安全的认识和检测水平。

饲料中的有毒有害物质以某种单一化合物或多种化合物存在于饲料中,在动物体内,这些有毒成分可能转化为具有更大活性和毒性的物质,从而起到毒性作用或致癌、致畸作用。这些有毒有害物质不仅会引起畜禽产品质量和产量下降,而且还会在体内蓄积,并通过食物链传给人,对人的身体健康造成严重危害;同时,使畜禽产品出口受阻,造成不应有的损失,严重影响了畜牧业的发展,因此检测和控制饲料中有毒有害物质残留就显得尤为重要。我国早在 1991 年就颁布了《饲料卫生标准》(GB 13078—1991),并于 1999 年配套发布了《饲料和饲料添加剂管理条例》,2001 年我国又发布实施了新版《饲料卫生标准》(GB 13078—2001)这一强制性国家标准,覆盖的产品品种达 66 种,是原标准的 3 倍多,并进一步细化了不同饲料原料的有毒有害物质标准,同时补充规定了与各项指标相对应的试验方法,弥补了原标准没有指明特定试验方法的缺陷,对加强饲料、饲料添加剂的管理,提高饲料、饲料添加剂的质量,促进饲料工业和养殖业的发展,维护人民身体健康发挥了重要作用。但是,随着人民群众生活水平的提高,人们对食品、农产品质量安全意识的日益增强。同时近些年因饲料有毒有害物质超标引发的重大食品安全事件时有发生,如 2006 年发生的"红心蛋"事件、上海发生的百人以上"瘦肉精"中毒事件、2007 年美国披露的"三聚氰胺"导致宠物死亡事件、2009 年广州发生 70 人因"瘦肉精"中毒发病事件、2011 年某企业因合作养殖户违法使用瘦肉精而被央视披露的"健美猪"事件等,更是引发了政府和广大消费者对饲料安全的高度警惕,社会各界对食品和饲料安全的呼声日益高涨。2011 年 11 月 3 日中华人民共和国国务院颁布了新版《饲料和饲料添加剂管理条例》,对原有条例进行较大的修改、完善,对我国食品、农产品的质量安全管理制度和饲料、饲料添加剂的质量安全提出了更高要求。新的条例消除了类似三聚氰胺和苏丹红等非法添加物在以往既不属于"允许目录",也不属于"禁止目录"的"中间地带"物质,督促饲料企业改善饲料分析软硬件条件,加大人员培训,增强对饲料原料和产品中有毒有害物质的分析检测水平力度,有力地推动了饲料的安全生产。

饲料中的有毒害物质主要分为:

①有机有毒有害物质:包括天然有毒有害物质,如棉酚,大豆抗原蛋白等;次生有毒有

害物质,如霉菌毒素等;外源性有毒有害物质,如农药残留、三聚氰胺、瘦肉精、苏丹红、抗生素等。

②无机有毒有害物质:如铅、砷、铬、镉、汞、硒、亚硝酸盐等。其中铅是最主要也是危害最大的无机元素,是饲料原料和配合料中主要检测指标。植物性饲料中铅的含量主要受空气和水源影响较大,重点来源于工业污染;在动物体内沉积较多,主要在骨骼、骨粉、肉粉及鱼粉中含量较多。原子吸收分光光度法是检测铅的常用方法,也是国标法。

③病源性微生物:如沙门氏菌、大肠杆菌等。

饲料企业常用检测有毒有害物质的方法主要有原子吸收分光光度法,用于检测饲料中砷、铅、镉、汞等重金属元素;分光光度法,主要检测亚硝酸盐、棉酚等;滴定法,主要检测脲酶、酸价等;高效液相色谱法,主要定量检测三聚氰胺、霉菌毒素、农药残留、兽药残留等;酶联免疫吸附技术(ELISA),可用于快速检测三聚氰胺、霉菌毒素、瘦肉精等有机分子成分。

模块1 天然有毒有害物质的分析测定

任务1 大豆制品中尿酶活性的测定(酚红法和滴定法)

大豆制品是营养价值很高的蛋白质饲料,它蛋白质含量高、品质好、利用率高。但大豆制品中含有一些抗营养因子,如胰蛋白酶抑制因子、血球凝结素、皂角苷、甲状腺肿诱发因子等,其中最主要的抗营养因子是胰蛋白酶抑制因子。它们不仅影响饲料的适口性,还影响营养物质的消化及动物的一些生理功能。所以在饲料行业中,低活性抗营养因子成为评价大豆制品原料好坏的重要指标。这些有害因子来自于生大豆籽实,大多不耐热,在生产过程中,只要经适当的加热就可被灭活,使其在大豆制品中残留量大大减少。但也不能为了获得低活性抗营养因子的大豆制品而过度加热,这样做虽然使抗营养因子的活性下降或完全失活,但同时高温也使蛋白质发生变性和美拉德反应,可溶性蛋白质的量及蛋白质的利用率随之也下降,尤其是有效赖氨酸和精氨酸的量下降。为此,在大豆制品的生产加工过程中,保证适宜的加热程度,既可使大部分抗营养因子灭活,又不致使蛋白质变性是非常重要的。

目前,可采用多种指标评价大豆制品的受热处理程度及其抗营养因子的灭活程度,如抗胰蛋白酶活性、蛋白质溶解度和尿酶活性指标等。抗胰蛋白酶活性是直接反映大豆制品中抗营养因子水平及加热程度的可靠指标,但该检测法费时、所用试剂昂贵,在生产上不适用。大豆制品中的尿酶对单胃动物并非是抗营养因子,但其活性与抗胰蛋白酶活性呈高度正相关,又易测定,所以常用尿酶活性作为检验大豆制品加热程度和抗营养因子水平的判断指标。

尿酶的测定有定性法和定量法。定性法简单、快速,可迅速地检测大豆制品的尿酶活性,因此易于在生产中使用,但不能用作仲裁法,现常用的定性法为酚红法。定量法包括滴定法、比色法和pH增值法,其中滴定法原理严谨,对酶活性的表示方式直观,准确,操作容易,是国标法。脲酶活性作为鉴定大豆制品加热程度是否足以破坏其中大部分抗营养因子的一个指标也存在一定的局限性,它没有负值,对任何过熟大豆制品的最低值均为零,而蛋白溶解度则可衡量加热过度的严重程度,同时它也可鉴别生大豆或加热不足的大豆制品,但不够灵敏。因此,对于不同质量的大豆制品,我们可以用尿酶活性与蛋白溶解度选择性监测。

9.1.1　酚红法测定大豆脲酶活性(定性法)

1)适用范围

本方法适用于大豆制品中脲酶活性的快速测定,定性的判断大豆制品的生熟程度。

2)测定原理

酚红指示剂在 pH6.4 ~ 8.2 时由黄变红,大豆制品中所含的脲酶,在室温下可将尿素水解产生氨,释放的氨可使酚红指示剂变红,根据变红的时间长短来判断脲酶活性的大小。

3)溶液和试剂

①酚红指示剂:1 g/L 乙醇(20%)溶液。

②2% 尿素溶液。

4)仪器设备

①粉碎装置:粉碎时应不产生强烈发热,如研钵、球磨机。

②具塞试管:容积 15 mL。

5)测定步骤

取约 0.02 g 粉碎好的试样,放入试管中,加蒸馏水 10 mL、2% 尿素溶液 1 mL 和 2 滴酚红指示剂,振摇 10 秒。观察溶液颜色并记下呈粉红色的时间。

6)结果表示

1 min 内呈粉红色:活性很强;

1 ~ 5 min 内呈粉红色:活性强;

5 ~ 15 min,略有活性;

15 ~ 30 min,无活性。

一般认为,呈色时间在 5 ~ 15 min 范围内的大豆制品生熟度适中。

表 9.1　脲酶活性与呈色时间对照表

时间/min	尿素酶活性	时间/min	尿素酶活性	时间/min	尿素酶活性
0 ~ 1	0.9 以上	3 ~ 4	0.5 ~ 0.3	6 ~ 7	0.15 ~ 0.1
1 ~ 2	0.9 ~ 0.7	4 ~ 5	0.3 ~ 0.2	7 ~ 9	0.1 ~ 0.05
2 ~ 3	0.7 ~ 0.5	5 ~ 6	0.2 ~ 0.15	>15 无色	0

9.1.2 滴定法测定大豆中脲酶活性(定量法)

1)适用范围

本方法适用于大豆和制品中脲素酶活性的测定。本法可确认大豆的湿热处理程度。

2)测定原理

将粉碎的大豆制品与中性尿素缓冲溶液混合,在(30±0.5)℃下精确保温30 min,尿素酶催化尿素水解产生氨。用过量盐酸中和所产生的氨,再用氢氧化钠标准溶液回滴过量的盐酸。

本标准所指尿素酶活性定义如下:

在(30±0.5)℃和pH7的条件下,每克大豆制品每分钟分解尿素所释放氨态氮的毫克数。

3)试剂

①尿素缓冲溶液(pH7.0±0.1):称取8.95 g磷酸氢二钠($Na_2HPO_4 \cdot 12H_2O$)和3.40 g磷酸二氢钾(KH_2PO_4)溶于水并稀释至1 000 mL,再将30 g尿素溶在此缓冲溶液中,可保存1个月。

②盐酸溶液:$C(HCl) = 0.1$ mol/L,移取8.3 mL盐酸,用蒸馏水稀释至1 000 mL,标定方法见附录。

③氢氧化钠标准溶液:$C(NaOH) = 0.1$ mol/L,称取4 g氢氧化钠溶于水并稀释至1 000 mL,标定方法见附录。

④甲基红、溴甲酚绿混合乙醇溶液:称取0.1 g甲基红溶于100 mL95%乙醇溶液中,再称取0.5 g溴甲酚绿溶于100 mL95%乙醇溶液中,两溶液等体积混合,储存于棕色瓶中。

4)仪器设备

①粉碎装置:粉碎时应不产生强烈发热,如研钵、球磨机。

②样品筛:孔径200 μm(70目)。

③酸度计:精度0.02,附有磁力搅拌器和滴定装置。

④恒温水浴:可控温(30±0.5)℃。

⑤试管:直径18 mm,长150 mm,有磨口塞子。

⑥精密计时器。

⑦分析天平:感量0.000 1 g。

5)试样的制备

用粉碎机将具有代表性的试样粉碎,使之全部通过70目(孔径200 μm)样品筛。对特殊试样(水分或挥发物含量较高而无法粉碎的产品)应先在实验室温度下进行预干燥,再进行粉碎,当计算结果时应将干燥失重计算在内。

6)测定步骤

称取约0.2 g已粉碎的试样,称准至0.1 mg,转入试管中(如活性很高只称0.05 g试样),加入10 mL尿素缓冲溶液,立即盖好试管并剧烈振摇,将试管马上置于(30±0.5)℃

恒温水浴中,准确计时保持 30 min ± 10 s。要求每个试样加入尿素缓冲溶液的时间间隔保持一致。停止反应时再以相同的时间间隔加入 10 mL 盐酸溶液,振摇后迅速冷却到 20 ℃。将试管内容物全部转入小烧杯中,用 20 mL 水冲洗试管数次,洗液并入小烧杯中,将小烧杯置于带有磁力搅拌的酸度计上,立即用氢氧化钠标准溶液滴定至 pH = 4.70。(如果选择用指示剂,则将试管内容物全部转入 250 mL 锥形瓶中加入 8 ~ 10 滴混合指示剂,以氢氧化钠标准溶液滴定至溶液呈蓝绿色。)

另取试管作空白试验,称取约 0.2 g 制备好的试样精确至 0.1 mg,于玻璃试管中(如活性很高只称 0.05 g 试样),加入 10 mL 盐酸溶液,振摇后再加入 10 mL 尿素缓冲液,立即盖好试管并剧烈摇动,将试管置于(30 ± 0.5)℃的恒温水浴中,准确计时保持 30 min ± 10 s,停止反应时将试管迅速冷却至 20 ℃。将试管内容物全部转入烧杯,用 20 mL 水冲洗试管数次,洗液并入小烧杯中,将小烧杯置于带有磁力搅拌的酸度计上,并用氢氧化钠标准溶液滴定至 pH = 4.70。(如果选择用指示剂,则将试管内容物全部转入 250 mL 锥形瓶中加入 8 ~ 10 滴混合指示剂,以氢氧化钠标准溶液滴定至溶液呈蓝绿色。)

7)数据记录及结果计算

(1)数据记录

表 9.2　大豆制品脲酶活性测定结果记录

氢氧化钠标准溶液浓度:_____　　测定时间:_____　　实验小组及成员:_____

饲料样品名称	编号	试样质量 W/g	空白试验消耗氢氧化钠溶液体积 V_0/mL	测定试样消耗氢氧化钠溶液体积 V/mL	脲素酶活性

(2)结果计算

大豆制品中的脲素酶活性 X,以每分钟每克大豆制品释放氨态氮的毫克数表示,按下式计算

$$X = \frac{C \times (V_0 - V) \times 0.014 \times 1\,000}{30 \times W}$$

式中　C——氢氧化钠标准溶液浓度,mol/L;

V_0——空白试验消耗氢氧化钠溶液体积,mL;

V——测定试样消耗氢氧化钠溶液体积,mL;

W——试样质量,g;

14——氮的毫摩尔质量,g/mmol;

30——反应时间,min。

8)允许偏差

同一分析人员用相同方法,同时或连续两次测定活性≤0.2 时,相对偏差≤20%;活性 >0.2 时,相对偏差≤10%。结果以算术平均值表示。

9)注意事项

①若试样粗脂肪含量高于10%,则应先进行不加热的脱脂处理后,再测定尿酶活性。

②若测得试样的尿酶活性大于1 U,则样品称量应减少到0.05 g。

③酸度计在滴定前需用标准缓冲液校正。

④大豆粕尿酶活性在0.05～0.2 U为加热度适宜(见表9.3)。

表9.3 大豆制品加工程度与脲酶活性比较

项 目	期待值	适宜范围	生黄豆	加热过度
尿素酶活性	≤0.3	0.05～0.20	>1.75	≤0.05

任务2 饲料中游离棉酚的测定方法(苯胺比色法)

棉籽饼粕作为棉籽加工的副产物,是一种重要的植物蛋白,但由于其含有游离棉酚而限制了这一资源的充分利用。棉粕中的有毒成分有游离棉酚、棉酚紫和棉绿素三种色素,其毒性以棉绿素最强,游离棉酚次之。但游离棉酚的含量远比另外两种色素高,因此棉粕的毒性主要取决于游离棉酚的含量。棉籽饼粕中游离棉酚的含量和棉籽的制油工艺有关,通常压榨法游离棉酚含量高于浸提法。游离棉酚具有活性醛基和活性羟基,其毒性较大,含量超过安全界限,将导致畜禽生长迟缓、中毒、繁殖率下降及死亡。动物在短时间内因大量采食棉籽饼粕引起的急性中毒极为罕见,生产上发生的多是由于长期采食棉籽饼粕,致使游离棉酚在体内蓄积而产生的慢性中毒。因此,必须严格检测棉籽饼粕中的游离棉酚含量,根据检测结果合理控制棉籽饼粕的用量,以保证饲料中的游离棉酚含量在国家饲料卫生标准规定的范围内。

目前,测定游离棉酚的方法有比色法和高效液相色谱法,比色法又包括苯胺法、间苯三酚法、紫外分光光度法等。高效液相色谱法准确度高,干扰少,但技术要求高,设备昂贵。苯胺比色法准确度高,精密度好,是目前饲料企业常用的测定方法,也是国家标准方法。

9.2.1 适用范围

本方法适用于棉籽粉、棉籽饼(粕)和含有这些物质的配合饲料(包括混合饲料)中游离棉酚的测定。

9.2.2 测定原理

在3-氨基-1-丙醇存在的情况下,用异丙醇与正己烷的混合溶剂提取游离棉酚,用苯胺使用棉酚转化为苯胺棉酚,在最大吸收波长440 nm处进行比色测定。

9.2.3 　试剂

①异丙醇。

②正己烷。

③冰乙酸。

④苯胺:如果测得的空白试验吸收值超过 0.022 时,在苯胺中加入锌粉进行蒸馏,弃去开始和最后的 10% 蒸馏部分,放入棕色的玻璃瓶内贮存在 0～4 ℃冰箱中,该试剂可稳定几个月。

⑤3-氨基-1-丙醇($H_2NCH_2CH_2CH_2OH$)。

⑥异丙醇—正己烷混合溶剂:6∶4(V/V)。

⑦溶剂 A:量取约 500 mL 异丙醇、正己烷混合溶剂、2 mL 3-氨基-1-丙醇、8 mL 冰乙酸和 50 mL 水于 1 000 mL 的容量瓶中,再用异丙醇—正己烷混合溶剂定容至刻度。

9.2.4 　仪器设备

①分光光度计:有 10 mm 比色池,可在 440 nm 处测量吸光度。

②振荡器:振荡频率 120～130 次/min(往复)。

③恒温水浴。

④具塞三角烧瓶:100、250 mL。

⑤容量瓶:25 mL(棕色)。

⑥吸量瓶:1、3、10 mL。

⑦移液管、吸量管:10、50 mL。

⑧漏斗:直径 50 mm。

⑨表面皿:直径 60 mm。

9.2.5 　试样制备

采集具有代表性的棉籽饼粕样品,至少 2 kg,四分法缩分至约 250 g,磨碎,过 40 目孔筛,混匀,装入密闭容器,防止试样变质,低温保存备用。

9.2.6 　测定步骤

①称取 1～2 g 试样(精确到 0.001 g),置于 250 mL 具塞三角瓶中,加入 20 粒玻璃珠,用移液管准确加入 50 mL 溶剂 A,塞紧瓶塞,放入振荡器内震荡 1 h(每分钟 120 次左右)。用干燥的定量滤纸过滤,过滤时在漏斗上加盖一表面皿以减少溶剂挥发,弃去最初几滴滤液,收集滤液于 100 mL 具塞三角瓶中。

②用吸量管吸取等量双份滤液 5～10 mL(每份含 50～100 μg 的棉酚)分别至两个 25 mL 棕色容量瓶 a 和 b 中,如果需要,用溶剂 A 补充至 10 mL。

③用异丙醇—正己烷混合溶剂稀释瓶 a 至刻度,摇匀,该溶液用作试样测定液的参比溶液。

④用移液管吸取 2 份 10 mL 的溶剂 A 分别至两个 25 mL 棕色容量瓶 a_0 和 b_0 中。

⑤用异丙醇—正己烷混合溶剂稀释瓶 a_0 至刻度,摇匀,该溶液用作空白测定液的参比溶液。

⑥加 2.0 mL 苯胺于容量瓶 b 和 b_0 中,在沸水浴上加热 30 min 显色。

⑦冷却至室温,用异丙醇—正己烷混合溶剂定容,摇匀并静置 1 h。

⑧用 10 mm 比色皿,在波长 440 nm 处,用分光光度计以 a_0 为参比溶液测定空白测定液 b_0 的吸光度,以 a 为参比溶液测定试样测定液 b 的吸光度,从试样测定液的吸光度值中减去空白测定的吸光度值,得到校正吸光度 A,即 $A = A_b - A_{b0}$。

表 9.4 棉酚测定流程

容量瓶	反应液 (10 mL)	测定步骤	比 色
a_0	溶剂 A	用异丙醇—正己烷混合溶剂定容至 25 mL	
a	试样滤液	用异丙醇—正己烷混合溶剂定容至 25 mL	
b_0	溶剂 A	加 2 mL 苯胺→沸水浴 30 min→冷却至室温→用异丙醇—正己烷混合溶剂定容至 25 mL→静置 1 h	以 a_0 为参比液
b	试样滤液	加 2 mL 苯胺→沸水浴 30 min→冷却至室温→用异丙醇—正己烷混合溶剂定容至 25 mL→静置 1 h	以 a 为参比液

9.2.7 数据记录与结果计算

1) 数据记录

表 9.5 棉酚测定结果记录

氢氧化钠标准溶液浓度:_____ 测定时间:_____ 实验小组及成员:_____

饲料样品 名称	编号	试样质量 M/g	测定用滤液的 体积 V/mL	吸光度 A_{b0}	吸光度 A_b	校正吸 光度 A

2)计算公式

$$X = \frac{\dfrac{A}{KL} \times 25 \times 10^{-3}}{M \times \dfrac{V}{50}} \times 10^6 = \frac{A \times 1.25}{K \times L \times M \times V} \times 10^6$$

式中　X——游离棉酚含量,mg/kg;

　　　A——校正吸光度;

　　　K——质量吸收系数,游离棉酚为62.5 L/(cm·g);

　　　L——比色杯的厚度,cm;

　　　$\dfrac{A}{KL}$——25 mL 容量瓶中溶液的浓度 C;

　　　M——试样质量,g;

　　　V——测定用滤液的体积,mL;

　　　50——提取样品滤液的总体积,mL;

　　　25——比色测定时溶液的体积,mL;

　　　1 000——L 换算成 mL。

9.2.8　允许偏差

同一分析者对同一试样同时或快速连续地进行两次测定,以其算数平均值为结果。结果表示到 mg/kg。所得结果之间的差值:游离棉酚含量 <500 mg/kg 时,相对偏差≤15%;游离棉酚含量为 500～750 mg/kg 时,相对偏差为 10%～15%;游离棉酚含量 >750 mg/kg 时,相对偏差≤10%。

9.2.9　注意事项

①采集具有代表性的棉籽饼粕样品。

②当空白测定吸收值 b_0 超过 0.022 时,需加锌粉重蒸苯胺,弃去开始的 10%,放入棕色的玻璃瓶内贮存于冰箱中。

③试样用干燥的定量滤纸过滤,过滤时在漏斗上加盖一表玻璃以减少溶剂挥发。

④若试样游离棉酚含量较高时,可吸取 5 mL 滤液,加 5 mL 溶剂 A 用于检测。

⑤试样放入沸水浴煮 30 min 时,需控制火候,注意易燃。

⑥比色过程很重要。首先应检查比色皿的透光率,应保证所使用的每一只比色皿的透光率相一致,可用参比液测定每只比色皿的吸光度,应使每只比色皿参比液的透光率 T 都为 100%($T \pm 0.5\%$)。其次每个样品及空白均有其对应的参比液。

模块2 次生性有毒有害物质的分析测定

任务3 霉菌毒素的测定（酶联免疫吸附法）

霉菌毒素是霉菌生长过程中产生的有毒、有害的次生代谢产物。农产品在田间生长、收获、运输、储存到加工成饲料的每一个环节都会受到霉菌侵染。饲料一旦被霉菌污染，霉菌生长繁殖就要消耗饲料中的营养物质，发霉严重者不仅没有饲用价值，而且还会因霉菌释放出的霉菌毒素造成畜禽的中毒，给生产造成巨大损失；某些霉菌毒素在畜产品中还会产生残留造成食品污染，如黄曲霉毒素 M1 会在肝脏和奶中残留，人类食用后会发生急、慢性中毒，或致畸、致癌、致突变，对人体健康产生影响。目前，人们已经发现了数百种霉菌毒素，这些毒素在动物体内有不同的毒性、代谢途径和靶器官。2002 年美国饲料年报中将霉菌毒素列为仅次于二噁英的对人类食物链造成巨大威胁的危险因素。

霉菌毒素对动物的危害主要表现在三个方面：第一，引发疾病。一般来说，霉菌毒素中毒有急性与慢性之分。急性中毒有明显的临床症状，如肝脏、肾脏的损害、肠道出血、腹水、消化机能障碍、神经症状和皮肤病变以及繁殖障碍、流产等。在急性中毒的病例中，以黄曲霉毒素中毒为最，畜禽因种属、性别、年龄、营养、健康状况等不同，其对黄曲霉毒素的敏感性是有差异的，家禽最为敏感，尤其是幼雏。慢性中毒一般不具有指征性和特异性，仅有轻微或少量的临床表现，很难确认是由于霉菌毒素中毒所致。但实际生产中发生最多的，人们最容易忽略或难以察觉的则是慢性中毒，慢性中毒所造成的经济损失远比急性中毒要大得多。诊断时要排除传染病与营养代谢病的可能，并且要符合霉菌毒素中毒病的基本特点，进行综合分析，尤其对可疑饲料进行检验分析，即可作出初步诊断。第二，破坏免疫系统。霉菌毒素对动物机体免疫系统破坏造成的免疫抑制是它最为重要和最为本质的危害，许多霉菌毒素可直接破坏或降低免疫系统中的结构和功能，这在动物实验和生产中已得到充分证实。近几年来许多畜禽广泛存在疾病频发与难以防治，或大量使用疫苗免疫后抗体仍达不到应有滴度甚至免疫失败的现象，都与霉菌毒素的中毒有密切关系。第三，严重降低饲料的营养价值。造成饲料单项物质损失 14% ~ 20%，最高可达 31.5%，同时干扰营养物质的吸收，抑制消化酶的活性，降低饲料转化率，致使饲料消耗增加，生产性能下降。

近年来研究表明，霉菌毒素造成的危害是一个全球性和全年性的问题，它存在于几乎所有的饲料原料和人类食品原料中，可以在不同地区、不同温度范围内繁殖产生，但霉菌毒素比较严重的地区主要集中在南北回归线之间。霉菌受到外界应激如干旱、虫蛀、潮湿等影响时就产生多种霉菌毒素。目前已知的产毒霉菌以曲霉菌属、青霉菌属、镰刀菌属为主，所产生的毒素可达 350 个。

表9.6　6种主要霉菌毒素

霉菌毒素	产毒菌种	所属种类	易受污染的饲料原料	主要毒性	敏感动物
赭曲霉毒素	青霉菌	仓储霉菌	小麦、大麦、燕麦、黑麦	肾毒性;致畸;致癌;肝脏轻度损伤;肠炎;饲料转化率低;生长速度下降;免疫抑制	
黄曲霉毒素B1	曲霉菌	仓储霉菌	玉米及副产物、花生饼粕	急性肝病;致癌;致畸;出血症(肠道和肾脏);生长速度减缓;生产性能下降;免疫抑制	雏鸭
呕吐毒素	镰刀菌	田间霉菌	玉米及其副产物、小麦	消化道功能紊乱(呕吐、腹泻、拒食);脏器出血;口腔和皮肤炎症;生长减慢;免疫抑制	乳猪
玉米赤霉烯酮	镰刀菌	田间霉菌	玉米及其副产物、小麦	雌激素效应;阴户红肿;直肠、阴道脱垂;子宫扩张;睾丸萎缩;卵巢萎缩;乳腺肿胀;不育;流产	种猪
T2毒素	镰刀菌	田间霉菌	玉米及其副产物、小麦	消化道功能紊乱(呕吐、腹泻、拒食);脏器出血;口腔和皮肤炎症;生长减慢;免疫抑制	
烟曲霉毒素	镰刀菌	田间霉菌	玉米、大豆、高粱	肺气肿;脑白质软化;肾和肝中毒;免疫抑制	

　　在生产实践中,饲料原料受到毒素污染时,基本不可能只感染一种毒素。由于农作物可能被几种真菌共同污染,且一种类型的真菌也会产生多种霉菌毒素,霉菌毒素间具有累加或协同效应,因此饲料中存在多种霉菌毒素比只存在一种霉菌毒素时对动物的危害大得多。近年来,我国饲料及饲料原料的霉菌毒素污染也相当严重且呈逐年加重趋势,其中仓储型毒素如黄曲霉毒素和赭曲霉毒素的发生比例有所减少(除我国南方高温高湿地区容易滋生黄曲霉外),而田间型毒素如玉米赤霉烯酮、烟曲霉毒素、呕吐毒素的发生比例有所增加。霉菌毒素污染扩散的范围如此广,而畜禽中毒的反应与程度差异又很大,通常会导致畜禽多种难以判断的综合症状,还导致动物生产性能下降,免疫机能抑制,因此这就需要我们加深这方面的认知,加强对饲料和饲料原料霉菌毒素检验和监测,在生产中尤其要重点监测易受污染的饲料原料。

　　饲料中霉菌毒素的检测一般有薄层色谱法(TLC)、酶联免疫吸附法(ELISA)、高效液相色谱法(HPLC)、气相色谱-质谱联用法(GC-MS)。TLC是比较经典的方法,也是国家标准仲裁法,但是因前处理繁琐,且有机溶剂挥发对人体伤害较大,测定时有其他荧光物质的干扰,特别是检测限不高,所以在实际生产中较少采用。HPLC和GC-MS是仪器方法,也是最终的确证方法,但对检化验人员要求高,技术性强,前处理需要净化柱等特殊要求,且设备昂贵,单个样品成本比较高。酶联免疫吸附测定法(ELISA)操作简单,可同时快速测定多个样品,成本较低廉,且无需特殊昂贵的仪器设备,是目前最常用的行之

有效的筛选方法,作为饲料企业快速监测饲料质量的有效手段,在实际生产中得到广泛运用。本节主要以某企业黄曲霉毒素 B1 检测标准为例,学习酶联免疫吸附法的基本操作过程和要点。

9.3.1 适用范围

本方法适用于玉米、玉米粉、玉米大豆混合物、大豆、大米、高粱、小麦、棉籽和花生等饲料原料、配合饲料及浓缩饲料中黄曲霉毒素 B1 的定量检测。

9.3.2 操作原理

利用 70% 甲醇从研磨样品中提取出黄曲霉毒素,萃取出的样品液与酶标记的黄曲霉毒素混合加入到有抗体固定的微孔中,样品或标准品中的黄曲霉毒素与酶联耦合剂竞争结合微孔中的特异抗体,经过洗涤步骤后,当酶的底物被加入到微孔中,颜色变为蓝色,颜色深浅与样品或标准品中黄曲霉毒素浓度成反比。加入反应终止液终止反应后,颜色由蓝色转为黄色。用目测法或使用酶标仪对微孔板进行光学测量,将样品与标准品的吸光度值进行比较后确定样品中黄曲霉毒素的含量。

9.3.3 试剂

①96 孔(12×8)有抗体固定的微孔板(铝箔袋封装)。

②96 孔(12×8)稀释微孔板(底部标记蓝色)。

③五瓶黄曲霉毒素标准品:各 1.5 mL(0、4、10、20、40 μg/kg)。

④70% 甲醇水溶液:甲醇(分析纯)及蒸馏水或去离子水以制备 70% 的甲醇。

⑤1 瓶 25 mL 黄曲霉毒素酶联耦合剂。

⑥1 瓶 15 mL 底物溶液。

⑦1 瓶 15 mL 反应终止液。

9.3.4 仪器和设备

①研磨机或同类替代产品。

②搅拌机或振荡器。

③分析天平:感量 0.000 1 g。

④量筒:100 mL。

⑤最小容积为 125 mL 的容器。

⑥Whatman#1 滤纸或同类替代产品。

⑦8 道或单道移液枪及吸头(100 μL 及 200 μL)

⑧定时器、冲洗瓶、吸水纸巾。

⑨带 450 nm 及 630 nm 滤光片的酶标仪。

9.3.5　测定步骤

1）样品的准备/萃取

（1）根据规定检取有代表性的样品

在检测的取样、制样和分析三个步骤中都不可避免存在误差。其中,取样环节产生的误差约占总误差的85%以上,而制样与分析两个环节共占总误差的15%以下。

由于霉菌毒素颗粒在样品中分布的严重不均匀性,因此样品的取样显得尤为重要。为避免取样带来的误差,必须大量取样并粉碎混合均匀后再采用四分法取样,才有可能得到有代表性的样品;对局部发霉变质的样品要检验时,应单独取样检验;每份分析测定用的样品应用大样经粗碎与连续多次四分法缩减至0.5~1 kg,全部粉碎,样品全部过20目筛,混匀,再缩分至200 g,装入密闭容器中。必要时,每批样品可采取3份大样作样品制备及分析测定用,以观察所采样品是否具有一定的代表性。

（2）样品萃取

称取5 g试样,精确至0.01 g,置于100 mL具塞三角瓶中,准确加入70%甲醇水溶液25 mL,加塞振荡10 min,静置样品,用Whatman#1滤纸过滤萃取上清液,弃去1/4初滤液,收集适量滤液即为试样液。注意:样品萃取液的pH值为6~8。pH值过高或过低均会影响检测结果,应在检测前用NaOH或HCl对样品萃取过滤液予以调整。

（3）试样稀释

根据各种饲料中霉菌毒素国家限量标准和霉菌毒素标准溶液阳性标准浓度,及试剂盒标准曲线的置信范围,用样品稀释液将试样液适当稀释,制成待测试样稀释液。

2）测定步骤

①试剂的准备:使用前,所有试剂及试剂盒内的材料必须放置至室温18~30 ℃半小时(64~86 ℉)。建议若使用8道移液枪进行操作,在一次试验中样品及标准品的总量不超过48个,使用单道移液枪,建议在任何一次实验中样品标准品的总量不要超过16个,使用前使用漩涡仪摇匀每瓶试剂。

②设定1号孔为仪器调零孔,2~7号孔为标准对照孔,其余孔为样品孔。根据测定样品数量的需要截取相当适量的蓝色稀释孔条放入微孔板架上,每个标准品从0号开始,由低到高对应一个稀释孔。

③将等量的有抗体固定的微孔放入微孔板架上,未使用的有抗体固定的微孔条需放回装有干燥剂的原铝箔袋内,并密封保存。

④量取所需剂量(240 μL/孔或2 mL/条)的酶联耦合剂后移入一个酶联耦合剂试剂槽中(如多道移液器所用的试剂槽),使用8道移液枪加200 μL酶联耦合剂至每个蓝色的稀释孔中。

⑤使用单道移液枪,移取100 μL标准品和样品到已装有200 μL酶标记物的稀释孔中。每当移取一个标准品或样品时,单道移液枪必须更换上新吸头。注意确保最后将吸头中的液体排空。使用换有全新吸头后的8道移液枪,反复吸送三次,对孔中液体进行充分混合后,快速移取每个稀释孔中的液体各100 μL至相应的有抗体固定的微孔中。室温下

放置 15 min。注意:摇动微孔板动作要轻,以免引起孔与孔之间的污染。

⑥将孔中的液体甩入水槽中,用去离子水或蒸馏水冲洗每个孔然后甩出。如此方式反复冲洗 5 次。注意:在冲洗过程中不要将微孔条从微孔板架上取下,每条微孔条带应被固定在微孔板架上。

⑦冲洗完毕后,将几张吸水纸巾放置在平面上,使微孔板倒置叩击纸面,以尽可能地将残留的水分排出。用干布或纸巾擦干微孔板底反面的水珠。

⑧移取适量(120 μL/孔或 1 mL/条)底物,至一个底物试剂槽中,使用 8 道移液枪吸取 100 μL 底物加入到每个微孔中,室温下放置 5 min。

⑨移取适量(120 μL/孔或 1 mL/条)终止液至一个终止液试剂槽中,使用 8 道移液枪依序(顺序与加入底物的顺序相同)向每个微孔中加入 100 μL 停止液,颜色应由蓝变黄。

⑩用酶标仪在 450 nm 滤镜及差接滤镜 630 nm 下读取结果,记录每个微孔的吸光度 OD 值。注意在读取数据前,微孔中应没有气泡,否则将影响分析结果。另需注意:酶联耦合剂与样品量可以减少,但酶联耦合剂与标准品或样品的比例应保持 2 + 1,例如使用100 μL酶联耦合剂,50 μL 样品或标准品。从稀释孔中转移到有抗体固定的孔中的混合液仍然保持 100 μL 不变。

9.3.6 结果判定

1)目测法

比较样品孔与检测限量相对应的标准样品孔颜色,若浅者,则为阳性,若深者,则为阴性,若颜色接近,则用酶标仪测吸光度值比较。

2)仪器法定量计算

直接用标准液的 OD 值建立 5 个标准品的标准曲线。由于各标准品中的黄曲霉毒素含量已知,则未知样品黄曲霉毒素的浓度即可通过此标准曲线获得。结果也可通过试剂盒配套软件计算得出。若样品所含黄曲霉毒素浓度高于标准品的最高浓度(>40 μg/kg),则需将萃取过滤的溶液再次用 70% 的甲醇稀释到试剂盒检测范围 5 ~ 20 μg/kg 内,重新检测以得到精确的结果在最后的结果计算中,注意要将稀释倍数算入。

9.3.7 注意事项

①试剂盒在不使用时,需放置在 2 ~ 8 ℃(35 ~ 46 ℉)保存,并确保在有效期之前使用。

②本方法以某企业标准为例,但不同企业可能使用不同厂家的试剂盒,操作标准也不相同,检测时在掌握基本操作要点前提下须严格遵守试剂盒配套的操作说明书要求,尤其注意控制好操作时间,以防导致不精确的实验结果。

③甲醇为易燃品,使用或储存过程中要谨慎,防明火。

④反应终止液中含酸,避免直接接触皮肤及眼睛。若不小心溅到,应及时用水冲洗。

⑤恒温孵育的温度和时间要准确,可用温度计校准,不合适的温育时间会产生不准确的结果。

⑥洗涤要充分,洗涤液要迅速甩出,不可慢慢倾倒,不可直接用洗瓶冲洗微孔,也不可加水至溢出,以防交叉污染。

⑦洗涤液甩掉后应在吸水纸上拍干,检查是否有水分残留,以防显色时残留的水产生稀释作用,并擦干板底,以利于仪器检测。

⑧加样时要准确,直接加到小孔底部,但枪头不可接触底部,以免破坏包被的抗体;不可有气泡,不要加到孔壁上;整个加样过程要快,保证前后反应时间一致。

⑨检验过程应分清样品与标准品位置,不要剧烈摇动微孔板,以免引起孔与孔之间的污染。

⑩终止液加入后,轻轻摇动混合均匀,1 min 内迅速测定吸光度值。

⑪对每一个样品均需更换干净的移液枪吸头及玻璃器皿以避免产生交叉污染。样品或标准品中均可能含有黄曲霉毒素污染,在实验中应当自始至终穿戴橡胶手套、安全眼镜及实验外套。

⑫检测完后所有接触反应的容器和材料均需浸入 5% 次氯酸钠溶液中,12 h 后清洗备用。

⑬配套使用试剂,不要将不同公司的产品混用,不要将不同批次的产品混用。

⑭不能将任何未使用或剩余试剂倒回原装瓶中。

任务4　油脂丙二醛(TBA 值)的测定

油脂由于含有杂质或在不适宜条件下久藏而发生一系列化学变化和感官性状恶化,称之为油脂氧化酸败。油脂氧化酸败的程度与紫外线、氧、油脂中的水分和组织残渣以及微生物污染等各种因素有关,也与油脂本身的不饱和程度有关。反映油脂氧化酸败的常用指标有酸价、过氧化值、羰基价(碘价)、丙二醛含量。酸价是油脂水解的产物,过氧化物是油脂氧化的产物,酸价和过氧化值可作为油脂氧化酸败前期指标,丙二醛(TBA)可作为油脂氧化后期指标。其中过氧化值反映的是油脂最初阶段的氧化程度,当发生过度氧化后此值反而下降,过度氧化的油脂用丙二醛含量来衡量。丙二醛是油脂二次氧化分解产物中的一种,它带有明显的不良口味,能降低饲料适口性和动物采食量,同时,丙二醛还能与饲料和动物体内的蛋白质发生反应,生成对动物有害的席夫碱,损害动物健康。因此我们应增加对油脂中丙二醛含量的检测,将丙二醛作为油脂深度氧化酸败的评价指标。中华人民共和国农业部第 1773 号公告颁布的《饲料原料目录》中,已将丙二醛作为陆生单一动物油脂和鱼油的强制性标识要求。

9.4.1　适用范围

本方法适用于猪油中丙二醛含量的测定。

9.4.2　测定原理

油脂受到光、热、空气中氧的作用,发生酸败反应,分解出醛、酸之类的化合物。丙二醛就是分解产物的一种,它能与TBA(硫代巴比妥酸)作用生成粉红色化合物,在532 nm波长处有吸收高峰,利用此性质即能测出丙二醛含量,从而推导出油脂酸败的程度。

9.4.3　试剂

①三氯甲烷。

②三氯乙酸混合液:准确称取分析纯三氯乙酸7.5 g及0.1 gEDTA,用水溶解,稀释至100 mL。

③0.02 mol/L硫代巴比妥酸(TBA)溶液:准确称取TBA0.288 g溶于水中,并稀释至100 mL(如TBA不易溶解,可加热至全溶,澄清),然后稀释至100 mL。

④丙二醛标准储备液:称取1,1,3,3-四乙氧基丙烷(E. Mesck 97%)0.315 g,溶解后稀释至1 000 mL,此溶液每毫升含丙二醛100 μg,置于冰箱内保存。

⑤丙二醛标准使用液:准确吸取丙二醛标准储备液10 mL,稀释至100 mL,此溶液每毫升含丙二醛10 μg,置冰箱备用。

9.4.4　仪器

①恒温水浴锅。

②离心机2 000 r/min。

③722型可见分光光度计。

④100 mL有盖三角瓶。

⑤25 mL纳氏比色管。

⑥100 mm×13 mm试管。

⑦定性滤纸。

9.4.5　测定步骤

1)样品处理

准确称取在70 ℃水浴上融化均匀的油脂样品10 g,置100 mL有盖三角瓶内,准确加入50 mL三氯乙酸混合液,振摇0.5 h(保持油脂融溶状态,如冷结即在70 ℃水浴上略微加热使之融化后继续振摇),用双层滤纸过滤,除去油脂。滤液重复用双层滤纸过滤一次。

2)测定

准确移取上述滤液5.00 mL置于25 mL比色管内,加入5.00 mL TBA溶液,混匀,加塞,置于 90 ℃水浴内保温 40 min,取出,室温冷却 1 h,移入小试管内,离心 5 min,上层清液倾入 25 mL 纳氏比色管内,加入 5 mL 三氯甲烷,摇匀,静置,分层,吸出上层清液,于 538 nm 波长处比色(同时作空白试验)。

3)标准曲线制备

准确吸取丙二醛(10 μg/mL)的标准溶液 0.0、0.1、0.2、0.3、0.4、0.5 mL 置于纳氏比色管中,按样品测定步骤进行,测得光密度绘制标准曲线,求得计算公式 $A = KC$ 中的 K 值(方法同总磷测定)。

9.4.6　数据记录与结果计算

1)数据记录

表 9.7　丙二醛测定结果记录

测定时间:_____　实验小组及成员:_____

饲料样品名称	编号	试样质量 m/g	稀释倍数	比色管测定液浓度 $C/(μg/mL)$	吸光度 A

2)结果计算

$$丙二醛含量(μg/g、mg/kg) = \frac{C \times 10}{m \times \frac{5}{50}}$$

式中　C——比色管内待测样品的浓度($C = A/K$),μg/mL;

　　　m——样品质量,g;

　　　10——比色管内待测样品的体积,mL;

　　　50——处理样品所得滤液的总体积,mL;

　　　5——检测用滤液的体积,mL。

任务 5　鱼粉酸价的测定

鱼粉是畜、禽、水产饲料中一种非常重要的动物性蛋白质原料,在养殖业中得到广泛应用。生产鱼粉的原料鲜度差或鱼粉在运输、储藏过程中发生蛋白质分解、脂肪氧化酸败、霉拉德反应等产生一些有毒害或不能被动物所利用的物质,使鱼粉营养价值下降,这就涉及鱼粉鲜度的问题。衡量鱼粉鲜度主要有两方面:一是蛋白质腐败变质的鉴定指标:包括挥发性盐基氮(TVBN)、组胺和三甲胺(TMA)。二是脂肪氧化酸败的鉴定指标:包括酸价(AV)、过氧化值(POV)、丙二醛含量(TBA 值)和羰基价(CGV)。鱼粉中含油脂较高,油脂长期暴露在温度和湿度较高的环境下时,会发生生化反应,导致油脂的氧化酸败。鱼粉中油脂的氧化酸败是造成鱼粉鲜度和营养价值下降的重要因素,常用酸价、过氧化值、丙二醛含量(TBA)来表示。酸价是油脂水解的产物,可作为油脂氧化酸败前期指标,酸价越高说明油脂水解程度越严重,氧化酸败的机会越多。

9.5.1 适用范围

本标准适用于鱼粉酸价测定。

9.5.2 测定原理

鱼粉中游离脂肪酸用氢氧化钾标准溶液滴定,每克鱼粉消耗氢氧化钾的毫克数称为鱼粉的酸价。

9.5.3 试剂

①0.1 mol/L 氢氧化钾标准液。
②乙醚—乙醇混合液(2∶1):按乙醚—乙醇 2∶1 混合,用 0.1 mol/L 氢氧化钾溶液中和至对酚酞指示液呈中性。
③酚酞指示剂:1% 酚酞乙醇溶液。

9.5.4 仪器

①碘量瓶,250 mL。
②碱式滴定管,25 mL。
③锥形瓶,250 mL。
④玻璃漏斗:ϕ 6 cm。
⑤滤纸:快速定性 ϕ12.5 cm。

9.5.5 分析步骤

准确称取 5 g 试样于碘量瓶中,精确至 0.001 g。加入 50 mL 中性乙醚—乙醇混合液(2∶1)摇匀静止。放置 30 min 用滤纸过滤(接滤液用的锥形瓶和漏斗必须是干燥的)。滤渣用 20 mL 中性乙醚-乙醇混合液清洗,并重复一次,滤液合并后加入 2~3 滴 1% 酚酞指示剂,用 0.1 mol/L 氢氧化钾标准溶液滴定,至初显微红色且 0.5 min 内不褪色为终点。

9.5.6　数据记录与结果计算

1)数据记录

表 9.8　鱼粉酸价测定记录表

氢氧钾标准溶液浓度:_____　测定时间:_____　实验小组及成员:_____

饲料样品名称	编号	鱼粉试样质量 m/g	消耗氢氧化钾标准液的体积 V/mL	鱼粉酸价/ (mg KOH/g)

2)结果计算

$$鱼粉酸价(mg\ KOH/g) = \frac{V \times C \times 56.11}{m}$$

式中　V——样品消耗氢氧化钾标准液的体积,mL;

　　　m——鱼粉试样质量,g;

　　　C——氢氧化钾标准液浓度,mol/L;

　　　56.11——氢氧化钾摩尔质量,g/mol。

9.5.7　允许偏差

每个样品做两个平行样,结果以算术平均值计。酸价值 2.0 mg KOH/g 以下时两个平均样的相对偏差不得超过 8%,其他值时两个平行样的相对偏差不得超过 5%,否则重做。

表 9.9　鱼粉酸价标准

等　级	特级品	一级品	二、三级品
mg KOH/g	≤3	≤5	≤7

9.5.8　注意事项

①浸泡时间及过滤时间应严格控制,时间长,结果偏高。

②醇醚混合液(2∶1)应在使用前调中性且配制时间不能过久。

③乙醚—乙醇混合液(2∶1)的温度应在 25～30 ℃ 为佳,温度过高,结果偏高,温度低,结果偏低。

④终点判断应准确,对样液颜色深的多加酚酞指示剂。

模块 3　外源性有机有毒有害物质的检测

任务 6　酶联免疫法测定饲料中的三聚氰胺

三聚氰胺是一种重要的氮杂环有机化工原料,为纯白色单斜棱晶体,无味,溶于热水,微溶于冷水。饲料中三聚氰胺的主要来源一是由蛋白原料中加入,即将三聚氰胺加入肉粉、酵母粉、鱼粉、玉米蛋白粉等蛋白饲料原料;二是在饲料生产过程中遇到化肥、农药污染,加工环节自然形成或意外污染。从 2009 年饲料安全年起,农业部启动饲料质量安全专项整治工作,要求各级农业和畜牧兽医部门通过专项整治行动实现四个"100%",即蛋白饲料原料生产企业三聚氰胺现场检查率达 100%;奶牛饲料生产企业产品三聚氰胺抽检率达100%;生产使用自配料的规模化奶牛养殖场三聚氰胺检查率达 100%;饲料和饲料添加剂生产企业要 100%持证生产,以坚决杜绝饲料中违规使用三聚氰胺等有害化学物质。三聚氰胺检测的国家标准方法为高效液相色谱法,但其前处理繁琐,且设备昂贵,单个样品成本比较高。饲料企业一般以酶联免疫法检测作为筛选方法,对于酶联免疫检测结果超过国家标准的饲料样品再作高效液相色谱法检测。在此以某企业三聚氰胺检测标准为例,学习酶联免疫技术测定饲料中三聚氰胺的操作方法和要点。

9.6.1　适用范围

本方法适用于定量检测原料及饲料中三聚氰胺的含量。

9.6.2　测定原理

利用萃取液通过均质及振荡的方式提取样品中的三聚氰胺,将三聚氰胺酶标记物,样品萃取物及标准加入到已包被有三聚氰胺抗体的微孔中开始反应。在 30 min 的孵育过程中,样品萃取物中的三聚氰胺与三聚氰胺酶标记物竞争结合微孔中的三聚氰胺抗体,孵育30 min 后洗掉小孔中所有没有结合的三聚氰胺及三聚氰胺酶标记物,再用去离子水清洗结束后,每孔加入清澈的底物溶液,结合的酶标记物将无色底物转化成蓝色的物质。孵育 30 min 后停止此反应,根据目视比色法或仪器法比较样品和标准的颜色或光密度值,得出样品中三聚氰胺的浓度值。

9.6.3　试剂

①96 孔(12×8)有抗体固定的微孔板(铝箔袋封装)。
②96 孔(12×8)稀释微孔板。

③六瓶三聚氰胺标准品:各 3 mL（0,20,100,200,500 μg/kg）。

④20Mmpbs 稀释液:磷酸二氢钠:0.62 g;磷酸氢二钠:5.73 g;氯化钠:9 g;蒸馏水定容至 1 000 mL。

⑤60% 甲醇水:分析纯甲醇及蒸馏水或去离子水以制备 60% 的甲醇。

⑥氧化铝。

⑦1 瓶 7 mL 三聚氰胺酶标记物。

⑧1 瓶 14 mL 底物溶液。

⑨1 瓶 14 mL 反应终止液。

⑩10% 甲醇水:分析纯甲醇及蒸馏水或去离子水以制备 10% 的甲醇。

9.6.4　仪器和设备

①研磨机或同类替代产品。

②振荡器。

③天平:称量范围 400 g。

④量筒 100 mL 和过滤接样品用的容器。

⑤250 mL 带塞子的锥形瓶。

⑥定量滤纸。

⑦8 道或单道移液枪及吸头（100 μL 及 200 μL）

⑧定时器、冲洗瓶、吸水纸巾。

⑨带 450 nm 及 630 nm 滤光片的酶标仪（经 GIPSA 批准的酶标仪）。

⑩漩涡振荡器。

⑪离心机。

9.6.5　测定步骤

1）样品的准备

（1）一般样品的准备/萃取

①称取 2.5 g 研磨样品于干净并可密封的锥形瓶中。

②加入 25 mL 60% 的甲醇溶液。

③加入 2 g 氧化铝并密封锥形瓶。

④震荡或在混合器中混合 15 min,静止 2 min,再放到漩涡振荡器上涡旋 2 min。

⑤静置样品,用定量滤纸过滤萃取上层清液,收集待检滤液。注意:样品萃取液的 pH 值为 6～8。pH 值过高或过低均会影响检测结果,应在检测前用 NaOH 或 HCl 对样品萃取过滤液予以调整。

⑥用 10% 甲醇水 + 20 Mmpbs（1 + 9）稀释样品萃取液。例如:加入 150 μL 萃取液到 600 μL 10% 甲醇水 + 20Mmpbs（1 + 9）中。

（2）高蛋白、高脂肪饲料样品前处理方法（50 倍稀释）

①称取 2.5 g 样品，加入 25 mL60% 的甲醇溶液，震荡 2 min，静置 2 min。

②取 1 mL 上层清液加入 4 mL 10% 甲醇水 + 20 Mmpbs（1 + 9）稀释 5 倍，混匀。

③将样液放入 4 000 r/min 离心机离心 10 min。

④取 2 mL 上层清液加入 2 mL 异辛烷：氯仿（2 + 3）混合液，混匀。

⑤4 000 r/min 离心 5 min。

⑥取上层 150 μL 样液进行测定。

2）检测步骤

①试剂的准备：在使用前，所有试剂及试剂盒内的材料必须放置至室温 18 ~ 30 ℃（64 ~ 86 ℉）。建议若使用 8 道移液枪进行操作，在一次试验中样品及标准品的总量不超过 48 个（6 个检测条）；若使用单道移液枪，建议在任何一次实验中样品标准品的总量不要超过 16 个（2 个检测条）。

②设定 1 号孔为仪器调零孔，2 ~ 7 号孔为标准对照孔，其余孔为样品孔。根据测定样品数量的需要截取相当适量的蓝色稀释孔条放入微孔板架上，每个标准品从 0 号开始，由低到高对应一个稀释孔。

③将等量的有抗体固定的微孔放入微孔板架上，未使用的有抗体固定的微孔条需放回装有干燥剂的原铝箔袋内，并密封保存。

④使用单道移液枪，移取 150 μL 标准品和样品到蓝色稀释孔中。每当移取一个标准品或样品时，单道移液枪必须更换上新吸头。注意确保最后将吸头中的液体排空。

⑤从绿色瓶盖的瓶中量取所需剂量（240 μL/孔或 2 mL/条）的酶标记物后移入一个酶标记物试剂槽中（如多道移液器所用的试剂槽），使用 8 道移液枪加 50 μL 酶标记物至每个混合孔中。注意：使用换有全新吸头后的 8 道移液枪，反复吸送三次，对孔中液体进行充分混合后，快速移取每个稀释孔中的液体各 150 μL 至相应的有抗体固定的微孔中。轻轻摇动 60 s，室温下孵育 30 min。

⑥将孔中的液体甩入水槽中，用清洗液冲洗每个孔然后甩出。如此方式反复冲洗 5 次。注意：在冲洗过程中不要将微孔条从微孔板架上取下，每条微孔条应被固定在微孔板架上。

⑦冲洗完毕后，将几张吸水纸巾放置在平面上，使微孔板倒置叩击纸面，以尽可能地将残留的水分排出。用干布或纸巾擦干微孔板底反面的水珠。

⑧从蓝色盖瓶的瓶内，移取适量（120 μL/孔或 1 mL/条）底物，至一个底物试剂槽中，使用 8 道移液枪吸取 100 μL 底物加入到每个微孔中，室温下孵育 30 min。

⑨从红色盖瓶的瓶中移取适量（120 μL/孔或 1 mL/条）终止液至一个终止液试剂槽中，使用 8 道移液枪依序（顺序与加入底物的顺序相同）向每个微孔中加入 100 μL 停止液，颜色应由蓝变黄。

⑩用酶标仪在 450 nm 滤镜下读取结果，记录每个微孔的吸光度 OD 值。注意在读取数据前，微孔中应没有气泡，否则将影响分析结果。

9.6.6　结果计算

直接用标准液的 OD 值或者用相对于 0～500 μg/kg 标准样 OD 值的百分数建立 4 个标准品的标准曲线。由于各标准品中的三聚氰胺含量已知,则未知样品三聚氰胺的浓度即可通过此标准曲线获得。结果也可通过该供应商的计算软件(根据客户需要可免费提供)得出。

若样品所含三聚氰胺浓度高于最高定量浓度,则需将萃取过滤的溶液再次用样品稀释液稀释到试剂盒定量范围内,重新检测以得到精确的结果。在最后的结果计算中,注意要将稀释倍数算入。如果样品含有的三聚氰胺的浓度低于最低定量浓度,结果应报告为小于最低定量浓度。

9.6.7　注意事项

注意事项同黄曲霉毒素检测。

模块4　饲料中有害微生物的检测

饲料原料的微生物危害主要指有害细菌和产毒霉菌。有害细菌是指饲料中可造成饲料腐败或由饲料传染疾病的细菌。其危害主要有 3 个方面:①含有致病性细菌,如沙门菌和肉毒梭菌的饲料将使动物产生疾病;②细菌的繁殖使某些饲料营养成分,如脂肪、动物蛋白产生腐败作用;③非致病性细菌寄生于饲料中,消耗饲料中的养分,使饲料营养价值下降。微生物在自然界中分布广泛,种类繁多。从原料生产到配合饲料被动物食入,每个环节都有污染有害微生物的可能性。为防止饲料原料的微生物污染,原料入库必须按规定的要求进行堆放,做好防潮、防霉变和通风等措施。同时,在储存过程中,由品管部门定期有步骤地对原料进行质量检查,发现问题及时解决,不留质量隐患。

任务7　饲料中沙门氏菌的测定

9.7.1　适用范围

本方法适用于动物性原料及饲料中沙门氏菌的检测。

9.7.2　测定原理

根据沙门氏菌的生理特性,选择有利于沙门氏菌增殖而大多数细菌受到抑制生长的培养基,进行选择性增菌及选择性平板分离,并根据其生化特性结合血清学方法进行鉴定。

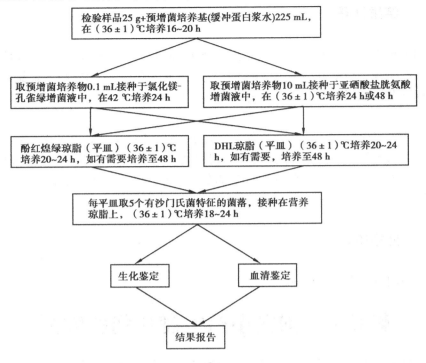

图 9.1 饲料沙门氏菌检测流程图

9.7.3 试剂

①缓冲蛋白胨水(BP)

a.成分:蛋白胨:10 g;氯化钠:5 g;磷酸二氢钾:1.5 g;磷酸氢二钾:9 g;蒸馏水:1 000 mL;pH:7.0

b.制法:按上述成分分配好,校正 pH,于 121 ℃高压灭菌 20 min。临用时分装在 500 mL三角瓶中,每瓶 225 mL(或配好后校正 pH,分装于 500 mL 三角瓶中,121 ℃高压灭菌,冷却 20 min 后备用)。

②氯化镁-孔雀绿增菌液(RV)。

③胆硫乳琼脂(DHL)。

④三糖铁琼脂(TSI)。

⑤沙门氏菌因子血清。

⑥营养琼脂。

注:①、②、③、④、⑥项试剂配制好后,应于 121 ℃高压灭菌 20 min 后使用。

9.7.4 仪器和设备

①高压灭菌锅或灭菌箱。

②干热灭菌箱:(37±1)℃~(55±1)℃。

③培养箱:(36±1)℃。

④接种环:铂铱或镍铬丝,直径约3 mm。

⑤pH 试纸。

⑥三角瓶:250 mL。

⑦培养试管。

⑧量筒。

⑨平皿:皿底直径9 cm 或14 cm。

⑩刻度吸管。

⑪酒精灯。

⑫生化管。

9.7.5 测定步骤

①试样和1+10 稀释液制备。

a.用预增菌液(BP)作为稀释液,来制备1+10 稀释液。

b.取试样25 g,加入装有225 mL 缓冲蛋白胨水的500 mL 的三角瓶中(如果试样量不是25 g,试样的质量与预增菌液的体积比应为1+10)。

②非选择性增菌:将增菌液在(36±1)℃培养,时间不少于16 h,不超过20 h。

③选择性增菌培养:取步骤②中获得的预增菌液1 mL,接种于装有10 mL 氯化镁-孔雀绿增菌液的试管中。在培养箱42 ℃条件下培养24 h。

④分离培养和鉴定:氯化镁-孔雀绿增菌液在培养24 h 后,分别用接种环划线接种在 DHL 琼脂平皿上,为取得明显的单个菌落,取一环培养物,接种到两个平皿上,第一个平皿接种后,连续在第二个平皿上划线接种。然后将平皿底部向上,在(36±1)℃培养箱中培养20~24 h。

⑤培养20~24 h 后,检查平皿中是否出现沙门氏菌典型菌落(黑色菌落)。

⑥如生长微弱,或无典型沙门氏菌菌落出现,可在(36±1)℃重新培养18~24 h。再检验平皿是否有典型沙门氏菌菌落。

注:任何典型或可疑菌落均应进行鉴定。辨认沙门氏菌菌落,在很大程度上依靠经验,它们外表各不同,不仅是种与种之间,每批培养基之间也有不同,此时,可用沙门氏菌多价因子血清,先于菌落做凝集反应,以帮助辨别可疑菌落。

⑦鉴定

a.鉴定菌落的选择

从每种分离培养基上,挑去5个被认为的可疑菌落,少于5个时,可将全部典型或可疑菌落供进行鉴定。

b.生化鉴定

将按a挑选的典型菌落,用接种针在三糖铁培养基上,在琼脂斜面上划线和穿刺,在(36±1)℃培养24 h,培养变化见表9.10。

表9.10 沙门氏菌检测培养基变化表

培养基部位	培养基变化
琼脂斜面	黄色:乳糖和蔗糖阳性(利用乳糖和蔗糖)
	红色或不变色:乳糖和蔗糖阴性(不利用乳糖和蔗糖)
琼脂深部	底端黄色:葡萄糖阳性(发酵葡萄糖)
	红色或不变色:葡萄糖阴性(不发酵葡萄糖)
	穿刺黑色:形成硫化氢
	气泡或裂缝:葡萄糖产气

注:典型沙门氏菌培养物,斜面显红色(碱性),底端黄色(酸),有气体产生,有90%形成硫化氢(琼脂变黑),当分离到乳糖阳性沙门氏菌时,三糖铁斜面是黄色的,因而证实沙门氏菌,不应仅仅限于三糖铁培养结果。

c. 血清学鉴定

以纯培养菌落,用沙门氏菌因子血清 O、Vi、H 型,用平板凝集法,检查其抗原存在。

d. 除去能自凝的菌株

在仔细擦净的玻璃板上,放 1 滴盐水,使部分被检菌落分散于盐水中,均匀混合后,轻轻摇动 30 ~ 60 s,对着黑的背景观察,如果细菌已凝集成或多或少的清晰单位,此菌株被认为能自凝。不宜提供做抗原鉴定。

e. O、Vi 抗原检查

用认为无自凝力的纯菌落,按 d 的方法,用 1 滴 O、Vi 型血清代替盐水,如发生凝集,判为阳性。

f. 生化管鉴定

用接种针从平板上挑取已分离的单一菌落分别接种于需要试验的安瓿瓶中。在(36 ± 1)℃下培养 18 ~ 24 h。

9.7.6 结果分析

根据鉴定结果进行分析,得出样品中存在或不存在沙门氏菌的结论。

9.7.7 注意事项

①培养基应煮沸后再分装,灭菌。

②在稀释、取样过程中,每稀释一次,每取样一次,均应更换另一支干净的灭菌吸管。

③玻片凝集试验需注意菌液浓度。

④生化反应符合,玻片凝集试验阴性,无 Vi 抗原,应重新观察生化反应。

⑤整个操作过程必须在无菌的情况下进行。

⑥保持紫外线灭菌灯管无尘(定期用酒精棉球擦拭),使用时间大于 1 000 h 后必须换灯管。

⑦新玻璃器皿必须用 1% ~ 2% 的盐酸浸泡 2 ~ 6 h 后使用。

⑧实验结束后,带菌的器皿必须经过高温杀菌后才能进行清理。

模块 5　饲料中无机有毒有害物质的测定

任务 8　原子吸收分光光度法测定饲料中镉、铅

9.8.1　适用范围

本方法适用于配合饲料、浓缩饲料、单一饲料、添加剂预混料中铅和镉的测定。

9.8.2　测定原理

1)干灰化法

干灰化法适用于含有有机物较多的饲料原料、配合饲料、浓缩饲料中铅和镉的测定。

将试样用马弗炉在(550 ± 20)℃温度下灰化之后,酸性条件下溶解残渣,沉淀和过滤,定容制成试样溶液,用火焰原子吸收光谱法,分别在 283.8 nm 处测量铅的吸光度,在 228.8 nm 处测量镉的吸光度,与标准系列比较定量得出铅和镉的浓度。

2)湿消化法

湿消化法分为盐酸消化法和高氯酸消化法。盐酸消化法适用于不含有机物质的添加剂预混料和矿物质饲料中铅和镉测定。高氯酸消化法适用于含有有机物质的添加剂预混料中铅和镉的测定。

试样中的铅和镉在酸的作用下变成离子,沉淀和过滤去除沉淀物,稀释定容,分别在 283.8 nm、228.8 nm 处用原子吸收光谱法测定,与标准系列比较定量得出铅和镉的浓度。

9.8.3　试剂

①6 mol/L 盐酸溶液。

②6 mol/L 硝酸溶液。

③镉标准工作液。

a.镉标准贮备液:精确称取高纯金属镉(99.99%)0.100 0 g 于 250 mL 三角瓶中,加入 1 + 1 硝酸溶液 10 mL,全部溶解后,蒸干,取下冷却,加入 20 mL 1 + 1 盐酸继续加热溶解,冷却后转入 1 000 mL 容量瓶中,加水定容至刻度,该溶液含镉 100 μg/mL。

b.镉标准中间溶液:准确吸取镉标准贮备溶液 10.00 mL 于 100 mL 容量瓶中,用 1 mol/L稀盐酸稀释定容至刻度,混匀,该溶液含镉 10 μg/mL。

c. 镉标准工作溶液：准确吸取镉标准中间溶液 10.00 mL 于 100 mL 容量瓶中，用 1 mol/L 稀盐酸稀释定容至刻度，混匀，该溶液含镉 1 μg/mL。

④铅标准工作液。

a. 铅标准贮备液：精确称取 0.159 8 g 硝酸铅，加入 6 mol/L 硝酸溶液 10 mL，全部溶解后，转入 1 000 mL 容量瓶中，加水定容至刻度，该溶液含铅 0.1 mg/mL。

b. 铅标准工作液：精确吸取 1 mL 铅标准贮备液，加入 100 mL 容量瓶中，加水定容至刻度，该溶液含铅 1 μg/mL。

9.8.4 仪器和设备

①马弗炉。

②分析天平。

③原子吸收分光光度计（附测定镉、铅的空心阴极灯）。

9.8.5 测定步骤

1）干灰化法

称取 2.5 g 制备好的试样，精确到 0.001 g，置于瓷坩埚中，碳化至无烟时，放入马弗炉内灰化 1 h 取出，冷却加硝酸，再放入马弗炉内灰化 2 h，冷却后加 10 mL 6 mol/L 盐酸溶液，定溶至 50 mL 容量瓶中，过滤，待用。

2）湿消化法

称取样品 1 g 制备好的试样，精确到 0.001 g，分别加入 5 mL 6 mol/L 盐酸溶液及 5 mL 6 mol/L 硝酸溶液，摇匀，过滤，待用。

选择镉灯，设定原子吸收分光光度计测定条件，精确移取镉标准工作液 0 mL、1.25 mL、2.50 mL、5.00 mL、7.50 mL、10.00 mL 于 25 mL 容量瓶中定容，导入原子吸收分光光度计，用水调零，在 228.8 nm 波长处测定吸光度，以吸光度为纵坐标，浓度为横坐标，绘制镉的标准曲线，求出 K 值（有些仪器软件自动生成）。

试样溶液和试剂空白，按绘制标准曲线步骤进行测定，测出相应吸光值，计算镉含量。

选择铅灯，设定原子吸收分光光度计测定条件，分别吸取 0 mL、0.50 mL、1.00 mL、2.00 mL、4 mL 铅标准工作液（1 μg/mL）置于 25 mL 容量瓶中，加水定容，摇匀，导入原子吸收分光光度计，用水调零，在 283.3 nm 波长处测定吸光度，以吸光度为纵坐标，浓度为横坐标，绘制铅的标准曲线，求出 K 值（有些仪器软件自动生成）。

试样溶液和试剂空白，按绘制标准曲线步骤进行测定，测出相应吸光值，计算铅含量。

9.8.6　数据记录与结果计算

表 9.11　镉、铅测定结果记录

测定时间：_____　实验小组及成员：_____

样品名称	样品编号	样重/g	稀释倍数	铅/(mg · kg^{-1})		镉/(mg · kg^{-1})	
				吸光度	检测值	吸光度	检测值

参照仪器软件计算。

9.8.7　注意事项

①测定样品的条件要与测定标准曲线时的环境一致。
②样品的检测的吸光值应在曲线范围内。

任务 9　分光光度法测定饲料中的砷

9.9.1　适用范围

本方法适用于各种配合饲料、浓缩饲料、添加剂预混合饲料、单一饲料、饲料添加剂以及饲料原料中总砷含量的测定。

9.9.2　原理

样品经酸消解或干灰化破坏有机物，使砷呈离子状态存在，经碘化钾、氯化亚锡将高价砷还原为三价砷，然后被锌粒和酸产生的新生态氢还原成砷化氢。在密闭装置中，被二乙氨基二硫代甲酸银（Ag-DDTC）三氯甲烷溶液吸收，形成黄色或棕红色银溶胶，其颜色的深浅与砷含量成正比，用分光光度计比色测定。形成胶体银的反应如下：

$$AsH_3 + 6Ag(DDTC) = 6Ag + 3H(DDTC) + As(DDTC)_3$$

9.9.3 试剂

以下试剂除特别注明外,均为分析纯,水应符合 GB/T 6682 二级水要求。

①无砷锌粒:粒径(3.0 ± 0.2)mm。

②混合酸溶液(A):$HNO_3 + H_2SO_4 + HClO_4 = 23 + 3 + 4$。

③碘化钾溶液:150 g/L。

称取 75 g 碘化钾溶于水中,定容至 500 mL,贮存于棕色瓶中。

④盐酸溶液:$c(HCl) = 1$ mol/L。

量取 84.0 mL 盐酸,倒入适量的水中,用水稀释到 1 L。

⑤盐酸溶液:$c(HCl) = 3$ mol/L。

量取 250.0 mL 盐酸,倒入适量的水中,用水稀释到 1 L。

⑥乙酸铅溶液:200 g/L。

⑦硝酸镁溶液:150 g/L。

称取 30 g 硝酸镁$[Mg(NO_3)_2 \cdot 6H_2O]$溶于水中,并稀释至 200 mL。

⑧酸性氯化亚锡溶液:400 g/L。

称取 20 g 氯化亚锡($SnCl_2 \cdot 2H_2O$)溶于 50 mL 盐酸中,加入数颗金属锡粒,可用一周。

⑨二乙氨基二硫代甲酸银(Ag-DDTC)-三乙胺-三氯甲烷溶液吸收。

⑩高氯酸。

⑪二乙胺基二硫代甲酸银-三乙胺-三氯甲烷吸收溶液:2.5 g/L。

称取 2.5 g(精确到 0.000 1 g)Ag-DDTC 于干燥的烧杯中,加适量三氯甲烷,待完全溶解后,转入 1 000 mL 容量瓶中,加入 20 mL 三乙胺,用于三氯甲烷定容,于棕色瓶中存放在冷暗处,若有沉淀应过滤后使用。

⑫乙酸铅棉花:将医用脱脂棉在乙酸铅液(100 g/L)浸泡约 1 h,压除多余的液,自然晾干,或在 90 ~ 100 ℃烘干,保存于密闭瓶中。

⑬砷标准储备溶液:1.0 mg/mL。

精确称取 0.660 g 三氧化二砷(110 ℃干燥 2 h),加 5 mL 氢氧化钠溶液(200 g/L)使之溶解,然后加入 25 mL 硫酸溶液中和,定容至 500 mL,此溶液每毫升含 1.00 mg 砷,于塑料瓶中冷贮。

⑭砷标准工作液:1.0 μg/mL。

准确吸取 5.00 mL 砷标准储备液于 100 mL 容量瓶中,加水定容,此溶液含砷50 μg/mL。

准确吸取 50 μg/mL 砷标准溶液 2.00 mL,于 100 mL 容量瓶中,加 1 mL 盐酸,加水定容,摇匀,此溶液每毫升相当于 1.0 μg 砷。

⑮硫酸溶液:60 mL/L。

吸取 6.0 mL 硫酸,缓慢加入到约 80 mL 水中,冷却后用水稀释至 100 mL。

9.9.4 仪器和设备

①砷化氢发生及吸收装置。

②砷化氢发生器:100 mL 带 30 mL、40 mL、50 mL 刻度线和测管的锥形瓶。

③导气管:管径 ϕ 为 8.0 ~ 8.5 mm;尖端孔 ϕ 为 2.5 ~ 3.0 mm。

④吸收瓶:下部带 5 mL 刻度线。

⑤分光光度计:波长范围 360 ~ 800 nm。

⑥分析天平:感量 0.000 1 g。

⑦可调式电炉。

⑧瓷坩埚:30 mL。

⑨高温炉:温控 0 ~ 950 ℃。

9.9.5　测定步骤

1) 样品处理

(1) 混合酸消解法

配合饲料及单一饲料,宜采用硝酸-硫酸-高氯酸消解法。称取试样 3 ~ 4 g(精确到 0.000 1 g),置于 250 mL 凯式烧瓶中,加少许水润湿,加 30 mL 混合酸溶液,放置 4 h 以上或过夜,置电炉上从室温开始消解。待棕色气体消失以后,提高消解温度,至冒白烟(SO_3)数分钟(务必赶尽硝酸),此时溶液应清凉无色或淡黄色,瓶内溶液体积近似硫酸用量,残渣为白色。若瓶内溶液呈棕色,冷却后添加适量硝酸和高氯酸,直到消解完全。冷却,加 10 mL 盐酸溶液(1 mol/L)煮沸,稍冷,转移到 50 mL 容量瓶中,用水洗涤凯式烧瓶 3 ~ 5 次,洗液并入容量瓶中,然后用水定容,摇匀,待测。

试样消解含砷小于 10 μg 时,可直接转移到砷化氢发生器中,补加 7 mL 盐酸,加水使瓶内溶液体积为 40 mL,从加 2 mL 碘化钾起,以下按操作步骤 3) 进行。

(2) 盐酸溶样法

矿物元素饲料添加剂不宜加硫酸,应用盐酸溶解。称取试样 1 ~ 3 g(精确到0.000 1 g)于 100 mL 高型烧杯中,加少量水润湿试样,慢慢滴加 10 mL 盐酸溶液(3 mol/L),待激烈反应过后,再缓慢加入 8 mL 盐酸,用水稀释至约 30 mL 煮沸。转移到 50 mL 容量瓶中,洗涤烧杯 3 ~ 4 次,洗涤并入容量瓶中,用水定容,摇匀,待测。

试样消解液含砷小于 10 μg 时,可直接转移到发生器中,用水稀释到 40 mL 并煮沸,从加 2 mL 碘化钾起,以下按操作步骤 3) 进行。

另外,少数矿物质饲料富含残留硫,严重干扰砷的测定,可用盐酸溶解样品,高型杯加入 5 mL 乙酸铅溶液并煮沸,静置 20 min,形成的硫化铅沉淀过滤除之,滤液定容至 50 mL,以下按规定步骤进行。同时于相同条件下,做试剂空白试验。

(3) 硫酸铜、碱式氯化铜溶样

称取试样 0.1 ~ 0.5 g 于砷化氢发生器中(若遇砷含量高的样品时,应先定容,适当分取试样,使试液中砷含量在工作曲线之内),加 5 mL 水溶解,加 2 mL 乙酸及 1.5 g 碘化钾,放置 5 min 后,加 0.2 g L-抗坏血酸使之溶解,加 10 mL 盐酸,用水稀释至 40 mL,摇匀,待测。

(4) 干灰化法

添加剂预混合饲料、浓缩饲料、配合饲料、单一饲料及饲料添加剂可选择干灰化法。

称取试样 2 ~ 3 g 于 30 mL 瓷坩埚中,加入 5 mL 硝酸镁溶液,混匀,于低温或沸水浴中蒸干,低温碳化至无烟后,然后转入高温炉于 550 ℃恒温灰化 3.5 ~ 4 h。取出冷却,缓慢加入 10 mL 盐酸溶液(3 mol/L),待激烈反应过后,煮沸并转移到 50 mL 容量瓶,用水洗涤坩埚 3 ~ 5 次,洗液并入容量瓶,定容摇匀,待测。

所称试样含砷小于 10 μg 时,可直接转移到发生器中,补加 8 mL 盐酸,加水至 40 mL左右,加入 1 g 抗坏血酸溶解后,按3)规定操作。同时做试剂空白试验。

2)标准曲线绘制

准确吸取砷标准工作溶液(1.0 μg/mL)0.00 mL、1.00 mL、2.00 mL、4.00 mL、6.00 mL、8.00 mL、10.00 mL 于发生瓶中,加 10 mL 盐酸,加水稀释至 40 mL,从加入 2 mL碘化钾起,以下按3)规定步骤操作,测其吸光度,求出回归方程式各参数或绘制出标准曲线。当更换锌粒批号或新配制 Ag-DDTC 吸收法、碘化钾溶液和氯化亚锡溶液,均应重新绘制标准曲线。

3)还原反应与比色测定

从步骤1)处理好的待测液中,准确吸取适量溶液(含砷量应不小于 1.0 μg)于砷化氢发生器中,补加盐酸至总量为 10 mL,并用水稀释到 40 mL,使溶液盐酸浓度为3 mol/L,然后向试样溶液、试剂空白溶液、标准系列溶液各发生器中,加入 2 mL 碘化钾溶液,摇匀,加入 1 mL 氯化亚锡溶液,摇匀,静置 15 min。

准确吸取 5.00 mL Ag-DDTC 吸收液与吸收瓶中,连接好发生装置(勿漏气,导管塞有蓬松的乙酸铅棉花)。从发生器侧管迅速加入 4 g 无砷锌粒,反应45 min,当室温低于15 ℃时,反应延长 1 h。反应中轻摇发生瓶 2 次,反应结束后,取下吸收瓶,用三氯甲烷定容至 5 mL,摇匀,测定。以原吸收液为参比,在 520 nm 处,用 1 cm 比色池测定。

9.9.6 结果计算

①试样中总砷含量 X,以质量分数(mg/kg)表示,按下式计算:

$$X = \frac{(A_2 - A_3) \times V_1}{m \times V_2}$$

式中 V_1——试样消解液定容总体积,单位为毫升,mL;

V_2——分取试液体积,mL;

A_2——测试液中含砷量,μg;

A_3——试剂空白液中含砷量,μg;

m——试样质量,g。

②若样品中砷含量很高,可用下式计算:

$$X = \frac{(A_2 - A_3) \times V_1 \times V_3 \times 1\ 000}{m \times V_2 \times V_4 \times 1\ 000}$$

式中 V_1——试样消解液定容总体积,mL;

V_2——分取试液体积,mL;

V_3——分取液再定容体积,mL;

V_4——测定时分取 V_3 体积,mL;

A_3——试剂空白液中含砷量,μg;

A_2——测定用试液中含砷量,μg;

m——试样质量,g。

每个样品应做平行样,以其算术平均值为分析结果,结果精确到 0.01 mg/kg。当每千克试样中含砷量≤1.0 mg 时,结果取三位有效数字。

9.9.7　结果表示与允许偏差

砷含量≤1.00 mg/kg,允许相对偏差20%;砷含量1.00~5.00 mg/kg 时,允许相对偏差≤10%;砷含量5~10 mg/kg 时,允许相对偏差5%;砷含量≥10 mg/kg 时,允许相对偏差≤3%。

9.9.8　注意事项

①严格按照国家标准方法的步骤和要求操作,以最大限度地降低随机误差。

②所用吸管、玻璃珠、测砷装置等玻璃器皿均应经稀硝酸浸泡过夜处理,以除去可能吸附在玻璃器皿上的砷、硫等元素。

③样品消化液中的残余硝酸须设法驱尽,硝酸的存在影响反应于显色,会导致结果偏低。必要时须增加测定用硫酸的加入量。

④所用试剂必须为符合国标方法中所要求的试剂,10 粒左右的锌粒为宜,加入量为3~4 g即可。

⑤标准溶液在使用前应提前从冰箱中取出放至室温,然后经充分振摇后使用,以消除标准溶液因热胀冷缩造成的吸液不准及玻璃瓶壁对砷标的吸附而产生的误差。

复习思考题)))

一、名词解释

1.包被　　2.酶结合物　　3.酶联免疫法

二、选择题

1.下列饲料中有害物质中属于天然有害物质的是(　　　)。

　A.棉酚　　　　　B.瘦肉精　　　　C.霉菌毒素　　　　D.抗生素

2.饲料中外源性有毒有害物质不包括(　　　)。

　A.农药残留　　　B.霉菌毒素　　　C.三聚氰胺　　　　D.瘦肉精

　E.胰蛋白酶抑制因子

3.下列有害物质中不能用高效液相色谱法进行测定的是(　　　)。

　A.农药残留　　　B.抗生素　　　　C.三聚氰胺　　　　D.镉

4.生产上饲料中霉菌毒素的检测最常用的快速检测法是(　　　)。

　A.薄层色谱法(TLC)　　　　　　　B.酶联免疫吸附法(ELISA)

　C 高效液相色谱法(HPLC)　　　　　D.气相色谱-质谱联用法(GC-MS)

三、填空题

1. 酶联免疫法的特点主要有( )、( )、( )、( )、( )。

2. 饲料中的有毒有害物质按其成分主要分为( )、( )和( )。

3. 酶标法可分为( )法、( )法和( )法,其中饲料与食品安全检测主要用( )。

4. 酶联免疫法测定三聚氰胺所需要的主要设备有( )、( )、( )、( )等。

5. 利用原子吸收分光光度法测定含有有机物较多的饲料原料中的铅,可用( )法处理样品;测定不含有机物质的添加剂预混料和矿物质饲料中铅,可用( )法处理样品;测定含有机物质的添加剂预混料中铅,可用( )法处理样品。

6. 饲料中游离棉酚的测定方法包括( )和( )。

7. 在尿素酶作用下尿素水解释放的氨使溶液 pH( ),用此法可以快速检验尿素酶的活性。

8. 棉粕中的有毒成分主要有( )、( )和( )三种色素,其中棉粕的毒性主要取决于( )的含量,其含量是棉籽饼粕质量的主要检测内容。

9. 饲料中的霉菌毒素危害主要有( )、( )和( )。

四、判断题

1. 酶标法测定饲料中三聚氰胺进行结果判断时,样品颜色比阳性对照深,说明待检样品三聚氰胺含量低于阳性样品。 ( )

2. 霉菌毒素间具有累加或协同效应,因此饲料中存在多种霉菌毒素比只存在一种霉菌毒素的对动物的危害大得多。 ( )

3. 饲料中有害微生物主要是指霉菌。 ( )

4. 酶标法测定饲料中黄曲霉毒素进行结果判断时,样品颜色比阳性对照浅,说明待检样品黄曲霉毒素含量低于阳性样品。 ( )

5. 定性法测定脲酶活性,一般认为,10 分钟以下不显粉红色或红色的大豆制品,其脲酶活性即认为合格,生熟度适中。 ( )

6. 在利用酶联免疫法测定饲料中黄曲霉毒素的过程中,微量加样器的枪头必须接触底部,保证试剂充分反应。 ( )

7. 瘦肉精的检测通常是指检测饲料中的盐酸克仑特罗。 ( )

8. 高效液相色谱法主要适用于有机有毒有害物质的测定。 ( )

9. 为了降低检测成本,酶联免疫法测定饲料中三聚氰胺时,检测样本越多越好。 ( )

10. 为了确保酶联免疫检测所用试剂的活性,试剂盒从冰箱中取出后应立即进行测定。 ( )

五、问答题

1. 在酶联免疫法测定饲料中霉菌毒素过程的关键点主要有哪些？

2. 在酶联免疫法测定饲料霉菌毒素过程中为何要严格控制温度,如何控制？

3. 试述原子吸收分光光度法测定饲料中铅含量的原理和主要步骤。

4. 酶联免疫法检测饲料中的霉菌毒素,判断结果的方式有几种,如何进行？

5. 生产上通常用何种方法监测加工大豆制品中胰蛋白酶的灭活程度？试分析其主要依据。

6. 酶联免疫法检测饲料中的霉菌毒素对样品的采集有何要求？

项目10
饲料中酶活力的测定

项目导读:绝大多数酶的化学本质是蛋白质,对温度、水分、压力等条件敏感。酶的发酵生产工艺、饲料加工工艺、贮存条件均可能影响酶制剂活性,进而影响酶制剂的添加效果。饲料酶活力的检测对有效评估酶制剂活性,提高酶制剂的应用效果具有重要意义,本项目主要介绍植酸酶、木聚糖酶和β-葡聚糖酶的检测方法。

酶是生物体产生的一种活性物质,是体内各种生化反应的催化剂,各种营养物质的消化、吸收和利用都必须依赖酶的作用。目前在饲料工业中广泛应用的酶已有20多种。通过生物工程方法产生具有活性的酶产品,称为酶制剂。作为饲料添加剂的酶制剂主要有消化酶类和植酸酶。酶制剂由于可以提高畜禽生产性能和减少排泄物的污染,无副作用,不存在药物添加剂的药物残留和产生耐药性等不良影响,故酶制剂是一种环保和绿色饲料添加剂。酶制剂的使用也为开辟新的饲料资源、降低饲料生产成本提供了有效的途径。

酶活力通常也称为酶活性,可用在一定条件下酶催化某一化学反应速度来表示,酶活力越强,酶促反应速率越快;反之,酶活力越弱,反应速率越慢。因此,测定酶活力本质上就是测定酶促反应的速率。

酶的活力大小是用酶的活力单位来度量的,即在最适条件下(25 ℃),每分钟内催化 1 μmol 底物转化为产物的酶量为一个酶活力单位(1 IU = 1 μmol 底物/min)。酶活力的测定主要采用分光光度法。

任务1 植酸酶活力的测定

10.1.1 适用范围

本方法适用于植酸酶颗粒、粉剂、包衣及其他类型产品的检测。

10.1.2 检测原理

植酸酶在一定的温度和 pH 条件下,水解底物植酸钠,生成正磷酸和肌醇衍生物,在酸性溶液中,用钒钼酸铵处理会生成黄色的[(NH_4)_3PO_4NH_4VO_3 · 16MoO_3]复合物,在波长

415 nm 下进行比色测定。

10.1.3　试剂

除特殊说明外,所用的试剂均为分析纯,水均为符合 GB/T 6682 中规定的三级水。

①乙酸缓冲液,$[C(CH_3COONa \cdot 3H_2O) = 0.1 \text{ mol/L}]$:吸取 8.2 g 无水乙酸钠,加入 900 mL 水中(水加入乙酸钠中不易溶解),搅拌溶解后,称取 0.5 g 牛血清白蛋白于乙酸溶液中,用冰乙酸调节 pH 值至 5.00 ± 0.05,并用蒸馏水定容至 1 000 mL,室温下存放 1 个月有效。

在调 pH 前要用仪器配备的缓冲液调 pH 计:先用缓冲液润洗烧杯和 pH 计,将温度调至室温,先调 6.86,不准就多洗几次,并调定位,调好后擦干 pH 计,再调 4.0,若不准再调斜率,调好后擦干 pH 计,清洗后再擦干,小心玻璃球。

乙酸缓冲液开始调的时候 pH 在 10.4 左右,洗后再调植酸钠溶液(开调时 pH 为 7.37 ~ 7.50)。

②植酸钠溶液,$[C((C_6H_6O_2)_4P_6Na_{12}) = 10.0 \text{ mmol/L}]$:称取 0.923 8 g 植酸钠,放入烧杯中用适量乙酸缓冲液完全溶解后,转移入 100 mL 容量瓶,并用乙酸缓冲液定容到 100 mL。植酸钠溶液放入冰箱保存,溶液室温可以保持一个月有效。

③磷标准溶液:称取 0.680 4 g 在 105 ℃下烘至恒重的基准磷酸二氢钾于烧杯中,用适量 0.1 mol/L 乙酸缓冲液溶解,转移入 100 mL 容量瓶中并定容至 100 mL。此溶液浓度为 50 mmol/L。定容时沿瓶壁倒,防止生气泡。

④钼酸铵溶液(100 g/L):称取 20 g 钼酸铵$[(NH_4)_6Mo_7O_{24} \cdot 4H_2O]$于水中溶解配成 200 mL 溶液。

⑤钒酸铵溶液(2.35 g/L):称取 8.75 g 钒酸铵(NH_4VO_3)于 100 mL 水中溶解,缓缓加入 85 mL 硝酸溶液。

⑥显色液(反应终止液):在搅拌下将钼酸铵溶液缓缓加入钒酸铵溶液中,用水稀释至 750 mL,储于棕色瓶中(两溶液溶解后再混合)。

10.1.4　仪器和设备

①实验室用样品粉碎机或碾钵。
②分样筛:孔径为 0.25 mm(60 目)。
③分析天平:感量 0.001 g。
④pH 计:精确至 0.01。
⑤电磁振荡器。
⑥离心机:3 000 r/min。
⑦恒温水浴锅:温度控制范围在 30 ~ 60 ℃,精度为 0.1 ℃。
⑧秒表:每小时误差不超过 5 s。
⑨分光光度计:能检测 350 ~ 800 nm 的吸光度范围。

10.1.5 测定步骤

将磷标准溶液(50 mmol/L)用乙酸缓冲液稀释成 0.0、1.0、2.0、3.0、4.0、5.0 mmol/L 的溶液,即吸取标准溶液 0、1、2、3、4、5 mL,移入 50 mL 容量瓶中,用缓冲液定容。分取 1 mL加入小试管中,再加 1 mL 缓冲液。(A)

称取一定量的植酸酶样品两份,置于 250 mL 具塞三角瓶中,加入 100 mL 乙酸缓冲液,在振荡器上振摇 30 min,吸取 2 mL 上层清液加入 50 mL 容量瓶,用缓冲液定容后,再取 2 mL于 50 mL 容量瓶中,定容。

在测酶活前需要估计酶的大致酶活范围,再决定称量值,一般 5 000 酶活称 0.4 ~ 0.5 g,7 500 酶活称 0.3 g,10 000 酶活称 0.2 g,1 000 酶活称 0.5 g。

取 2 mL 样品稀释液于小试管中(两个平行,一个空白)(B),将(A、B)试管放入水浴锅中(底物应提前 10 min 保温),当管中温度达到 37 ℃时(一般保温 5 min),在样品和标准溶液中加入 2 mL 植酸钠溶液,并摇匀,开始计时,保温 30 min,样品之间的间隔要一致(最好 30 s 和 1 min),空白中加入 2 mL 显色液,同样混合计时,30 min 后在样品和标液中加入 6 mL显色液混合,同样在空白中加入 6 mL 植酸钠溶液混合。

反应的试样在水浴中静置 10 min,在离心机上以 3 500 转/分离心 10 min,取上层清液以标准曲线空白为参比,在分光光度计 415 nm 波长下测定样品空白吸光度值(E_0)和样品溶液的吸光度值(E),根据朗伯——比尔定律计算磷的含量,根据磷含量计算植酸酶的活性。

10.1.6 结果计算

$$X = \frac{(A_E - A_B) \times K}{t \times m} \times 1\,000 \times D_f$$

式中　X——试样植酸酶的活力,U/g;

　　　A_E——酶反应液的吸光度;

　　　A_B——酶空白样的吸光度;

　　　K——标准曲线的斜率(吸光系数);

　　　t——酶解反应时间,min;

　　　m——样品的质量;

　　　D_f——试样的总稀释倍数;

　　　1 000——转化因子,1 mmol = 1 000 μmol。

酶活力的计算值保留三位有效数字。

10.1.7 注意事项

吸样时,在把样液放至刻度前,要用滤纸擦干移液管尖;温度、反应时间和 pH 是植酸酶检测过程中非常重要的三点。

10.1.8　允许偏差

取同一样品两个平行测定值的相对平均偏差不超过 8.0%，二者的平均值为最终的酶活力测定值(保留三位有效数字)。

任务2　木聚糖酶活力的测定

10.2.1　适用范围

本方法适用于复合酶、木聚糖酶及其他类型产品中木聚糖酶含量的检测。

10.2.2　检测原理

在 37 ℃、pH 值为 5.5 的条件下，每分钟从浓度为 5 mg/mL 的木聚糖溶液中降解释放 1 μmol 还原糖所需要的酶量为一个酶活力单位 U。

木聚糖酶能将木聚糖降解成寡糖和单糖，具有还原性末端的寡糖和有还原基团的单糖在沸水浴条件下可以与 DNS 试剂发生显色反应。反应液颜色的强度与酶解产生的还原糖量成正比，而还原糖的生成量又与反应液中木聚糖酶的活力成正比。因此，通过分光比色测定反应液颜色的强度，可以计算反应液中木聚糖酶的活力。

10.2.3　试剂

除特殊说明外，所用的试剂均为分析纯，水均为符合 GB/T 6682 中规定的三级水。

①乙酸溶液，$C(CH_3COOH)$ 为 0.1 mol/L：吸取冰乙酸 0.60 mL，加水溶解，定容至 100 mL。

②乙酸钠溶液，$C(CH_3COONa)$ 为 0.1 mol/L：称取三水乙酸钠 1.36 g，加水溶解，定容至 100 mL。

③氢氧化钠溶液，$C(NaOH)$ 为 200 g/L：称取氢氧化钠 20.0 g，加水溶解，定容至 100 mL。

④乙酸—乙酸钠缓冲溶液，$C(CH_3COOH—CH_3COONa)$ 为 0.1 mol/L，pH 值为 5.5：称取三水乙酸钠 23.14 g，加入冰乙酸 1.70 mL，再加水溶解，定容至 2 000 mL。测定溶液的 pH 值。如果 pH 值偏离 5.5，再用乙酸溶液或乙酸钠溶液调节至 5.5。

⑤木糖溶液，$C(C_5H_{10}O_5)$ 为 10.0 mg/mL：称取无水木糖 1.000 g，加缓冲液溶解，定容至 100 mL。

⑥木聚糖溶液：1.0%(W/V)：称取木聚糖(Sigma X0627) 1.00 g 于 150 mL 烧杯中，

加入少量水湿润,加 80 mL 沸水搅拌使之溶解,在搅拌下继续微沸 15 ~ 20 min,至木聚糖完全溶解,冷却并继续搅拌 10 min,再用乙酸溶液调节 pH 值至 5.5,继续搅拌 5 min,用水定容至 100 mL。木聚糖溶液能立即使用,使用前适当摇匀,4 ℃ 避光保存,有效期为 5 ~ 7 天。

⑦DNS 试剂:称取 3,5-二硝基水杨酸 10 g(化学纯),加水 500 mL,搅拌 5 s,水浴至 45 ℃。然后逐步加入 80 mL 氢氧化钠溶液,同时不断搅拌,直到溶液清澈透明(注意:在加入氢氧化钠过程中,溶液温度不要超过 48 ℃。)。再逐步加入四水酒石酸钾钠 300.0 g、苯酚 5.0 g 和无水亚硫酸钠 5.0 g。继续 45 ℃ 水浴加热,同时补加水 300 mL,不断搅拌,直到加入的物质完全溶解,停止加热,冷却至室温后,用水定容至 1 000 mL。用滤纸过滤,取滤液储存在棕色瓶中,避光保存,室温下存放 7 天后可以使用,有效期为 6 个月。

10.2.4　仪器和设备

①实验室用样品粉碎机或碾钵。
②分样筛:孔径为 0.25 mm(60 目)。
③分析天平:感量 0.001 g。
④pH 计:精确至 0.01。
⑤磁力搅拌器:附加热功能。
⑥电磁振荡器。
⑦烧结玻璃过滤器:孔径为 0.45 μm。
⑧离心机:3 000 r/min。
⑨恒温水浴锅:温度控制范围在 30 ~ 60 ℃,精度为 0.1 ℃。
⑩秒表:每小时误差不超过 5 s。
⑪分光光度计:能检测 350 ~ 800 nm 的吸光度范围。

10.2.5　测定步骤

制备不同浓度的标准工作液系列。

吸取乙酸—乙酸钠缓冲溶液 2.0 mL,加入 DNS 试剂 2.0 mL,沸水浴加热 5 min,用自来水冷却至室温,用水定容至 10 mL,制成标准空白样。

分别吸取木糖溶液 0、1.00、2.00、3.00、4.00、5.00 mL,分别用乙酸—乙酸钠缓冲溶液定容至 100 mL,配制成浓度为 0 ~ 0.50 mg/mL 木糖标准溶液。

分别吸取上述浓度系列的木糖标准溶液各 1.00 mL(做两个平行),分别加入到刻度试管中,再分别加入 1 mL 水和 2 mL DNS 试剂,摇匀,沸水浴加热 5 min。然后用自来水冷却到室温,再用水定容至 10 mL。以标准空白样为对照调零,在 540 nm 处测定吸光度 OD 值。

以木糖浓度为 Y 轴、吸光度 A 值为 X 轴,绘制标准曲线。每次新配制 DNS 试剂均需要重新绘制标准曲线。

固体试样应粉碎或充分碾碎,然后过 60 目筛(孔径为 0.25 mm)。

称取试样两份,精确至 0.001 g,加入 100 mL 乙酸—乙酸钠缓冲溶液。磁力搅拌

30 min,取上层清液,再用乙酸—乙酸钠缓冲溶液做二次稀释。

液体试样可以直接用乙酸—乙酸钠缓冲溶液进行稀释、定容,如果稀释后酶液的 pH 值偏离 5.5,需要用乙酸溶液或乙酸钠溶液调节至 pH5.5,然后再用乙酸—乙酸钠缓冲溶液做适当定容。

吸取 1.00 mL 经过适当稀释的酶液(已经过 37 ℃平衡),加入到刻度试管中,再加入 2 mL DNS 试剂,摇匀。然后加入 1.0 mL 木聚糖溶液,37 ℃保温 10 min,沸水浴加热 5 min。用自来水冷却至室温,加水定容至 10 mL,摇匀。此为样品空白。

吸取 1.00 mL 经过适当稀释的酶液(已经过 37 ℃平衡),加入到刻度试管中,再加入 1.0 mL 木聚糖(已经过 37 ℃平衡),摇匀,37 ℃精确保温 10 min。加入 2 m LDNS 试剂,摇匀。沸水浴加热 5 min,用自来水冷却至室温,加水定容至 10 mL,摇匀。以样品空白为对照,在 540 nm 处测定吸光度 A_E(A_E 值应为 0.1 ~ 0.7)。

10.2.6　结果计算

$$X = \frac{(A_E - A_B) \times K}{M \times t \times m} \times 1\ 000 \times D_f$$

式中　X——试样木聚糖酶的活力,U/g;

　　　A_E——酶反应液的吸光度;

　　　A_B——酶空白样的吸光度;

　　　K——标准曲线的斜率;

　　　M——木糖的摩尔质量(150.2),g/mol;

　　　t——酶解反应时间,min;

　　　m——样品的重量,g;

　　　D_f——试样的总稀释倍数;

　　　1 000——转化因子,1 mmol = 1 000 μmol。

酶活力的计算值保留三位有效数字。

10.2.7　注意事项

吸样时,在把样液放至刻度前,要用滤纸擦拭移液管尖;温度、反应时间和 pH 是木聚糖酶检测过程中非常重要的三点。

10.2.8　允许偏差

同一样品两个平行测定值的相对平均偏差不超过 8.0%,二者的平均值为最终的酶活力测定值(保留三位有效数字)。

任务3　β-葡聚糖酶活力的测定

10.3.1　适用范围

本方法适用于复合酶、β-葡聚糖酶及其他类型产品中葡聚糖酶酶活力的检测。

10.3.2　检测原理

在 37 ℃,pH 值为 5.5 的条件下,每分钟从浓度为 4 mg/mL 的 β-葡聚糖溶液中降解释放 1 μmol 还原糖所需要的酶量为一个酶活力单位 U。

β-葡聚糖酶能将 β-葡聚糖降解成寡糖和单糖。具有还原性末端的寡糖和有还原基团的单糖在沸水浴条件下可以与 DNS 试剂发生显色反应,反应液颜色的强度与酶解产生的还原糖量成正比,而还原糖的生成量又与反应液中 β-葡聚糖酶的活力成正比。因此,通过分光光度法测定反应液颜色的强度,可以计算反应液中 β-葡聚糖酶的活力。

10.3.3　试剂

除特殊说明外,所用的试剂均为分析纯,水均为符合 GB/T 6682 中规定的三级水。

①葡糖糖溶液,$C(C_6H_{12}O_6)$ 为 10.0 mg/mL:称取无水葡萄糖 1.000 g,加水溶解,定容至 100 mL。

②乙酸溶液,$C(CH_3COOH)$ 为 0.1 mol/L:吸取冰乙酸 0.60 mL,加水溶解,定容至 100 mL。

③乙酸钠溶液,$C(CH_3COONa)$ 为 0.1 mol/L:称取三水乙酸钠 1.36 g,加水溶解,定容至 100 mL。

④氢氧化钠溶液,$C(NaOH)$ 为 200 g/L:称取氢氧化钠 20.0 g,加水溶解,定容至 100 mL。

⑤乙酸—乙酸钠缓冲溶液,$C(CH_3COOH—CH_3COONa)$ 为 0.1 mol/L,pH 值为 5.5:称取三水乙酸钠 23.14 g,加入冰乙酸 1.70 mL,再加水溶解,定容至 2 000 mL,测定溶液的 pH 值。如果 pH 值偏离 5.5,再用乙酸溶液或乙酸钠溶液调节至 5.5。

⑥β-葡聚糖溶液:0.8% (W/V):称取 β-葡聚糖(Sigma G6513)0.2 g,加入 1.5 ~ 2 mL 无水乙醇,润湿 β-葡聚糖,置于冰箱中阴干,再加入 20 mL 乙酸—乙酸钠缓冲溶液,磁力搅拌,同时缓慢加热,直至 β-葡聚糖完全溶解(注:在搅拌加热的过程中可以补加适量的缓冲液,但是溶液的总体积不能超过 25 mL),然后停止加热,继续搅拌至冷却,用乙酸—乙酸钠

缓冲溶液定容至25 mL。β-葡聚糖溶液能立即使用,使用前适当摇匀,4 ℃避光保存,有效期为3~5天。

⑦DNS试剂:称取3,5-二硝基水杨酸3.15 g(化学纯),加水500 mL,搅拌5 s,水浴温度至45 ℃。然后逐步加入100 mL氢氧化钠溶液,同时不断搅拌,直到溶液清澈透明(注意:在加入氢氧化钠过程中,溶液温度不要超过48 ℃),再逐步加入四水酒石酸钾钠91.0 g、苯酚2.50 g和无水亚硫酸钠2.50 g。继续45 ℃水浴加热,同时补加水300 mL,不断搅拌,直到加入的物质完全溶解。停止加热,冷却至室温后,用水定容至1 000 mL。用滤纸过滤,取滤液储存在棕色瓶中,避光保存,室温下存放7天后可以使用,有效期为6个月。

10.3.4　仪器和设备

①实验室用样品粉碎机或碾钵。
②分样筛:孔径为0.25 mm(60目)。
③分析天平:感量0.001 g。
④pH计:精确至0.01。
⑤磁力搅拌器:附加热功能。
⑥电磁振荡器。
⑦烧结玻璃过滤器:孔径为0.45 μm。
⑧离心机:3 000 r/min。
⑨恒温水浴锅:温度控制在30~60 ℃,精度为0.1 ℃。
⑩秒表:每小时误差不超过5 s。
⑪分光光度计:能检测350~800 nm的吸光度范围。
⑫移液枪:精度为1 μL。

10.3.5　测定步骤

1)标准曲线的绘制

吸取乙酸—乙酸钠缓冲溶液2.0 mL,加入DNS试剂2.5 mL,沸水浴加热5 min。用自来水冷却至室温,用水定容至12.5 mL,制成标准空白样。

分别吸取葡萄糖溶液0、1.00、2.00、3.00、4.00、5.00、6.00和7.00 mL,分别用乙酸—乙酸钠缓冲溶液定容至100 mL,配制成浓度为0~0.70 mg/mL葡萄糖标准溶液。

分别吸取上述浓度系列的葡萄糖标准溶液各1.00 mL(做两个平行),分别加入到刻度试管中,再分别加入1 mL水和2.5 m LDNS试剂。摇匀,沸水浴加热5 min。然后用自来水冷却到室温,再用水定容至12.5 mL。以标准空白样调零,在540 nm处测定吸光度A值。

以葡萄糖浓度为Y轴、吸光度A值为X轴,绘制标准曲线,求出K值。每次新配制DNS

试剂均需要重新绘制标准曲线。

2）试样溶液的制备

固体试样应粉碎或充分碾碎，然后过60目筛（孔径为0.25 mm）。

称取试样两份，精确至0.001 g。加入100 mL乙酸—乙酸钠缓冲溶液。磁力搅拌30 min，在4 ℃条件下避光保存24 h。吸取适量上层清液，再用乙酸—乙酸钠缓冲溶液做二次稀释（稀释后的待测酶液中甘露聚糖酶活力最好能控制在0.04～0.08 U/mL）。

液体试样可以直接用乙酸—乙酸钠缓冲溶液进行稀释、定容（稀释后的酶液中酶活力最好能控制在0.04～0.08 U/mL）。如果稀释后酶液的pH值偏离5.5，需要用乙酸溶液或乙酸钠溶液调节、校正至5.5，然后再用乙酸—乙酸钠缓冲溶液定容。

3）试样的测定

吸取1.00 mL经过适当稀释的酶液（已经过37 ℃平衡），加入到刻度试管中，再加入2.5 mL DNS试剂，摇匀。然后加入1.0 mL β-葡聚糖溶液，37 ℃保温30 min，沸水浴加热5 min。用自来水冷却至室温，加水定容至12.5 mL，摇匀。以标准空白样为空白对照，在540 nm处测定吸光度A_B。

吸取1.0 mL经过适当稀释的酶液（已经过37 ℃平衡），加入到刻度试管中，再加入1.0 mL β-葡聚糖溶液（已经过37 ℃平衡），电磁振荡3 s，37 ℃精确保温30 min。加入2.5 mL DNS试剂，摇匀。沸水浴加热5 min，用自来水冷却至室温，加水定容至12.5 mL，摇匀。以标准空白样为空白对照，在540 nm处测定吸光度A_E。

10.3.6 结果计算

$$X = \frac{(A_E - A_B) \times K}{M \times t \times m} \times 1\,000 \times D_f$$

式中　X_D——试样稀释液中的β-葡聚糖酶活力，U/mL；

　　　A_E——酶反应液的吸光度；

　　　A_B——酶空白样的吸光度；

　　　K——标准曲线的斜率；

　　　M——葡萄糖的摩尔质量（180.2），g/mol；

　　　t——酶解反应时间，min；

　　　m——样品的重量，g；

　　　D_f——试样的总稀释倍数；

　　　1 000——转化因子，1 mmol = 1 000 μmol。

X_D值应为0.04～0.08 U/mL。如果不在这个范围内，应重新选择酶液的稀释度，再进行分析测定。

酶活力的计算值保留三位有效数字。

10.3.7　注意事项

①吸样时,在把样液放至刻度前,要用滤纸擦拭移液管尖;温度、反应时间和 pH 是植酸酶检测过程中非常重要的三点;

②除特殊说明外,所用的试剂均为分析纯,水均为符合 GB/T 6682 中规定的三级水。

10.3.8　允许偏差

同一样品两个平行测定值的相对平均偏差不超过 8.0%,二者的平均值为最终的酶活力测定值(保留三位有效数字)。

复习思考题)))

简答题

1. 什么是酶活力?

2. 酶活力检测的主要原理和方法是什么?

附　录

元素			相对原子质量	元素			相对原子质量	元素			相对原子质量
序号	名称	符号		序号	名称	符号		序号	名称	符号	
1	氢	H	1.008	38	锶	Sr	87.62	75	铼	Re	198.2
2	氦	He	4.003	39	钇	Y	88.91	76	锇	Os	190.2
3	锂	Li	6.941	40	锆	Zr	91.22	77	铱	Ir	192.2
4	铍	Be	9.012	41	铌	Nb	92.91	78	铂	Pt	195.1
5	硼	B	10.81	42	钼	Mo	95.94	79	金	Au	197.0
6	碳	C	12.01	43	锝	Te	[97.97]	80	汞	Hg	200.6
7	氮	N	14.01	44	钌	Ru	101.1	81	铊	Tl	204.4
8	氧	O	16.00	45	铑	Rh	102.9	82	铅	Pb	207.2
9	氟	F	19.00	46	钯	Pd	106.4	83	铋	Bi	209.9
10	氖	Ne	20.18	47	银	Ag	107.9	84	钋	Po	[209.0]
11	钠	Na	22.99	48	镉	Cd	112.4	85	砹	At	[210.0]
12	镁	Mg	24.31	49	铟	In	114.8	86	氡	Rn	[222.0]
13	铝	Al	26.98	50	锡	Sn	118.7	87	钫	Fr	[223.0]
14	硅	Si	28.09	51	锑	Sb	121.8	88	镭	Ra	[226.0]
15	磷	P	30.97	52	碲	Te	127.6	89	锕	Ac	[227.0]
16	硫	S	32.07	53	碘	I	126.9	90	钍	Th	[232.0]
17	氯	Cl	35.45	54	氙	Xe	131.3	91	镤	Pa	[231.0]
18	氩	Ar	39.95	55	铯	Cs	132.9.9	92	铀	U	[238.0]
19	钾	K	39.10	56	钡	Ba	137.3	93	镎	Np	[237.1]
20	钙	Ca	40.08	57	镧	La	138.9	94	钚	Pu	[244.1]
21	钪	Sc	44.96	58	铈	Ce	140.1	95	镅*	Am	[243.1]
22	钛	Ti	47.88	59	镨	Pr	140.9	96	锔*	Cm	[247.1]
23	钒	V	50.94	60	钕	Nd	1144.2	97	锫*	Bk	[247.1]
24	铬	Cr	52.00	61	钷	Pm	[144.9]	98	锎	Cf	251.08
25	锰	Mn	54.94	62	钐	Sm	150.4	99	锿*	Es	[252.1]
26	铁	Fe	55.85	63	铕	Eu	152.0	100	镄*	Fm	[257.1]
27	钴	Co	58.69	64	钆	Gd	157.3	101	钔*	Md	[258.1]
28	镍	Ni	58.69	65	铽	Tb	158.9	102	锘*	No	[259.1]
29	铜	Cu	63.55	66	镝	Dy	162.5	103	铹*	Lr	[262.1]
30	锌	Zn	65.39	67	钬	Ho	164.9	104	Ung*	Rf	[261.1]
31	镓	Ga	69.72	68	铒	Er	167.3	105	Unp*	Db	[262.1]
32	锗	Ge	72.61	69	铥	Tm	168.9	106	Unh*	Sg	[263.1]
33	砷	As	74.92	70	镱	Yb	173.0	107	Uns*	Bh	[264.1]
34	硒	Se	78.96	71	镥	Lu	175.5	108	*	Hs	[265]
35	溴	Br	79.90	72	铪	Hf	178.5	109	Une*	Mt	[268]
36	氪	Kr	83.80	73	钽	Ta	180.9	110	*	Uun	[269]
37	铷	Sb	85.47	74	钨	W	183.8	111		Uuu	[272]

注：①根据 IUPAC1995 年提供的五位有效数字原子质量数据截取。
　　②相对原子质量及[ ]为放射性元素半衰期最长同位素的质量数。
　　③元素名称注有 * 的为人造元素。

附录2　常用酸碱溶液的配制

名　称 （化学式）	密　度 ρ	质量分数 w	近似浓度 /（mol/L）	预配溶液的浓度/（mol/L）			
				6	3	2	1
				配制 1 L 溶液所需的 mL 数（或 g 数）			
盐酸（HCl）	1.18～1.19	36～38	12	500	250	167	83
硝酸（HNO_3）	1.39～1.40	65～68	15	381	191	128	64
硫酸（H_2SO_4）	1.83～1.84	95～98	18	84	42	28	14
冰醋酸（HAc）	1.05	99.9	17	358	177	118	59
磷酸（H_3PO_4）	1.69	85	15	39	19	12	6
氨水（$NH_3 \cdot H_2O$）	0.90～0.91	28	15	400	200	134	77
氢氧化钠（NaOH）				240	120	80	40
氢氧化钾（KOH）				339	170	113	56.5

附录3　容量分析基准物质的干燥条件

基准物质	干燥温度和时间	基准物质	干燥温度和时间
碳酸钠 （Na_2CO_3）	270～300℃， 40～50 min	氯化物 （NaCl）	500～650 ℃， 干燥 40～50 min
草酸钠 （$Na_2C_2O_4$）	130 ℃， 1～1.5 h	硝酸银 （$AgNO_3$）	室温， 硫酸干燥器中至恒温
草酸 （$H_2C_2O_4 \cdot 2H_2O$）	室温， 空气干燥 2 h	碳酸钙 （$CaCO_3$）	120 ℃， 干燥至恒温
四硼酸钠 （$Na_2B_4O_7 \cdot 10H_2O$）	室温,在 NaCl 和蔗糖饱和 液的干燥器中,4 h	氧化锌（ZnO）	800 ℃， 灼烧至恒重
邻苯二酸氢钾 （$KHC_6H_4O_4$）	100～120 ℃， 干燥至恒重	锌 （Zn）	室温， 干燥至 24 h 以上
重铬酸钾 （$K_2Cr_2O_7$）	100～110 ℃， 干燥 3～4 h	氧化镁 （MgO）	800 ℃， 灼烧至恒重

附录 4　筛号与筛孔直径对照表

筛　号	孔　径	网线直径/mm	筛　号	孔　径	网线直径/mm
3.5	5.66	1.448	35	0.50	0.290
4	4.76	1.270	40	0.42	0.249
5	4.00	1.117	45	0.35	0.221
6	3.36	1.016	50	0.297	0.188
8	2.38	0.841	60	0.250	0.163
10	2.00	0.759	70	0.210	0.140
12	1.68	0.691	80	0.171	0.119
14	1.41	0.610	100	0.149	0.102
16	1.19	0.541	120	0.125	0.086
18	1.10	0.480	140	0.105	0.074
20	0.84	0.419	170	0.088	0.063
25	0.71	0.371	200	0.074	0.053
30	0.59	0.330	230	0.062	0.046

附录 5　常用缓冲溶液的配制

5.1　磷酸氢二钠—柠檬酸缓冲液

pH	0.2 mol/L Na_2HPO_4/mL	0.1 mol/L 柠檬酸/mL	pH	0.2 mol/L Na_2HPO_4/mL	0.1 mol/L 柠檬酸/mL
2.2	0.40	10.6	5.2	10.72	9.28
2.4	1.24	18.76	5.4	11.15	8.85
2.6	2.18	17.82	5.6	11.6	8.4
2.8	3.17	16.83	5.8	12.09	7.91

pH	0.2 mol/L Na_2HPO_4/mL	0.1 mol/L 柠檬酸/mL	pH	0.2 mol/L Na_2HPO_4/mL	0.1 mol/L 柠檬酸/mL
3.0	4.11	15.89	6.0	12.63	7.37
3.2	4.94	15.06	6.2	13.22	6.78
3.4	5.7	14.30	6.4	13.85	6.15
3.6	6.44	13.56	6.6	14.55	5.45
3.8	7.10	12.90	6.8	15.45	4.55
4.0	7.71	12.29	7.0	16.47	3.53
4.2	8.28	11.72	7.2	17.39	2.61
4.4	8.82	11.18	7.4	18.17	1.83
4.6	9.35	10.65	7.6	18.73	1.27
4.8	9.86	10.14	7.8	19.15	0.85
5.0	10.30	9.70	8.0	19.45	0.55

注:①Na_2HPO_4 相对分子质量 = 141.98;0.2 mol/L 溶液为 28.40 g/L。

②$Na_2HPO_4 \cdot 2H_2O$ 相对分子质量 = 178.05;0.2 mol/L 溶液为 35.61 g/L。

③$C_6H_8O_7 \cdot H_2O$ 相对分子质量 = 210.14;0.1 mol/L 溶液为 21.01 g/L。

5.2　柠檬酸—柠檬酸钠缓冲液(0.1 mol/L)

pH	0.1 mol/L 柠檬酸/mL	0.1 mol/L 柠檬酸钠/mL	pH	0.1 mol/L 柠檬酸/mL	0.1 mol/L 柠檬酸钠/mL
3.0	18.6	1.4	5	8.2	11.8
3.2	17.2	2.8	5.2	7.3	12.7
3.4	16.0	4.0	5.4	6.4	13.6
3.6	14.9	5.1	5.6	5.5	14.5
3.8	14.0	6.0	5.8	4.7	15.3
4.0	13.1	6.9	6.0	3.8	16.2
4.2	12.3	7.7	6.2	2.8	17.2
4.4	11.4	8.6	6.4	2.0	18.0
4.6	10.3	9.7	6.6	1.4	18.6
4.8	9.2	10.8			

注:①柠檬酸 $C_6H_8O_7 \cdot H_2O$ 相对分子质量 210.14;0.1 mol/L 溶液为 21.01 g/L。

②柠檬酸钠 $Na_3C_6H_5O_7 \cdot 2H_2O$:相对分子质量 294.12;0.1 mol/L 溶液为 29.41 g/L。

5.3 乙酸—乙酸钠缓冲液(0.2 mol/L)

pH (18 ℃)	0.2 mol/L NaAc/mL	0.3 mol/L HAc/mL	pH (18 ℃)	0.2 mol/L NaAc/mL	0.3 mol/L HAc/mL
2.6	0.75	9.25	4.8	5.90	4.10
3.8	1.20	8.80	5.0	7.00	3.00
4.0	1.80	8.20	5.2	7.90	2.10
4.2	2.65	7.35	5.4	8.60	1.40
4.4	3.70	6.30	5.6	9.10	0.90
4.6	4.90	5.10	5.8	9.40	0.60

注:①NaAc·$3H_2O$ 相对分子质量 =136.09。

②0.2 mol/L 溶液为 27.22 g/L。

5.4 磷酸盐缓冲液

5.4.1 磷酸氢二钠—磷酸二氢钠缓冲液(0.2 mol/L)。

pH	0.2 mol/L Na_2HPO_4/mL	0.2 mol/L NaH_2PO_4/mL	pH	0.2 mol/L Na_2HPO_4/mL	0.2 mol/L NaH_2PO_4/mL
5.8	8.0	92.0	7.0	61.0	39.0
5.9	10.0	90.0	7.1	67.0	33.0
6.0	12.3	87.7	7.2	72.0	28.0
6.1	15.0	85.0	7.3	77.0	23.0
6.2	18.5	81.5	7.4	81.0	19.0
6.3	22.5	77.5	7.5	84.0	16.0
6.4	26.5	73.5	7.6	87.0	13.0
6.5	31.5	68.5	7.7	89.5	10.5
6.6	37.5	62.5	7.8	91.5	8.5
6.7	43.5	56.5	7.9	93.0	7.0
6.8	49.5	51.0	8.0	94.7	5.3
6.9	55.0	45.0			

注:①Na_2HPO_4·$2H_2O$ 相对分子质量 =178.05;0.2 mol/L 溶液为 35.61 g/L。

②Na_2HPO_4·$2H_2O$ 相对分子质量 =358.22;0.2 mol/L 溶液为 71.64 g/L。

③Na_2HPO_4·$2H_2O$ 相对分子质量 =156.03;0.2 mol/L 溶液为 31.21 g/L。

5.4.2 磷酸氢二钠—磷酸二氢钾缓冲液(1/15 mol/L)。

pH	1/15 mol/L Na₂HPO₄/mL	1/15 mol/L KH₂PO₄/mL	pH	1/15 mol/L Na₂HPO₄/mL	1/15 mol/L KH₂PO₄/mL
4.92	0.10	9.90	7.17	7.00	3.00
5.29	0.50	9.50	7.38	8.00	2.00
5.91	1.00	9.00	7.73	9.00	1.00
6.24	2.00	8.00	8.04	9.50	0.50
6.47	3.00	7.00	8.34	9.75	0.25
6.64	4.00	6.00	8.67	9.90	0.10
6.81	5.00	5.00	8.18	10.00	0
6.98	6.00	4.00			

注:①Na₂HPO₄·2H₂O 相对分子质量 = 178.05;1/15 mol/L 溶液为 11.876 g/L。

②KH₂PO₄ 相对分子质量 = 136.09;1/15 mol/L 溶液为 9.078 g/L。

5.5 磷酸二氢钾—氢氧化钠缓冲液(0.05 mol/L)

X mL 0.2 mol/L K₂PO₄ + Y mL 0.2 mol/L NaOH 加水稀释至 20 mL。

pH (20 ℃)	X/mL	Y/mL	pH (20 ℃)	X/mL	Y/mL
5.8	5	0.372	7.0	5	2.963
6.0	5	0.570	7.2	5	3.500
6.2	5	0.860	7.4	5	3.950
6.4	5	1.260	7.6	5	4.280
6.6	5	1.780	7.8	5	4.520
6.8	5	2.365	8.0	5	4.680

5.6 巴比妥钠—盐酸缓冲液(18 ℃)

pH	0.04 mol/L 巴比妥钠溶液/mL	0.2 mol/L 盐酸/mL	pH	0.04 mol/L 巴比妥钠溶液/mL	0.2 mol/L 盐酸/mL
6.8	100	18.40	8.4	100	5.21
7.0	100	17.80	8.6	100	3.82
7.2	100	16.70	8.8	100	2.52
7.4	100	15.30	9.0	100	1.65
7.6	100	13.40	9.2	100	1.13
7.8	100	11.47	9.4	100	0.70
8.0	100	9.39	9.6	100	0.35
8.2	100	7.21		100	

注:巴比妥钠盐相对分子质量 = 206.18;0.04 mol/L 溶液为 8.25 g/L。

5.7 Tris—盐酸缓冲液(0.05 mol/L,25 ℃)

50 mL 0.1 mol/L 三羟甲基氨基甲烷(Tris)溶液与 X mL 0.1 mol/L 盐酸混匀后,加水稀释至 100 mL。

pH	X/mL	pH	X/mL
7.10	45.7	8.10	26.2
7.20	44.7	8.20	22.9
7.30	43.4	8.30	19.9
7.40	42.0	8.40	17.2
7.50	40.3	8.50	14.7
7.60	38.5	8.60	12.4
7.70	36.6	8.70	10.3
7.80	34.5	8.80	8.5
7.90	32.0	8.90	7.0
8.00	29.2		

注:①三羟甲基氨基甲烷(Tris)相对分子质量 = 121.14。

②0.1 mol/L 溶液为 12.114 g/L。Tris 溶液可从空气中吸收二氧化碳,使用时注意将瓶盖严。

5.8 硼酸—硼砂缓冲液（0.2 mol/L 硼酸根）

pH	0.05 mol/L 硼砂/mL	0.2 mol/L 硼酸/mL	pH	0.05 mol/L 硼砂/mL	0.2 mol/L 硼酸/mL
7.4	1.0	9.0	8.2	3.5	6.5
7.6	1.5	8.5	8.4	4.5	5.5
7.8	2.0	8.0	8.7	6.0	4.0
8.0	3.0	7.0	9.0	8.0	2.0

注：①硼砂 $Na_2B_4O_7 \cdot H_2O$，相对分子质量 = 381.43；0.05 mol/L 溶液为 19.07 g/L。

②硼酸 H_3BO_3，相对分子质量 = 61.84；0.2 mol/L 溶液为 12.37 g/L。

③硼砂易失去结晶水，必须在带塞的瓶中保存。

5.9 甘氨酸—氢氧化钠缓冲液（0.05 mol/L）

X mL 0.2 mol/L 甘氨酸 + Y mL 0.2 mol/L 氢氧化钠加水稀释至 200 mL。

pH	X/mL	Y/mL	pH	X/mL	Y/mL
8.6	50	4.0	9.6	50	22.4
8.8	50	6.0	9.8	50	27.2
9.0	50	8.8	10.0	50	32.0
9.2	50	12.0	10.4	50	38.6
9.4	50	16.8	10.6	50	45.5

注：甘氨酸相对分子质量 = 75.07；0.2 mol/L 溶液为 15.01 g/L。

5.10 硼砂—氢氧化钠缓冲液（0.05 mol/L 硼酸根）

X mL 0.05 mol/L 硼砂 + Y mL 0.2 mol/L NaOH 加水稀释至 200 mL。

pH	X/mL	Y/mL	pH	X/mL	Y/mL
9.3	50	6.0	9.8	50	34.0
9.4	50	11.0	10.0	50	43.0
9.6	50	23.0	10.1	50	46.0

注：硼砂 $Na_2B_4O_7 \cdot 10H_2O$ 相对分子质量 = 381.43；0.05 mol/L 溶液为 19.07 g/L。

5.11 碳酸钠—碳酸氢钠缓冲液（0.1 mol/L）

Ca^{2+}、Mg^{2+} 存在时不得使用。

pH		0.1 mol/L	0.1 mol/L
20 ℃	37 ℃	Na_2CO_3/mL	N_2HCO_3/mL
9.16	8.77	1	9
9.40	9.12	2	8
9.51	9.40	3	7
9.78	9.50	4	6
9.90	9.72	5	5
10.14	9.90	6	4
10.28	10.08	7	3
10.53	10.28	8	2
10.83	10.57	9	1

注：①$Na_2CO_3 \cdot 10H_2O$ 相对分子质量＝286.2；0.1 mol/L 溶液为 28.62 g/L。
　　②N_2HCO_3 相对分子质量＝84.0；0.1 mol/L 溶液为 8.40 g/L。

5.12 醋酸—醋酸钠缓冲液（0.2 mol/L）

pH（18 ℃）	0.2 mol/L NaAc/mL	0.2 mol/L HAc/mL	pH（18 ℃）	0.2 mol/L NaAc/mL	0.2 mol/L HAc/mL
3.6	0.75	9.35	4.8	5.90	4.10
3.8	1.20	8.80	5.0	7.00	3.00
4.0	1.80	8.20	5.2	7.90	2.10
4.2	2.65	7.35	5.4	8.60	1.40
4.4	3.70	6.30	5.6	9.10	0.90
4.6	4.90	5.10	5.8	6.40	0.60

注：$NaAc \cdot 3H_2O$ 相对分子质量＝136.09；0.2 mol/L 溶液为 27.22 g/L。冰乙酸 11.8 mL 稀释至 1 L 需标定。

附录6 常用指示剂溶液的配制

①二甲酚橙指示剂 2 g/L:称取 0.2 g 二甲酚橙溶于水,稀释至 100 mL 使用期不超过一周。

②结晶紫 5 g/L:称取 0.5 g 结晶紫溶于冰乙酸中,用冰乙酸稀释至 100 mL。

③甲基红指示剂 1 g/L:称取 0.1 g 甲基红溶于乙醇,并用乙醇稀释至 100 mL。

④溴甲酚绿指示剂 0.5%:称取 0.5 g 溴甲酚绿溶于乙醇,并用乙醇稀释至 100 mL。

⑤甲基红—次甲基蓝混合指示剂:将次甲基蓝乙醇溶液(1 g/L)与甲基红乙醇溶液(1 g/L),按 1+2 体积比混合。

⑥甲基橙指示剂 1 g/L:称取 0.1 g 甲基橙,溶于 70 ℃的水中,冷却,稀释至 100 mL。

⑦百里香酚酞指示剂 1 g/L:称取百里香酚酞溶于乙醇,并用乙醇稀释至 100 mL。

⑧荧光素指示剂 5 g/L:称取 0.5 g 荧光素(荧光黄或荧光红)溶于乙醇,并用乙醇稀释至 100 mL。

⑨淀粉指示剂 10 g/L:称 1 g 淀粉加 5 mL 水,使成糊状,在搅拌下将糊状加入 90 mL 沸腾的水中,煮沸 1~2 min,冷却,稀释至 100 mL,使用两周。

⑩酚酞指示剂 10 g/L:称取 1 g 酚酞溶于乙醇,并用乙醇稀释至 100 mL。

⑪铬黑 T 指示剂:0.5 g 铬黑 T 和 2.0 g 盐酸羟胺溶于乙醇,并用乙醇稀释至 100 mL(建议此溶液使用前配制)。

附录7 饲料卫生标准(GB 13078—2001)

序号	卫生指标项目	产品名称		指标	试验方法	备注
1	砷(以总砷计)的允许量(每千克产品中)/mg	矿物饲料	石粉	≤2.0	GB/T 13079	a 系指国家主管部门批准允许使用的有机胂制剂,其用法与用量遵循相关文件的规定。添加有机胂制剂的产品应在标签上标示出有机胂准确含量(按实际添加量计算)。
			硫酸亚铁、硫酸镁			
			磷酸盐	≤20		
			沸石粉、膨润土、麦饭石	≤10		
		饲料添加剂	硫酸铜、硫酸锰、硫酸锌、碘化钾、碘酸钙、氯化钴	≤5.0		
			氧化锌	≤10.0		
		饲料产品	鱼粉、肉粉、肉骨粉	≤10.0		
			家禽、猪配合饲料	≤2.0		
			牛、羊精料补充料			
			猪、家禽浓缩饲料	≤10.0		
			猪、家禽添加剂预混合饲料			

续表

序号	卫生指标项目		产品名称	指　标	试验方法	备　注
1	砷（以总砷计）的允许量（每千克产品中）/mg	添加有机胂的饲料产品[a]	猪、家禽配合饲料	不大于 2 mg 与添加的有机胂制剂标示值计算得出的砷含量之和	GB/T 13079	a 系指国家主管部门批准允许使用的有机胂制剂，其用法与用量遵循相关文件的规定。添加有机胂制剂的产品应在标签上标示出有机胂准确含量（按实际添加量计算）。
			猪、家禽浓缩饲料	按比例折算后，应不大于相应猪、家禽配合饲料的允许量		
			猪、家禽添加剂混合饲料			
2	铅（以 Pb 计）的允许量（每千克产品中）/mg		生长鸭、产蛋鸭、肉鸭配合饲料	≤5	GB/T 13080	以在配合饲料中 20% 的添加量计
			鸡配合饲料、猪配合饲料			
			奶牛、肉牛精料补充料	≤8		
			产蛋鸡、肉用仔鸡浓缩饲料	≤13		
			仔猪、生长肥育猪浓缩饲料			
			骨粉、肉骨粉、鱼粉、石粉	≤10		
			磷酸盐	≤30		
			产蛋鸡、肉用仔鸡复合预混合饲料仔猪、生长肥育猪复合预混合饲料	≤40		以在配合饲料中 1% 的添加量计

序号	卫生指标项目	产品名称	指　标	试验方法	备　注
3	氟（以 F 计）的允许量（每千克产品中）/mg	鱼粉	≤500	GB/T 13083	
		石粉	≤2 000		
		磷酸盐	≤1 800	HG 2636	
		肉用仔鸡、生长鸡配合饲料	≤250	GB/T 13083	高氟饲料中 HG 2636—1994 中 4.4 条
		产蛋鸡配合饲料	≤350		
		猪配合饲料	≤100		
		骨粉、肉骨粉	≤1 800		
		生长鸭、肉鸭配合饲料	≤200		
		产蛋鸭配合饲料	≤250		
		牛（奶牛、肉牛）精料补充料	≤50		
		猪、禽添加剂预混合饲料	≤1 000		以在配合饲料中1%的添加量计
		猪、禽浓缩饲料	按比例折算后，应不大于相应猪、家禽配合饲料的允许量		
4	霉菌的允许量（每克产品中）霉菌数 × 103 个	玉米	<40	GB/T 13092	限量饲用:40～100,禁用:>100
		小麦麸、米糠			限量饲用:40～80,禁用:>80
		豆饼（粕）、棉籽饼（粕）、菜籽饼（粕）	<50		限量饲用:50～100,禁用:>100
		鱼粉、肉骨粉	<20		限量饲用:20～50,禁用:>50
		鸭配合饲料	<35		
		猪、鸡配合饲料	<45		
		猪、鸡浓缩饲料			
		奶、肉牛精料补充料			

续表

序号	卫生指标项目	产品名称	指　标	试验方法	备　注
5	黄曲霉毒素 B1 允许量（每千克产品中）/μg	玉米	≤50	GB/T 17480 或 GB/T 8381	
		花生饼（粕）、棉籽饼（粕）、菜籽饼（粕）			
		豆粕	≤30		
		仔猪配合饲料及浓缩饲料	≤10		
		生长肥育猪、种猪配合饲料及浓缩饲料	≤20		
		肉用仔鸡前期、雏鸡配合饲料及浓缩饲料	≤10		
		肉用仔鸡后期、生长鸡、产蛋鸡配合饲料及浓缩饲料	≤20		
		肉用仔鸭前期、雏鸭配合饲料及浓缩饲料	≤10		
		肉用仔鸭后期、生长鸭、产蛋鸭配合饲料及浓缩饲料	≤15		
		鹌鹑配合饲料及浓缩饲料	≤20		
		奶牛精料补充料	≤10		
		肉牛精料补充料	≤50		
6	铬（以 Cr 计）的允许量（每千克产品中）/mg	皮革蛋白粉	≤200	GB/T 13088	
		鸡、猪配合饲料	≤10		
7	汞（以 Hg 计）的允许量（每千克产品中）/mg	鱼粉	≤0.5	GB/T 13081	
		石粉	≤0.1		
		鸡配合饲料,猪配合饲料			

序号	卫生指标项目	产品名称	指 标	试验方法	备 注
8	镉(以 Cd 计)的允许量(每千克产品中)/mg	米糠	≤1.0	GB/T 13082	
		鱼粉	≤2.0		
		石粉	≤0.75		
		鸡配合饲料,猪配合饲料	≤0.5		
9	氰化物(以 HCN 计)的允许量(每千克产品中)/mg	木薯干	≤100	GB/T 13084	
		胡麻饼、粕	≤350		
		鸡配合饲料,猪配合饲料	≤50		
10	亚硝酸盐(以 NaNO₂ 计)的允许量(每千克产品中)/mg	鱼粉、肉粉、肉骨粉	≤30	GB/T 13085	
		鸡配合饲料,猪配合饲料	≤15		
		鸭配合饲料	≤15		
		鸡、鸭、猪浓缩饲料	≤20		
		牛(奶牛、肉牛)精料补充料	≤20		
		玉米	≤10		
		饼粕类、麦麸、次粉、米糠	≤20		
		草粉	≤25		
11	游离棉酚的允许量(每千克产品中)/mg	棉籽饼、粕	≤1 200	GB/T 13086	
		肉用仔鸡、生长鸡配合饲料	≤100		
		产蛋鸡配合饲料	≤20		
12	异硫氰酸酯(以丙烯基异硫氰酸酯计)的允许量(每千克产品中)/mg	菜籽饼、粕	≤4 000	GB/T 13087	
		鸡配合饲料	≤500		
		生长肥育猪配合饲料	≤500		
13	噁唑烷硫酮的允许量(每千克产品中)/mg	肉用仔鸡、生长鸡配合饲料	≤1 000	GB/T 13089	
		产蛋鸡配合饲料	≤500		

续表

序号	卫生指标项目	产品名称	指标	试验方法	备注
14	六六六的允许量(每千克产品中)/mg	米糠、小麦麸、大豆饼、大豆粕、鱼粉	≤0.05	GB/T 13090	
		肉用仔鸡、生长鸡、产蛋鸡配合饲料	≤0.3		
		生长肥育猪配合饲料	≤0.4		
15	滴滴涕的允许量(每千克产品中)/mg	米糠、小麦麸、大豆饼、大豆粕、鱼粉	≤0.02	GB/T 13090	
		鸡配合饲料,猪配合饲料	≤0.2		
16	沙门氏杆菌	饲料	不得检出	GB/T 13091	
17	细菌总数的允许量(每克产品中)细菌总数×106 个	鱼粉	<2	GB/T 13093	限量饲用:2~5 禁用:>5
18	玉米赤霉烯酮允许量/(μg/kg)	配合饲料、玉米	≤500	GB/T 19540	
19	呕吐毒素允许量/(mg/kg)	猪、犊牛、泌乳期动物	<1	GB/T 8381.6	
		牛配合饲料、家禽配合饲料	<5		
20	T-2 毒素允许量/(mg/kg)	猪、禽配合饲料	<1	GB/T 8381.4	
21	赭曲霉毒素 A 允许量(μg/kg)	配合饲料、玉米	≤100	GB/T 19539	

注:①所列允许量均为以干物质含量为 88% 的饲料为基础计算;

②浓缩饲料、添加剂预混合饲料添加比例与本标准备注不同时,其卫生指标允许量可进行折算;

③本标准引用包括 2003 年 11 月 11 日国家标准化管理委员会"关于批准 GB 13078—2001《饲料卫生标准》第 1 号修改单的函"的内容以及 GB 13078.2—2006 饲料卫生标准饲料中赭曲霉毒素 A 和玉米赤霉烯酮的允许量和 GB 13078.1—2006 饲料卫生标准饲料中亚硝酸盐允许量的内容。

附录8　饲料分析常用标准溶液的配制和标定

8.1　盐酸标准溶液的配制和标定

配制:$C(HCl) = 0.025$ mol/L,吸取2.1 mL浓盐酸,加水稀释成1 000 mL,摇匀。

标定:称取0.03 g于270～300 ℃灼烧至恒重的基准无水碳酸钠,称准至0.000 1 g,溶于50 mL水中,加10滴溴甲酚绿—甲基红混合指示液,用配制好的盐酸溶液滴定至溶液由绿色变为暗红色,煮沸2 min,冷却后继续滴定至溶液再呈现暗红色,同时作空白试验。

结果计算:

$$C(HCl) = \frac{m}{(V_1 - V_0) \times 0.052\ 99}$$

式中　$C(HCl)$——盐酸标准溶液的物质的量浓度,mol/L;

　　　m——基准无水碳酸钠的质量,g;

　　　V_1——盐酸溶液的用量,mL;

　　　V_0——空白试验盐酸溶液的用量,mL;

　　　0.052 99——无水碳酸钠的毫摩尔质量,g/mmol。

8.2　高氯酸标准溶液的配制和标定

配制:$C(HClO_4) = 0.1$ mol/L,量取8.5 mL高氯酸,在搅拌下注入500 mL冰乙酸中,混匀,在室温下滴加20 mL乙酸酐搅拌至溶液均匀,冷却后用冰乙酸稀释至1 000 mL,摇匀。

标定:称取0.6～0.75 g于105～110 ℃烘至恒重的基准邻苯二甲酸氢钾,称准至0.000 1 g,置于干燥的锥形瓶中,加入50 mL冰乙酸,温热溶解,加2～3滴结晶紫指示液(0.5%),用配制好的高氯酸溶液滴定至溶液由紫色变为蓝色(微带紫色)同时作空白试验。

结果计算:

$$C(HClO_4) = \frac{m}{(V_1 - V_0) \times 0.204\ 2}$$

式中　$C(HClO_4)$——高氯酸标准溶液的物质的量浓度,mol/L;

　　　m——邻苯二甲酸氢钾的质量,g;

　　　V_1——高氯酸溶液的用量,mL;

　　　V_2——空白试验高氯酸溶液的用量,mL;

　　　0.204 2——邻苯二甲酸氢钾的毫摩尔质量,g/mmol。

注意事项：

室温低至 15.1 ℃ 有结晶现象，如果标定时温度与使用时温度不同，应重新标定或使用下式对其浓度进行校正。

$$C_1 = \frac{C_0}{1 + (t_1 - t_0) \times 0.001\ 1}$$

式中　0.001 1——冰乙酸的体积膨胀系数；

t_1——为使用时的温度，℃；

t_0——为标定的温度，℃；

C_0——为标定高氯酸标准溶液的浓度，mol/L；

C_1——使用时高氯酸标准溶液的浓度，mol/L。

8.3　氢氧化钠标准溶液配制和标定

配制：$C(NaOH) = 0.313 \pm 0.005$ mol/L，取 100 g 氢氧化钠溶于 100 mL 水中，摇匀，注入聚乙烯容器中，密闭静置至溶液清亮，吸取 15.65 mL 的上层清液，注入 1 000 mL 无 CO_2 的水中摇匀。

标定：称取 2 g 于 105 ~ 110 ℃ 烘至恒重的基准邻苯二甲酸氢钾，称准至 0.000 1 g，溶于 80 mL 无 CO_2 的水中，加 2 滴的酚酞指示剂（1%），用配制好的氢氧化钠溶液滴定至溶液呈现粉红色，同时作空白试验。

结果计算：

$$C(NaOH) = \frac{m}{(V_1 - V_0) \times 0.204\ 2}$$

式中　$C(NaOH)$——氢氧化钠标准溶液的物质的量浓度，mol/L；

m——邻苯二甲酸氢钾的质量，g；

V_1——氢氧化钠溶液的用量，mL；

V_0——空白试验氢氧化钠溶液的用量，mL；

0.204 2——邻苯二甲酸氢钾的毫摩尔质量，g/mmol。

8.4　氢氧化钾标准溶液的配制和标定

配制：$C(KOH) = 0.042$ mol/L，称取 2.62 g 氢氧化钾，溶于 1 000 mL 无 CO_2 的水中摇匀。

标定：称取 0.3 g 于 105 ~ 110 ℃ 烘至恒重的基准邻苯二甲酸氢钾，称准至 0.000 1 g 溶于 50 mL 无 CO_2 的水中，加 2 滴酚酞指示剂（1%），用配制好的氢氧化钾溶液滴定至溶液呈粉红色，同时作空白试验。

结果计算：

$$C(KOH) = \frac{m}{(V_1 - V_0) \times 0.204\ 2}$$

式中　$C(KOH)$——氢氧化钾标准溶液的物质的量浓度，mol/L；

m——邻苯二甲酸氢钾的质量,g;

V_1——氢氧化钾溶液的用量,mL;

V_0——空白试验氢氧化钾溶液的用量,mL;

0.204 2——邻苯二甲酸氢钾的毫摩尔质量,g/mmol。

8.5　硫代硫酸钠标准溶液的配制和标定

配制:$C(Na_2S_2O_3)=0.05\ mol/L$,称取 13 g 硫代硫酸钠和 0.1 g 碳酸钠溶于 1 000 mL 水中,缓缓煮沸 10 min 冷却,放置半个月后过滤备用。

标定:称取 0.07~0.1 g 于 120±2 ℃烘干至恒重的基准重铬酸钾,称准至 0.000 1 g,置于 500 mL 碘量瓶中,加入 25 mL 水、2 g 碘化钾及 20 mL 20% 硫酸溶液,摇匀,于暗处放置 10 min 后,加 150 mL 水,用配制好的硫代硫酸钠溶液滴定,近终点(淡黄色)时加 2 mL 淀粉(1%)溶液继续滴定至溶液由蓝色变为亮绿色,同时作空白试验。

结果计算:

$$C(Na_2S_2O_3)=\frac{m}{(V_1-V_0)\times0.049\ 03}$$

式中　$C(Na_2S_2O_3)$——硫代硫酸钠标准溶液的物质的量浓度,mol/L;

m——重铬酸钾的质量,g;

V_1——硫代硫酸钠溶液的用量,mL;

V_0——空白试验硫代硫酸钠溶液的用量,mL;

0.049 03——重铬酸钾的毫摩尔质量,g/mmol。

8.6　硝酸银标准溶液的配制和标定

配制:$C(AgNO_3)=0.05\ mol/L$,称取 8.75 g 硝酸银,溶于 1 000 mL 水中摇匀,溶液保存于棕色瓶中。

标定:称取 0.1 g 于 550~570 ℃灼烧至恒重的基准氯化钠,称准至 0.000 1 g 溶于 50 mL 水中,加 2% 淀粉(不含氯离子)溶液 5 mL,用本溶液避光滴定,接近终点时,加入 2~3 滴荧光黄指示液(0.1%),继续滴定溶液浑浊由黄色变为粉红色。

结果计算:

$$C(AgNO_3)=\frac{m}{V\times0.058\ 44}$$

式中　$C(AgNO_3)$——硝酸银标准溶液的物质的量浓度,mol/L;

m——氯化钠的质量,g;

V——硝酸银溶液的用量,mL;

0.058 44——氯化钠毫摩尔质量,g/mmol。

8.7 EDTA 标准溶液的配制和标定

配制: $T(Ca/EDTA) = 0.4$ mg/mL 或 $C(EDTA) = 0.01$ mol/L:称取 3.8 g EDTA 加热溶于 1 000 mL 水中,冷却,摇匀。

钙标液:称取 2.497 4 g 于 105 ~ 110 ℃ 干燥 3 h 的基准碳酸钙,溶于 40 mL(1 + 3)盐酸中,加热赶除二氧化碳,冷却,用水移至 1 000 mL 容量瓶中,定容。

标定:

(1)滴定度 T(Ca/EDTA) = 0.4 mg/mL

①吸取钙标液 10 mL 于 250 mL 锥形瓶中,加水 50 mL,三乙醇胺(1 + 1)2.5 mL,孔雀石绿 1 滴,用 20% 的氢氧化钠滴定至无色再过量 2 mL,加入盐酸羟胺 0.1 g,加入钙红指示剂少许,立即用 EDTA 标准溶液滴定,溶液由酒红色变为纯蓝色为终点,同时作空白试验。

②吸取钙标液 10 mL 于 250 mL 锥形瓶中,加水 50 mL,0.5% 淀粉溶液 10 mL,三乙醇胺(1 + 1)4 mL,乙二胺(1 + 1)2 mL,20% KOH 溶液 10 mL,加入 0.1 g 盐酸羟胺,再加钙黄绿素(0.5%)1 滴,百里香酚酞(0.5%)1 滴,立即用 EDTA 标准溶液滴定,绿色荧光消失为终点。

结果计算:

$$T(Ca/EDTA) = \frac{10}{V - V_0}$$

式中　V——EDTA 实际消耗体积,mL;

　　　V_0——空白试验消耗 EDTA 的体积,mL;

　　　10——吸取钙标准溶液的体积,mL。

(2)$C(EDTA) = 0.05$ mol/L

称取 0.1 g 于 800 ℃ 灼烧至恒重的基准氧化锌,称准至 0.000 1 g,加盐酸(1 + 1)溶液 3 mL 使之溶解,加水 25 mL,加 0.5% 甲基红乙醇溶液 1 滴,滴加 10% 氨水溶液使溶液由红色变为黄色,再加水 25 mL,加 pH = 10 的氨—氯化铵缓冲溶液 10 mL,再加 1% 铬黑 T 指示剂少许,用配制好的 EDTA 溶液滴定至溶液由紫色变为纯蓝色,同时作空白试验。

EDTA 标准溶液的浓度按下式计算:

$$C(EDTA) = \frac{m}{(V_1 - V_0) \times 0.081\ 38}$$

式中　$C(EDTA)$——EDTA 标准溶液的物质的量浓度,mol/L;

　　　m——氧化锌的质量,g;

　　　V_1——EDTA 溶液的用量,mL;

　　　V_0——空白试验 EDTA 溶液的用量,mL;

　　　0.081 38——氧化锌的毫摩尔质量,g/mmol。

8.8　重铬酸钾标准溶液的配制

配制: $C(1/6K_2Cr_2O_7) = 0.1$ mol/L,称取 5 g 重铬酸钾(称准至 0.000 1 g)于小烧杯中,用少量水溶解后全部转移入 1 000 mL 容量瓶中,加水定容至刻度,摇匀,计算其准确浓度,转移入试剂瓶中贴上标签备用。

8.9　碘标准滴定溶液的配制与标定

配制:配制浓度为 0.05 mol/L 的碘溶液 500 mL:称取 6.5 g 碘放于小烧杯中,再称取 17 g KI,准备蒸馏水 500 mL,将 KI 分 4~5 次放入装有碘的小烧杯中,每次加水 5~10 mL,用玻璃棒轻轻研磨,使碘逐渐溶解,溶解部分转入棕色试剂瓶中,如此反复直至碘片全部溶解为止。用水多次清洗烧杯并转入试剂瓶中,剩余的水全部加入试剂瓶中稀释,盖好瓶盖,摇匀,待标定。

标定:用移液管移取已知浓度的 $Na_2S_2O_3$ 标准溶液 25 mL 于锥形瓶中,加水 25 mL,加 5 mL 淀粉溶液,以待标定的碘溶液滴定至溶液呈稳定的蓝色为终点。记录消耗 I_2 标准滴定溶液的体积 V_2。同时做空白试验。

结果计算:

$$C(1/2I_2) = \frac{C_1 \times V_1}{V}$$

式中　C_1——硫代硫酸钠标准溶液的物质的量浓度,mol/L;

　　　V_1——移取硫代硫酸钠标准溶液的体积,mL;

　　　V——滴定消耗 I_2 标准溶液的体积,mL。

8.10　硫酸铈(或硫酸铈铵)标准溶液

$C[Ce(SO_4)_2] = 0.1$ mol/L, $C[2(NH_4)_2SO_4 \cdot Ce(SO_4)_2] = 0.1$ mol/L

配制:取硫酸铈 40 g(或硫酸铈铵 67 g),加含有硫酸 28 mL 的水 30 mL,再加 300 mL 水,加热溶解后,放冷,加水 650 mL,摇匀。

标定:取在 105 ℃干燥至恒重的基准试剂草酸钠 0.25 g,溶于 75 mL 水中,加入 4 mL 硫酸溶液(20%)及 10 mL 盐酸,加热至 65~70 ℃,用配制好的硫酸铈(或硫酸铈铵)溶液滴定至溶液呈浅黄色。加入 0.10 mL 菲啰啉—亚铁指示液使溶液变成橘红色,继续滴定至溶液呈浅蓝色。同时做空白试验。

硫酸铈(或硫酸铈铵)标准滴定溶液的浓度(C),数值以摩尔每升(mol/L)表示。

$$C = \frac{m \times 1\ 000}{(V_1 - V_2)M}$$

式中　m——草酸钠钾的质量的准确数值,g;

V_1——硫酸铈(或硫酸铈铵)溶液的体积的数值,mL;

V_2—空白硫酸铈(或硫酸铈铵)溶液的体积的数值,mL;

M——草酸钠的摩尔质量,g/mol,$[M(1/2Na_2C_2O_4) = 66.999]$。

8.11 氯化锌标准滴定溶液

$$C(ZnCl_2) = 0.1 \ mol/L$$

配制:称取 14 g 氯化锌,溶于 1 000 mL 盐酸溶液(1 + 2 000)中,摇匀。

标定:称取 1.4 g 经硝酸镁饱和溶液恒湿器中放置 7 天后的工作基准试剂乙二胺四乙酸二钠,溶于 100 mL 热水中,加 10 mL 氨—氯化铵缓冲溶液中(pH≈10),用配制好的氯化锌溶液滴定,近终点时加 5 滴铬黑 T 指示液(5 个/L),继续滴定至溶液由蓝色变成紫红色。同时做空白试验。

氯化锌标准滴定溶液的浓度$[C(ZnCl_2)]$,数值以摩尔每升(mol/L)表示。

结果计算:

$$C(ZnCl_2) = \frac{m \times 1\ 000}{(V_1 - V_2)M}$$

式中 m——乙二胺四乙酸二钠的质量的准确数值,g;

V_1——氯化锌溶液的体积的数值,mL;

V_2——空白氯化锌溶液的体积的数值,mL;

M——乙二胺四乙酸二钠的摩尔质量数值,g/mol,$[M(EDTA) = 372.21]$。

8.12 氯化钠标准滴定溶液:$C(NaCl) = 0.1 \ mol/L$

配制:称取 5.9 g 氯化钠,溶于 1 000 mL 水中,摇匀。

标定:按 GB/T 9725—1988 的规定测定。其中,量取 35.00 ~ 40.00 mL 配制好的氯化钠溶液,加 40 mL 水、10 mL 淀粉溶液(10 g/L),以 216 型银电极作指示电极,217 型双盐桥饱和甘汞电极作参比电极,用硝酸银标准滴定溶液$[C(AgNO_3) = 0.1 \ mol/L]$滴定,并计算 V。

氯化钠标准滴定溶液的浓度$[C(NaCl)]$,数值以摩尔每升(mol/L)表示。

结果计算:

$$C(NaCl) = \frac{V_1 C_1}{V}$$

式中 V_1——硝酸银标准滴定溶液的体积的数值,mL;

C_1——硝酸银标准滴定溶液的浓度的准确数值,mol/L;

V——氯化钠溶液的体积的准确数值,mL。

8.13 硫氰酸钠标准滴定溶液

$$C(NaSCN) = 0.1 \ mol/L \quad C(KSCN) = 0.1 \ mol/L \quad C(NH_4SCN) = 0.1 \ mol/L$$

配制:称取 8.2 g 硫氰酸钠(或硫氰酸钾 9.7 g 或 7.9 g 硫氰酸铵),溶于 1 000 mL 水中,摇匀。

标定:按 GB/T 9725—1988 的规定测定。其中,称取 0.6 g 于硫酸干燥器中干燥至恒重的工作基准试剂硝酸银,溶于 90 mL 水中,加入 10 mL 淀粉溶液(10 g/L)及 10 mL 硝酸溶液(25%),以 216 型银电极作指示电极,217 型双盐桥饱和甘汞电极作参比电极,用配制好的硫氰酸钠(或硫氰酸钾或硫氰酸铵)溶液滴定,并计算 V。

硫氰酸钠(或硫氰酸钾或硫氰酸铵)标准滴定溶液的浓度(C),数值以摩尔每升(mol/L)表示。

计算结果:

$$C = \frac{m \times 1\,000}{VM}$$

式中 m——硝酸银质量的准确数值,g;

   V_2——硫氰酸钠(或硫氰酸钾或硫氰酸铵)溶液的体积的准确数值,mL;

   M——硝酸银的摩尔质量数值,g/mol,$[M(AgNO_3) = 169.87]$。

8.14 氢氧化钾——乙醇标准滴定溶液:$C(KOH) = 0.1$ mol/L

配制:称取 8 g 氢氧化钾,置于聚乙烯容器中,加少量水(约 5 mL)溶解,用乙醇(95%)稀释至 1 000 mL,密闭放置 24 h。用塑料管虹吸上层清液至另一聚乙烯瓶中待用。

标定:称取 0.75 g 于 105~110 ℃烘箱中干燥至恒重的工作基准试剂邻苯二甲酸氢钾,溶于 50 mL 无二氧化碳的水中,加 2 滴酚酞指示剂(10 g/L),用配制好的氢氧化钾——乙醇溶液滴定至溶液呈粉红色,同时做空白试验。临用前标定。

氢氧化钾—乙醇标准滴定溶液的浓度[$C(KOH)$],数值以摩尔每升(mol/L)表示。

结果计算:

$$C(KOH) = \frac{m \times 1\,000}{(V_1 - V_2)M}$$

式中 m——邻苯二甲酸氢钾的质量的准确数值,g;

   V_1——氢氧化钾—乙醇溶液的体积的数值,mL;

   V_2——空白试验氢氧化钾—乙醇溶液的体积的数值,mL;

   M——邻苯二甲酸氢钾的摩尔质量,g/mol,$[M(KHC_8H_4O_4) = 204.22]$。

附录 9 饲料检验化验员国家职业标准(节选)

1)职业名称

饲料检验化验员。

2)职业定义

从事饲料的原料、中间产品及最终产品检验、化验分析的人员。

3）职业等级

本职业共设三个等级,分别为:初级(国家职业资格五级)、中级(国家职业资格四级)、高级(国家职业资格三级)。

4）鉴定要求——高级(具备以下条件之一者)

（1）取得本职业中级职业资格证书后,连续从事本职业工作四年以上者,经本职业高级正规培训达规定标准学时数,并取得毕(结)业证书。

（2）取得本职业中级职业资格证书后,连续从事本职业工作七年以上。

（3）相关专业的大专毕业生,经本职业高级正规培训达规定标准学时,并取得毕(结)业证书。

（4）取得本专业或相关专业本科毕业证书。

5）基本要求

（1）职业道德

①职业道德基本知识

②职业守则

a. 遵纪守法,爱岗敬业;

b. 坚持原则,实事求是;

c. 钻研业务,团结协作;

d. 执行规程,注重安全。

（2）基础知识

①法律、法规基本知识

a. 饲料标签标准及饲料卫生标准。

b. 饲料与饲料添加剂管理条例。

c. 兽药管理条例。

②基础理论知识

a. 动物营养和饲料基础知识

饲料与营养学的基本术语;饲料营养基础;饲料原料;畜禽营养需要与饲养标准;配合饲料的配制。

b. 实验室知识

实验室的一般建设;实验室内水、电、气等基础设备的使用方法及注意事项;实验室内普通仪器设备和试剂的使用方法;实验室内一般岗位责任制度和管理制度。

c. 分析化学基础知识

基本仪器设备;化学试剂和溶液的配制;常用的分析方法与应用;分析结果的数据处理。

d. 饲料加工工艺基础知识

饲料原料加工前的准备和处理;饲料粉碎、配料计量、饲料混合、制粒等的一般知识;饲料加工的一般工艺过程。

6) 工作要求

高 级			
职业功能	工作内容	技能要求	相关知识
一、饲料中的常规成分检验	饲料中的粗蛋白质、钙、磷、水溶性氯化物的快速测定	1. 能够进行样品的消化处理 2. 能够解决实验中出现的技术操作、试剂使用等问题	1. 分光光度计的维护方法 2. 饲料中粗蛋白、钙、磷、水溶性氯化物快速测定原理
二、饲料添加剂的检验	(一)饲料添加剂维生素的检测	1. 能够通过外观、粒度、气味、化学反应等鉴别各种维生素添加剂 2. 能够使用旋光仪测定旋光度 3. 能够对试样进行有机萃取	1. 各种维生素标准溶液的配制与标定知识 2. 维生素添加剂的质量标准、含量检测的原理
	(二)饲料添加剂氨基酸的检测	1. 能够通过外观、气味、化学反应等鉴别氨基酸 2. 能够使用滴定管等仪器完成赖氨酸和蛋氨酸的含量测定	1. 有关氨基酸的质量标准 2. 饲料级赖氨酸、蛋氨酸的测定原理
三、饲料卫生指标的测定	(一)饲料中总砷含量测定	1. 能够使用消化装置进行试样的消化处理 2. 能够解决操作中出现的技术方法问题	1. 砷标准溶液的配制与标定知识 2. 总砷的测定原理 3. 测砷过程中的注意事项
	(二)饲料中汞含量的测定	1. 能够使用加热回流装置处理样品 2. 能够使用测汞仪测定试样溶液的吸光度 3. 能够绘制汞标准曲线 4. 能够解决实验中出现的仪器使用、曲线绘制等技术问题	1. 汞标准溶液的配制与标定知识 2. 汞含量的测定原理 3. 测汞仪的维护方法
	(三)饲料中游离棉酚、亚硝酸盐的含量测定	1. 能够进行样品的前处理 2. 能够使用水浴锅加热试样溶液 5. 能够解决实验中水浴锅使用的技术问题	1. 标准溶液的配制与标定知识 2. 游离棉酚、亚硝酸盐的测定原理 3. 分光光度计的使用维护方法

231

续表

职业功能	工作内容	技能要求	相关知识
		高 级	
四、饲料中微量成分的检验	预混料中铁、铜、锰、锌的含量测定	1. 能够进行样品的前处理 2. 能够解决前处理中出现的技术问题	1. 标准溶液和缓冲溶液的配制方法 2. 预混料中微量元素的测定原理 3. 原子吸收分光光度计的工作原理
五、饲料中微生物的检验	饲料中霉菌、细菌总数、沙门氏菌的检验	1. 能够制备培养基和稀释液 2. 能够使用高压灭菌器、超净工作台等微生物实验室常用设备 3. 能够进行微生物计数	1. 微生物实验室的基本要求 2. 微生物实验时应注意的事项 3. 微生物实验常用的消毒和灭菌方法 4. 饲料微生物检验的一般方法
六、饲料检验设计与实验室管理	(一)饲料检验设计	能够制订反映产品质量的检验项目	1. 饲料检验设计的目的、意义、基本依据及原则 2. 饲料检验设计的一般程序和方法
	(二)实验室管理	1. 能够描述饲料质量分析的基本程序 2. 能够制定实验室的管理制度	
	(三)培训指导	1. 能够指导初、中级饲料检化验员的检化验工作	

7）比重表

（1）理论知识

项 目		初级（%）	中级（%）	高级（%）
基本要求	职业道德	5	5	5
	基础知识	30	25	15
相关知识	饲料的物理指标检验	饲料原料的感官检验	5		
		配合饲料粉碎粒度的测定	5		
		配合饲料混合均匀度的测定	5		
		饲料的加工指标检验		5	
		饲料的显微镜检验		10	
	饲料的常规成分检验	饲料中水分的测定	10		
		饲料中粗脂肪的测定		5	
		饲料中粗纤维的测定	10		
		饲料中粗蛋白的测定	10		
		饲料中粗灰分的测定	10		
		饲料中钙含量的测定		5	
		饲料中磷含量的测定		5	
		饲料中水溶性氯化物的测定		5	
		饲料中粗蛋白、钙、磷、水溶性氯化物的快速测定			5
	饲料的定性分析	淀粉、磷酸盐、氯离子、碘的定性分析	5		
	饲料卫生指标的测定	大豆制品中尿素酶活性的定性检验	5		
		大豆制品中尿素酶活性的定量测定		5	
		饲料中氟含量的测定		5	
		饲料中总砷含量的测定			10
		饲料中汞含量的测定			5
		饲料中游离棉酚、亚硝酸盐含量的测定			5
	饲料添加剂的检验	饲料添加剂矿物质的质量标准与检测方法		15	
		饲料添加剂维生素的质量标准与检测方法			10
		饲料添加剂氨基酸的质量标准与检测方法			10
	饲料中微量成分的检验	预混料中铁、铜、猛、锌的含量测定			15
	饲料中微生物的检验	饲料中霉菌、细菌总数、沙门氏菌的检验			10
	饲料检验设计及实验室管理	饲料的质量分析		5	
		饲料检验设计			3
		实验室管理		5	3
		培训指导			4
合 计		100	100	100

（2）技能操作

项　目			初级（%）	中级（%）	高级（%）
技能要求	饲料的物理指标检验	饲料原料的感官检验	15		
		配合饲料粉碎粒度的测定	5		
		配合饲料混合均匀度的测定	5		
		饲料的加工指标检验		5	
		饲料的显微镜检验		10	
	饲料的常规成分检验	饲料中水分的测定	10		
		饲料中粗脂肪的测定		6	
		饲料中粗纤维的测定	15		
		饲料中粗蛋白的测定	15		
		饲料中粗灰分的测定	10		
		饲料中钙的测定		7	
		饲料中磷的测定		7	
		饲料中水溶性氯化物的测定		7	
		饲料中粗蛋白、钙、磷、水溶性氯化物的快速测定			5
	饲料卫生指标的检验	大豆制品中尿素酶活性的定性检验	10		
		大豆制品中尿素酶活性的定量检验		15	
		饲料中氟含量的测定		10	
		饲料中总砷含量的测定			10
		饲料中汞含量的测定			5
		饲料中游离棉酚、亚硝酸盐含量的测定			5
	饲料的定性分析	淀粉、磷酸盐、氯离子、碘的定性分析	15		
	饲料添加剂的检验	饲料添加剂矿物质的质量标准与检测方法		25	
		饲料添加剂维生素的质量标准与检测方法			20
		饲料添加剂氨基酸的质量标准与检测方法			15
	饲料中微量成分的检验	预混料中铁、铜、锰、锌的含量测定			15
	饲料检验设计及实验室管理	饲料的质量分析		5	
		饲料检验设计			5
		实验室管理		3	5
		培训指导			5
	饲料中微生物的检验	饲料中霉菌、细菌总数、沙门氏菌的检验			10
合　计			100	100	100

参考文献

[1] 蔡辉益.饲料安全及其检测技术[M].北京:化学工业出版社,2005.

[2] 张丽英.饲料分析及饲料质量检测技术[M].3 版.北京:中国农业大学出版社,2007.

[3] 常碧影.饲料质量与安全检测技术[M].化学工业出版社,2008.

[4] 中外饲料质量安全管理比较研究.

[5] 李旭东,张根明.近红外光谱分析技术的发展与应用研究[J].重庆科技学院学报,2008,4.

[6] 王金荣.饲料产品质量安全检测技术新进展[J].饲料工业,2011,3(32).

[7] 饲料工业通用术语(GB/T 10647).

[8] 丁丽敏.近红外光谱分析技术及其在评定饲料营养价值中的应用[J].中国饲料,1997,1.

[9] 杨胜.饲料分析及饲料质量检测技术[M].北京:北京农业大学出版社,1991.

[10] 任鹏.近红外光谱技术在饲料成分及营养价值评定上的研究进展[J].动物营养研究进展,1996.

[11] 张子仪.中国饲料学[M].北京:中国农业出版社,2000.

[12] 农业部畜牧兽医局(全国饲料工业办公室).饲料工业标准汇编(上、下册)[M].北京:中国标准出版社,2002.

[13] 农业部饲料工业办公室.饲料工业标准汇编(2002—2006)[M].北京:中国标准出版社,2006.

[14] 朱燕,复玉宇.饲料品质检验[M].北京:化学工业出版社,2003.

[15] 梁邢文.饲料原料与品质检测[M].北京:中国林业出版社,1999.

[16] 王加启,于建国.饲料分析与检验[M].北京:中国计量出版社,2004.

[17] 曾绕琼,王中华.饲料分析及饲料质量检测技术[M].北京:化学工业出版社,2011.

[18] 周庆安.饲料及饲料添加剂分析检测技术[M].北京:中国农业出版社,2012.

[19] 刘庆昌,赵廷华.新饲料和新饲料添加剂管理办法贯彻实施手册[M].北京:中国农业出版社,2011.